普通高等教育"十四五"规划教材

人工智能专业系列教材

并行计算

主　编　熊万杰　徐海涛

副主编　邓海东　刁寅亮　刘景锋

U0259659

中国农业大学出版社

·北京·

内 容 简 介

本书主要介绍并行计算在"结构、算法、编程"方面的基本概念、基本原理,包括并行计算的硬件基础、软件支持以及并行设计与并行数值算法等,并且对如何利用并行算法解决复杂的计算问题提供了示例,帮助读者深入理解并行计算的实际应用。学习本课程后,学生可以了解并行计算的基本内容和发展趋势,为今后参与并行计算相关的研究和开发工作奠定基础。本书可作为计算机科学、人工智能、大数据科学等专业的教材和参考书,也可供相关领域的研究人员和工程师阅读。

图书在版编目(CIP)数据

并行计算/熊万杰,徐海涛主编. --北京:中国农业大学出版社,2024.3
ISBN 978-7-5655-3186-6

Ⅰ.①并…　Ⅱ.①熊…②徐…　Ⅲ.①并行算法－高等学校－教材　Ⅳ.①TP301.6

中国国家版本馆 CIP 数据核字(2024)第 041633 号

书　名	并行计算		
	Bingxing Jisuan		
作　者	熊万杰　徐海涛　主编		

策划编辑	赵 艳　韩元凤	责任编辑	韩元凤
封面设计	李尘工作室		
出版发行	中国农业大学出版社		
社　址	北京市海淀区圆明园西路 2 号	邮政编码	100193
电　话	发行部 010-62733489,1190	读者服务部	010-62732336
	编辑部 010-62732617,2618	出 版 部	010-62733440
网　址	http://www.caupress.cn	E-mail	cbsszs@cau.edu.cn
经　销	新华书店		
印　刷	河北虎彩印刷有限公司		
版　次	2024 年 3 月第 1 版　　2024 年 3 月第 1 次印刷		
规　格	185 mm×260 mm　　16 开本　　14.25 印张　　356 千字		
定　价	45.00 元		

图书如有质量问题本社发行部负责调换

编审人员

主　编　熊万杰（华南农业大学）

　　　　徐海涛（华南农业大学）

副主编　邓海东（华南农业大学）

　　　　刁寅亮（华南农业大学）

　　　　刘景锋（华南农业大学）

主　审　张大斌（华南农业大学）

　　　　兰玉彬（华南农业大学）

前　言

党的二十大报告指出,教育、科技、人才是全面建设社会主义现代化国家的基础性、战略性支撑。人工智能是新一轮科技革命和产业变革的重要驱动力量,随着人工智能的发展与应用,串行计算在大规模数据处理和分析方面日益捉襟见肘,并行计算应运而生。并行计算的基本思想是将计算任务分解成若干个子任务,这些子任务在不同的处理单元中同时执行,从而提高计算效率和处理速度。相较于串行计算,并行计算让多个处理单元同时分别处理多个任务计算,可在更短的时间内完成整个任务,计算系统的处理能力和处理速度大为提高。

并行计算系统既可以是专门设计的、含有多个处理器的超级计算机,也可以是以某种方式互连的若干台独立计算机构成的集群。通过并行计算集群完成数据的处理,再将处理的结果返回给用户。图形处理器(GPU)是一种特殊的并行计算设备,它具有大量的并行计算核心,使其能够同时执行多个任务,并在处理大量数据时提供比传统 CPU 更高的性能。除 GPU外,还有其他形式的并行计算设备,如 FPGA(现场可编程门阵列)和 ASIC(专用集成电路)等,这些设备在不同的应用中具有不同的优势,需要根据具体的应用场景选择合适的设备。

并行计算同时使用多个处理器或计算机节点执行同一任务,它可以分为两种类型:共享内存和分布式内存。在共享内存系统中,多个处理器共享同一物理内存,并在同一任务上进行计算。而在分布式内存系统中,每个处理器都拥有自己的物理内存,不同的处理器之间通过网络进行通信和数据共享。在并行计算中,诸如任务调度、数据同步、并发控制等需要采用合适的算法和技术来实现。常见的并行算法包括并行排序算法、并行搜索算法、并行图算法等,其中,并行排序算法如快速排序、归并排序和桶排序等,已经被广泛应用于大数据处理和分布式计算中;并行搜索算法如广度优先搜索和深度优先搜索等,被广泛应用于图搜索和路径规划中;并行图算法如 PageRank 算法、社区检测算法等,已经被广泛应用于社交网络分析和推荐系统中。

基于并行计算在计算速度和处理能力方面的优势,它在科学计算、图像处理、机器学习和大数据分析等许多领域得到广泛应用。例如,使用 GPU 进行神经网络训练,可以在更短的时间内训练更复杂的神经网络;又如,通过并行计算处理气象数据、土壤数据、植物表型数据,能够提高对作物生长情况、果实成熟度、病虫害爆发情况检测或识别的即时性和准确性。

本书共 15 章,涵盖了并行计算领域的多个方面,包括并行算法、并行编程模型、并行系统的性能评估等。其中,第 1 章介绍并行计算机系统及其结构模型。第 2 章介绍共享存储多处理机系统、分布存储多计算机系统和集群系统。第 3 章介绍并行计算的性能评测,大致可分为机器级、算法级和程序级三类性能评测。第 4、第 5 章分别介绍并行算法的基础知识和并行算法的一般设计方法。第 6 章介绍划分设计技术、分治设计技术、平衡树设计技术、倍增设计技术和流水线设计技术 5 种技术。第 7 章具体讲解设计并行算法的 4 个阶段以及域分解和功能分解这两大划分种类,并对并行计算通信进行分析。第8章介绍信包的一到一播送、一到多播送以及多到多播送3种方法。第9~11章分别讨论稠密或完整矩阵的关键算法、线性方程组的求解问题和快速傅里叶变换算法中最简单的形式。第12章分别比较并发与并行、进程和线程、单核多线程和多核多线程的概念,还仔细说明了同步和通信操作。第13章介绍并行程序的设计模型。第14章介绍分布存储系统的4种编程,即基于消息传递的并行编程、MPI并行编程、基于数据并行的并行编程以及HPF并行编程。第15章以自旋系统相变的有限时间动力学模拟为例,介绍GPU并行的设计与模拟实践。书中的代码涉及多种编程语言,读者可根据自己喜好进行转换。

本书由华南农业大学人工智能学院组织教师编写,其中第1~3章由徐海涛老师编写,第4、第5和第15章由熊万杰老师编写,第6~8章由邓海东老师编写,第9~11章由刘景锋老师编写,第12~14章由刁寅亮老师编写,统稿由熊万杰和徐海涛两位老师完成。书稿由张大斌、兰玉彬两位教授主审,孔永锋、冷鑫涛、袁宇翔、殷江栋、黎明、陈锐、张东容等同学以及广州国家农业产业科技创新中心的黄绍中参与了文本录入、版式设计和示意图绘制等工作。

由于编者知识与能力所限,书中纰漏之处在所难免,欢迎读者给予批评指正。

编 者

2023 年 12 月

目 录

第 1 章　并行计算机系统及其结构模型

在计算机技术高度发展的 21 世纪,并行计算并不是一个让人感到陌生的词语,然而想深入地了解并行计算机构成与工作原理,我们得做好花一番精力和时间的准备。通俗意义来讲,并行计算就是在并行计算机或是分布式计算机等高性能计算系统上所做的一种计算,其物质基础是高性能并行计算机(包括分布式网络计算机)。本章首先从计算机的组成与结构出发,介绍冯·诺依曼体系结构和非冯·诺依曼体系结构;其次讨论单处理机与指令级并行,我们会着重介绍 ILP 的相关技术并指出其局限性;最后讨论多核处理器与线程级并行,介绍一些典型的多核处理器和多线程技术。

1.1　计算机组成部件

本节将对计算机的主要组成部件进行介绍,目前普遍认为计算机包含五大部分:运算器、控制器、存储器、输入设备和输出设备。

1.1.1　计算机的组成部分

计算机由运算器、控制器、存储器和输入/输出设备等几部分组成。

1. 运算器

在计算机中,负责算术运算和逻辑运算的部件是运算器。运算器包括算术运算逻辑运算部件(Arithmetic Logic Unit,ALU)、移位部件、浮点运算部件(Floating Point Unit,FPU)、向量运算部件、寄存器等。其中,复杂运算如乘除法、开方及浮点运算可用程序实现或由运算器实现。寄存器既可用于保存数据,也可用于保存地址,这里面涉及寻址方式,本书不再赘述。运算器还可设置条件码寄存器等专用寄存器,条件码寄存器保存当前运算结果的状态,如运算结果是正数、负数或零,是否溢出等。

运算器支持的运算类型经历了从简单到复杂的过程。最初的运算器只有简单的定点加减和基本逻辑运算,复杂运算如乘除通过加减、移位指令构成的数学库完成;后来逐渐出现硬件定点乘法器和除法器。随着晶体管集成度的不断提升,处理器中集成的运算器的数量持续增加,通常将具有相近属性的一类运算组织在一起构成一个运算单元。处理器中包含的运算单元数目也在逐渐增加,从早期的单个运算单元逐渐增加到多个运算单元。

2. 控制器

控制器是计算机中发出控制命令用以控制计算机各部件进行自动、协调工作的装置。控制器控制指令流和每条指令的执行,内含程序计数器和指令寄存器等。程序计数器存放当前执行指令的地址,指令寄存器存放当前正在执行的指令。指令通过译码产生控制信号,用于控制运算器、存储器、I/O 设备以及获取后续指令。这些控制信号可以用硬连线逻辑产生,也可以用微程序产生,也可以两者结合产生。为了获得高指令吞吐率,可以采用指令重叠执行的流水线技术,以及同时执行多条指令的超标量技术。当遇到执行时间较长或条件不具备的指令时,把条件具备的后续指令提前执行(称为乱序执行)可以提高流水线效率。控制器还产生一定频率的时钟脉冲,用于计算机各组成部分的同步。由于控制器和运算器的紧密耦合关系,现代计算机通常把控制器和运算器集成在一起,称为中央处理器,即 CPU。随着芯片集成度的不断提高,现代 CPU 除含有运算器和控制器外,常常还集成了其他部件,比如高速缓存(Cache)部件、内存控制器等。

3. 存储器

最基本的存储器分为动态随机访问存储器(Dynamic Random Access Memory,DRAM)和静态随机访问存储器(Static Random Access Memory,SRAM)。动态随机访问存储器接受 CPU 的直接访问,也会通过 I/O 与外设交换数据。然而 CPU 的运行速度远远大于存储器的存取速度,因此便将存储系统设计为高速缓存、主存储器和辅助存储器三个层次。高速缓存由静态随机访问存储器构成。数据和指令在高速缓存和主存储器之间的调动由硬件自动完成。为扩大存储器容量,使用磁盘、磁带、光盘等能存储大量数据的存储器作为辅助存储器。计算机运行时所需的应用程序、系统软件和数据等都先存放在辅助存储器中,在运行过程中分批调入主存储器。现代计算机中还有少量只读存储器(Read Only Memory,ROM),用来存放引导程序和基本输入输出系统(Basic Input Output System,BIOS)等。

存储器的主要评价指标为存储容量和访问速度。存储容量越大,可以存放的程序和数据越多;访问速度越快,处理器访问的时间越短。如图 1-1 所示,对相同容量的存储器,速度越快的存储介质成本越高,而成本越低的存储介质则速度越低。

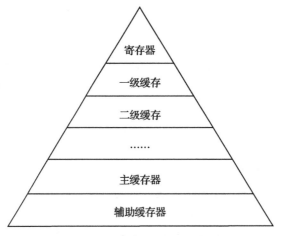

图 1-1　存储器存取速度示意图

4. 输入/输出设备

I/O 设备即为输入/输出设备,通过该设备,可以实现计算机与外界的信息传递与交换。最基本的 I/O 设备有鼠标、键盘、显示器等。目前,出现了很多新型的 I/O 设备,这些设备可以输入手写笔迹、语音、图像等。值得一提的是,磁盘在计算机中也是作为 I/O 设备来管理的。

处理器访问 I/O 设备可以通过以下几种方式来访问:程序控制方式,又称直接访问方式;程序中断方式;通道控制方式。下面介绍三种经典的 I/O 设备:图形处理单元、硬盘和闪存。

图形处理单元又称 GPU(Graphics Processing Unit),是与 CPU 联系最紧密的外设之一,主要用来处理 2D 和 3D 的图形、图像和视频,以支持基于视窗的操作系统、图形用户界面、视频游戏、可视化图像应用和视频播放等。GPU 与 CPU 之间存在大量的数据传输。CPU 将需要显示的原始数据放在内存中,让 GPU 通过直接内存访问(Direct Memory Access,DMA)的方式读取数据,经过解析和运算,将结果写到显存中,再由显示控制器读取显存中的数据并输出显示。GPU 的作用是对图形 API 定义的流水线实现硬件加速,主要包括以下几个阶段:

(1)顶点读入(Vertex Fetch)　从内存或显存中取出顶点信息,包括位置、颜色、纹理坐标、法向量等属性。

(2)顶点渲染(Vertex Shader)　对每一个顶点进行坐标和各种属性的计算。

(3)图元装配(Primitive Assembly)　将顶点组合成图元,如点、线段、三角形等。

(4)光栅化(Rasterization)　将矢量图形点阵化,得到被图元覆盖的像素点,并计算属性插值系数以及深度信息。

(5)像素渲染(Fragment Shader)　进行属性插值,计算每个像素的颜色。

硬盘又称辅助存储器,在计算机中,只依靠主存来存放程序的中间数据是完全不够用的,而且主存在断电之后所记录的数据都将消失,因此需要使用硬盘来长时间存储信息,比如操作系统的内核代码、文件系统、应用程序和用户的文件数据等。该存储器除了容量必须足够大之外,价格还要足够便宜,同时速度还不能太慢。磁性存储材料正好满足了以上要求。磁性材料具有断电记忆功能,可以长时间保存数据;存储密度高,可以搭建大容量存储系统;同时,成本也相对较低。

闪存(Flash Storage)是一种半导体存储器,它和磁盘一样是非易失性的存储器,但是它的访问延迟却只有磁盘的千分之一到百分之一,而且它尺寸小、功耗低,抗震性更好。常见的闪存有 SD 卡、U 盘和 SSD 固态硬盘等。与磁盘相比,闪存的每 GB 价格较高,因此容量一般相对较小。目前闪存主要应用于移动设备中,如移动电话、数码相机、MP3 播放器,主要原因在于它的体积较小。闪存在移动市场具有很强的应用需求,工业界投入了大量财力推动闪存技术的发展。随着技术的发展,闪存的价格在快速下降,容量在快速增加,因此 SSD 固态硬盘技术获得了快速发展。SSD 固态硬盘是使用闪存构建的大容量存储设备,它模拟硬盘接口,可以直接通过硬盘的 SATA 总线与计算机相连。

1.1.2　冯·诺依曼体系结构

在计算机诞生之前,人们就对计算的精度和数量提出了更高的要求,因而对能提升计算精度和数量的机器具有强烈的需求。冯·诺依曼——计算机理论的开山鼻祖,设计并制造出历史上第一台通用电子计算机。他的计算机理论具有高度数学化、逻辑化等特征,对于该理论,他自己称作“计算机的逻辑理论”。他的另一伟大创新,则是计算机存储程序的思想,通过内部存储器存储程序,成功解决了当时计算机存储容量太小、运算速度过慢的问题。

冯·诺依曼及冯·
诺依曼体系结构

现代计算机的发展依旧遵循冯·诺依曼机结构的基本形式。这种结构的特点是“程序存储、共享数据、顺序执行”,简单来说就是需要 CPU 从存储器中取出指令和数据进行相应的计算。它的主要特点有：

(1)单处理机结构，以运算器为核心；

(2)采用程序存储思想；

(3)指令和数据都可以参与运算；

(4)以二进制表示数据；

(5)软硬件完全分离；

(6)指令由操作码和操作数组成；

(7)指令顺序执行。

但是，冯·诺依曼体系结构也有局限，主要体现在：

(1)指令和数据存储在同一存储器中，导致系统对存储器过分依赖。如果储存器件不能充分发展起来，那么会使系统的发展受阻。

(2)指令在存储器中按其执行顺序存放，先取出再执行。所以指令实际上是串行执行，这对系统执行速度造成了较大的影响。

(3)存储器是按地址访问的线性编址，按顺序排列的地址访问。机器语言指令在存储和执行方面具有优势，适用于数值计算。而高级语言表示的存储器则是一组有名字的变量，其按名字调用变量，而非按地址访问。机器语言同高级语言在语义上的这种间隔，被称之为冯·诺依曼语义间隔。如何消除语义间隔是计算机发展必须面对的问题。

(4)冯·诺依曼体系结构计算机是为方便算术处理和逻辑运算而发明的，目前其在数值处理方面已经到达了较高的速度和精度；而在非数值处理应用领域则发展得不尽人意，这需要在体系结构方面有重大的突破。

(5)传统的冯·诺依曼型结构属于控制驱动方式。它是执行指令代码对数值代码进行处理，只要指令和数据准确，启动程序后其自动运行且结果是可预期的。一旦指令和数据有误，机器不会主动修改指令并完善程序。而人类现实生活中有许多信息是模糊的，事件的发生、发展和结果往往无法预期。现代计算机的智能目前无法应对如此复杂的任务，不得不承认，计算机从自动机器到自为机器还有很长的一段路要走。

1.1.3 非冯·诺依曼体系结构

近几年来，人们积极谋求突破传统冯·诺依曼体制的局限，各类非冯·诺依曼化计算机的研究发展如雨后春笋般，主要表现在以下四个方面：

(1)对传统冯·诺依曼机进行改良，如传统体系计算机只有一个处理部件是串行执行的，改成多处理部件形成流水线处理，依靠时间上的重叠提高处理效率。

(2)由多个处理器构成系统，形成多指令流多数据流并且支持并行算法的结构。目前这方面的研究已经取得一些进展。

(3)完全不采用冯·诺依曼机的控制流驱动方式，而是设计数据流驱动工作方式的数据流计算机。一旦数据准备好，有关的指令就可并行地执行。这种类型的计算机才能真正称之为非冯·诺依曼化的计算机。这样的研究正在有条不紊地进行当中，目前已获得阶段性的成果——神经计算机。

(4)彻底跳出电子的范畴，以其他物质作为信息载体和执行部件，如光子、生物分子、量子等。众多科学家正对这些前瞻性的研究进行积极探索。

1.2　单处理机与指令级并行

人们对程序性能的追求是无止境的,例如天气预报、药物设计、核武器模拟等应用。并行处理系统可以协同多个处理器单元来解决同一个问题,从而大幅度提升性能。本节主要介绍指令级并行的基本概念与相关处理方法。

1.2.1　指令流水线

冯·诺依曼原理的计算机由控制器、运算器、存储器、输入设备和输出设备组成,其中控制器和运算器合起来称为中央处理器,俗称处理器或 CPU。

1. 单周期处理器

本节先引入一个简单的 CPU 模型。这个 CPU 可以取指令并执行,实现程序员的期望。指令系统按照功能可以划分为运算指令、访存指令、转移指令和特殊指令 4 类。根据指令集的定义,可以得知 CPU 的数据通路包括以下组成要素:

(1)程序计数器　又称 PC,指示当前指令的地址。

(2)指令存储器　按照指令地址存储指令码,接收 PC,读出指令。

(3)译码部件　用于分析指令,判定指令类别。

(4)通用寄存器　用于承载寄存器的值,绝大多数指令都需要读取及修改寄存器。

(5)运算器　用于执行指令所指示的运算操作。

(6)数据存储器　按照地址存储数据,主要用于访存指令。

将这些组成要素通过一定规则连接起来,就形成了 CPU 的数据通路。图 1-2 给出了简单 CPU 的数据通路。

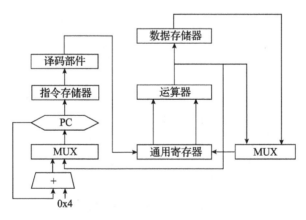

图 1-2　简单 CPU 的数据通路

数据通路上各组成要素间的具体连接规则如下:根据 PC 从指令存储器中取出指令,然后是译码部件解析出相关控制信号,并读取通用寄存器堆;运算器对通用寄存器堆读出的操作数进行计算,得到计算指令的结果写回通用寄存器堆,或者得到访存指令的地址,或者得到转移指令的跳转目标;Load 指令访问数据存储器后,需要将结果写回通用寄存器堆。通用寄存器堆写入数据在计算结果和访存结果之间二选一。由于有控制指令的存在,因此新指令的 PC

既可能等于顺序下一条指令的 PC(当前指令 PC 加 4),也可能来自转移指令计算出的跳转目标。

译码部件在这个数据通路中有着非常重要作用。译码部件要识别不同的指令,并根据指令要求,控制读取哪些通用寄存器、执行何种运算、是否要读写数据存储器、写哪个通用寄存器,以及根据控制流指令来决定 PC 的更新。这些信息从指令码中获得,传递到整个处理器中,控制了处理器的运行。根据 LoongArch 指令的编码格式,可以将指令译码分为 op、src1、src2、src3、dest 和 imm 几个部分,示例见图 1-3。

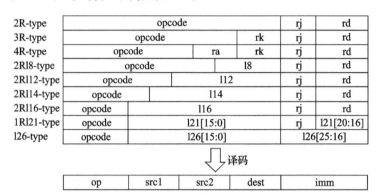

图 1-3　译码功能示意图

图 1-4 展示了带控制逻辑的数据通路,图中虚线是新加入的控制逻辑。此外,还加入了时钟和复位信号。引入时钟是因为更新 PC 触发器、写通用寄存器以及 store 类访存指令写数据存储器时都需要时钟。而引入复位信号是为了确保处理器每次上电后都是从相同位置取回第一条指令。数据通路再加上这些逻辑,就构成了处理器。

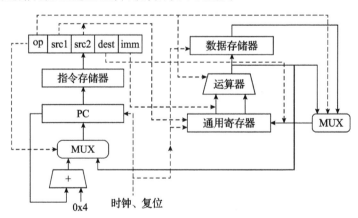

图 1-4　带有时序控制逻辑的数据通路

下面简要描述一下这个处理器的执行过程:

(1)复位信号将复位的 PC 装载到 PC 触发器内,之后的第 1 个时钟周期内,使用 PC 取指、译码、执行、读数据存储器、生成结果。

(2)当第 2 个时钟周期上升沿到来时,根据时序逻辑的特性,将新的 PC 锁存,将上一个时钟周期的结果写入寄存器堆,执行可能的数据存储器写操作。

(3)第 2 个时钟周期内,就可以执行第 2 条指令了,同样按照上面两步来执行。

（4）依此类推,由一系列指令构成的程序就在处理器中执行了。由于每条指令的执行基本在一个周期内完成,因此这个模型被称为单周期处理器。

2. 流水线处理器

在上述单周期处理器模型中,每个时钟周期必须完成取指、译码、读寄存器、执行、访存等很多组合逻辑工作,为了保证在下一个时钟上升沿到来之前准备好寄存器堆的写数据,需要将每个时钟周期的间隔拉长,导致处理器的主频无法提高。使用流水线技术可以提高处理器的主频。在引入流水线技术之前,先介绍一下多周期处理器的概念。

在单周期处理器中,每个时钟周期内执行的功能可以比较明显地进行划分。举例而言,按照取指、译码并读寄存器、执行、访存和准备写回划分为 5 个阶段。如果我们在每段操作前后加上触发器,看起来就能减少每个时钟周期的工作量,提高处理器频率。在图 1-5 中,六边形框标注了添加触发器的操作部分。

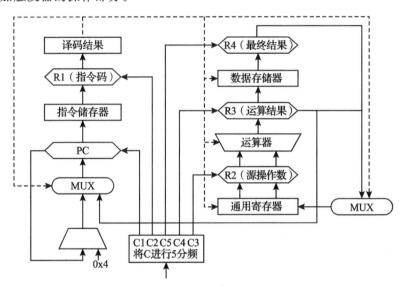

图 1-5 多周期处理器的结构图

为了清晰,图 1-5 中省略了控制逻辑的部分连线,没有画出通用寄存器和数据存储器的写入时钟。先将原始时钟接到所有的触发器,按照这个示意图设计的处理器是否可以使用呢?按照时序逻辑特性,每个时钟上升沿,触发器的值就会变成其驱动端 D 端口的新值,因此推算一下:

（1）在第 1 个时钟周期,通过 PC 取出指令,在第 2 个时钟上升沿,锁存到指令码触发器 R1。

（2）在第 2 个时钟周期,将 R1 译码并生成控制逻辑,读取通用寄存器,读出结果在第 3 个时钟上升沿,锁存到触发器 R2。

（3）在第 3 个时钟周期,使用控制逻辑和 R2 进行 ALU 运算。

推算到这里就会发现,此时离控制逻辑的生成(第 2 个时钟周期)已经隔了 1 个时钟周期了,怎么保证这时候控制逻辑还没有发生变化呢?

使用分频时钟或门控时钟可以做到这一点。如图 1-5 所示,将原始的时钟通过分频的方式产生出 5 个时钟,分别控制图中 PC、R1~R4 这 5 组触发器。这样,在进行 ALU 运算时,可以保证触发器 R1 没有接收到下一个时钟上升沿,故不可能变化,因此可以进行正确的 ALU 运算。同理,包括写寄存器、执行访存等,都受到正确的控制。

经过推算,可以将这种处理器执行指令时的指令-时钟周期对照图画出来,如图 1-6 所示。这种图可以被称为处理器执行的时空图,也被称为流水线图。流水线图是分析处理器行为的直观、有效的方法。

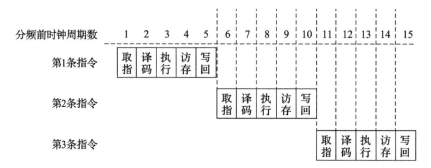

图 1-6　多周期处理器的流水线时空图

这种增加触发器并采用分频时钟的处理器模型被称为多周期处理器。多周期处理器可以提高运行频率,但是每条指令的执行时间并不能降低(考虑到触发器的 Setup 时间和 Ck-to-Q 延迟则执行时间会增加)。我们可以将各个执行阶段以流水线方式组织起来,同一时刻不同指令的不同执行阶段(流水线中的"阶段"也称为"级")重叠在一起,进一步提高 CPU 执行效率。

从多周期处理器演进到流水线处理器,核心在于控制逻辑和数据通路对应关系维护机制的变化。多周期处理器通过使用分频时钟,可以确保在同一条指令的后面几个时钟周期执行时,控制逻辑因没有接收到下一个时钟上升沿,所以不会发生变化。流水线处理器则通过另一个方法来保证这一点,就是在每级流水线的触发器旁边,再添加一批用于存储控制逻辑的触发器。指令的控制逻辑借由这些触发器沿着流水线逐级传递下去,从而保证了各阶段执行时使用的控制逻辑都是属于该指令的。

从图 1-7 中的虚线可以看出,控制运算器进行计算的信息来自控制逻辑 2,即锁存过一次的控制逻辑,刚好与 R2 中存储的运算值同属一条指令。图中取消了 R3 阶段写通用寄存器的通路,而是将 R3 的内容锁存一个时钟周期,统一使用控制逻辑 4 和 R4 来写。

流水线处理器

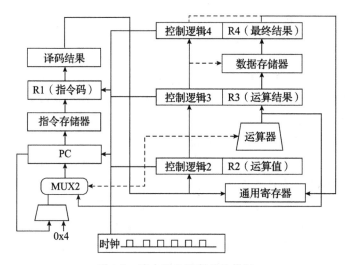

图 1-7　流水线处理器的结构图

可以先设计几条简单指令,画出时空图,看看这个新的处理器是如何运行的。

图 1-8 中 R2、R3 和 R4 实际上还包括各自对应的控制逻辑触发器,所以到下一个时钟周期后,当前部件及对应触发器已经不再需要给上一条指令服务,新的指令才可以在下一个时钟周期立即占据当前的触发器。

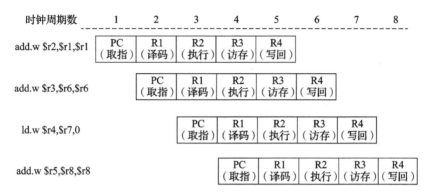

图 1-8 流水线处理器的流水线时空图

如果从每个处理器部件的角度,也可以画出另一个时空图,见图 1-9。图中 I 的不同下标代表不同的指令。

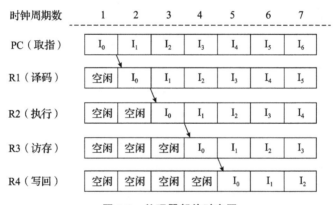

图 1-9 处理器部件时空图

如果从这个角度看过去,处理器的工作方式就像一个 5 人分工合作的加工厂,每个工人完成自己手头的工作便交给下一个工人,交接后又被分配一个新的工作,这样每个工人都会处于连续工作状态。这种工作方式称为流水线,采用这种模型的处理器称为流水线处理器。

1.2.2 指令级并行性

大约 1985 年之后的所有处理器都使用流水线来重叠指令的执行过程,以提高性能。由于指令可以并行执行,所以指令之间可能实现的这种重叠称为指令级并行(Instruction Level Parallelism,ILP)。下面介绍一系列通过提高指令并行度来扩展基本流水线概念的技术。

ILP 大体有两种不同开发方法:①依靠硬件来帮助动态发现和开发并行;②依靠软件技术在编译时静态发现并行。

在这里,我们将讨论程序和处理器的一些特性,它们限制了可在指令间开发的并行数量;

还将介绍程序结构与硬件结构之间的一些重要映射,要知道某一程序特性是否会对性能造成限制以及在什么条件下会造成限制,上述映射是非常关键的。

一个流水线处理器的 CPI(Cycle Per Instruction,每条指令占用的周期数)值等于基本 CPI 与因为各种停顿而耗费的全部周期之和:

$$流水线 CPI = 理想流水线 CPI + 结构化停顿 + 数据冒险停顿 + 控制停顿$$

理想流水线 CPI 可以用来度量能够实现的最佳性能。通过缩短上式右侧各项,可以降低总流水线 CPI,也就是提高 IPC(每个时钟周期执行的指令数)。利用上面的公式,我们可以说明一项技术能够缩小总 CPI 的哪一部分,以此来刻画各种技术的特征。表 1-1 显示了将在本章中研究的技术,我们介绍用来降低理想流水线 CPI 的技术会证明应对冒险的重要性,同时给出这些技术会分别影响 CPI 公式的哪一部分。

表 1-1 不同技术对 CPI 的影响

技术	降低 CPI 的哪一部分
转发和旁路	潜在的数据冒险停顿
延迟分支和简单分支调度	控制冒险停顿
基本编译器流水线调度	数据冒险停顿
基本动态调度(记分板)	由真相关引起的数据冒险停顿
循环展开	控制冒险停顿
分支预测	控制停顿
采用重命名的动态调度	由数据冒险、输出相关和反相关引起的停顿
硬件推测	数据冒险和控制冒险停顿
动态存储器消除二义	涉及存储器的数据冒险停顿
每个周期发出多条指令	理想 CPI
编译器相关性分析、软件流水线、踪迹调试	理想 CPI、数据冒险停顿
硬件支持编译器推测	理想 CPI、数据冒险停顿、分支冒险停顿

1.2.3　数据相关与冒险

数据冒险

要确定一个程序中可以存在多少并行以及如何开发并行,判断指令之间的相互依赖性是至关重要的。具体来说,为了开发指令级并行,我们必须判断哪些指令可以并行执行。如果两条指令是并行的,只要流水线有足够资源(因而也就不存在任何结构性冒险),就可以在一个任意深度的流水线中同时执行它们,不会导致任何停顿。如果两条指令是相关的,它们就不是并行的,尽管它们通常可以部分重叠,但必须按顺序执行。这两种情景的关键在于判断一条指令是否依赖于另一指令。共有 3 种不同类型的相关:数据相关(也称为真数据相关)、名称相关和控制相关。

1. 数据相关

如果以下任一条件成立,则说指令 j 数据相关于指令 k:

(1)指令 k 生成的结果可能会被指令 j 用到;

(2)指令 j 数据相关于指令 i,指令 i 数据相关于指令 k。

第二个条件是说,如果两条指令之间存在第一类型的相关链,那么这两条指令也是相关的。这种相关链可以很长,贯穿整个程序。注意,单条指令内部的相关性(比如 ADD R1,R1,R1)不认为是相关。

如果两条指令是数据相关的,那它们必须按顺序执行,不能同时执行或不能完全重叠执行。这种相关意味着两条指令之间可能存在由一个或多个数据冒险构成的链。同时执行这些指令会导致一个具有流水线互锁(而且流水线深度大于指令间距离,以周期为单位)的处理器检测冒险和停顿,从而降低或消除重叠。在依靠编译器调度、没有互锁的处理器中,编译器在调度相关指令时不能使它们完全重叠,这样会使程序无法正常执行。指令序列中存在数据相关,反映出数据与生成该指令序列的源代码中存在数据相关。原数据相关的影响一定会保留下来。

相关是程序的一种属性。某种给定相关是否会导致检测到实际冒险,这一冒险又是否会实际导致停顿,这都属于流水线结构的性质。这一区别对于理解如何开发指令级并行至关重要。

2. 名称相关

第二种相关称为名称相关。当两条指令使用相同的寄存器或存储器位置(称为名称),但与该名称相关的指令之间并没有数据流动时,就会发生名称相关。在指令 i 和指令 j(按照程序顺序,指令 i 位于指令 j 之前)之间存在两种类型的名称相关。

(1)当指令 j 对指令 i 读取的寄存器或存储器位置执行写操作时就会在指令 i 和指令 j 之间发生反相关。为了确保 i 能读取到正确取值,必须保持原来的顺序。S.D 和 DADDUI 之间存在关于寄存器 R1 的反相关。

(2)当指令 i 和指令 j 对同一个寄存器或存储器位置执行写操作时,发生输出相关。为了确保最后写入的值与指令 j 相对应,必须保持指令之间的排序。

由于没有在指令之间传递值,所以反相关和输出相关都是名称相关,与真数据相关相对。

因为名称相关不是真正的相关,因此,如果改变这些指令中使用的名称(寄存器号或存储器位置),使这些指令不再冲突,那名称相关中涉及的指令就可以同时执行,或者重新排序。

3. 数据冒险

只要指令间存在名称相关或数据相关,而且他们非常接近,足以使执行期间的重叠改变对相关操作数的访问顺序,那就会存在冒险。由于存在相关,必须保持程序顺序,也就是由原来的源程序决定的指令执行顺序。软、硬件技术的目的都是尽量开发并行方式,仅在程序顺序会影响程序输出时才保持程序顺序。检测和避免冒险可以确保不会打乱必要的程序顺序。

根据指令中读、写访问的顺序,可以将数据冒险分为 3 类。

根据惯例,一般按照流水线必须保持的程序顺序为这些冒险命名。考虑两条指令 i 和 j,其中 i 根据程序顺序排在 j 的前面。可能出现的数据冒险为:

(1)RAW(写后读) j 试图在 i 写入一个源位置之前读取它,所以 j 会错误地获得旧值。这一冒险是最常见的类型,与真数据相关相对应。为了确保 j 会收到来自 i 的值,必须保持程序顺序。

（2）WAW（写后写）　j 试图在 i 写一个操作数之前写该操作数。这些写操作最终将以错误顺序执行，最后留在目标位置的是由 i 写入的值，而不是由 j 写入的值。这种冒险与输出相关相对应。只有允许在多个流水级进行写操作的流水线中，或者在前一指令停顿时允许后一指令继续执行的流水线中，才会存在 WAW 冒险。

（3）WAR（读后写）　j 尝试在 i 读取一个目标位置之前写入该位置，所以会错误地获取新值。这一冒险源于反相关（或名称相关）。在大多数静态发射流水线中（即使是较深的流水线或者浮点流水线），由于所有读取操作都较早进行，所有写操作都要晚一些，所以不会发生WAR 冒险。如果有一些指令在指令流水线中提前写出结果，而其他指令在流水线的后期读取一个源位置，或者在对指令进行重新排序时，就会发生 WAR 冒险。

注意，RAR（读后读）情况不是冒险。

4. 控制相关

最后一种相关是控制相关。控制相关决定了指令 i 相对于分支指令的顺序，使指令 i 按正确程序顺序执行，而且只会在应当执行时执行。除了程序中第一基本块中的指令之外，其他所有指令都与某组分支存在控制相关，一般来说，为了保持程序顺序，必须保留这些控制相关。控制相关的最简单示例之一就是分支中 if 语句的 then 部分中的语句。例如，在以下代码段中：

代码 1.1

```
if  p1 {
  S1;
};
if  p2 {
  S2;
};
```

S1 与 p1 控制相关，S2 与 p2 控制相关，但与 p1 没有控制相关。

一般来说，控制相关会施加下述两条约束条件。

（1）如果一条指令与一个分支控制相关，那就不能把这个指令移到这个分支之前，使它的执行不再受控于这个分支。例如，不能把 if 语句 then 部分中的一条指令拿出来，移到这个 if 语句的前面。

（2）如果一条指令与一个分支没有控制相关，那就不能把这个指令移到这个分支之后，使其执行受控于这个分支。例如，不能将 if 之前的一个语句移到它的 then 部分。

当处理器保持严格的程序顺序时，确保了控制相关也不会被破坏。但是，在不影响程序正确性的情况下，我们可能希望执行一些还不应当执行的指令，从而会违犯控制相关。因此，控制相关并不是一个必须保持的关键特性。有两个特性对程序正确性是至关重要的，即异常行为和数据流，通常保持数据相关与控制相关也就保护了这两种特性。

保护异步行为意味着对指令执行顺序的任何改变都不能改变程序中激发异常的方式。通常会放松这一约束条件，要求改变指令的执行顺序时不得导致程序中生成任何新异常。下面的简单示例说明维护控制相关和数据相关是如何防止出现这类情景的。考虑以下代码序列：

代码 1.2

```
DADDU    R2,R3,R4
BEQZ     R2,L1
LW       R1,0(R2)
```

在这个例子中,可以很容易地看出如果不维护涉及 R2 的数据相关,就会改变程序的结果。还有一个事实没有那么明显:如果我们忽略控制相关,将载入指令移到分支之前,这个载入指令可能会导致存储器保护异常。注意,没有数据相关禁止交换 BEQZ 和 LW,这只是控制相关。要允许调整这些指令的顺序(而且仍然保持数据相关),我们可能希望在执行这一分支操作时忽略此异常。

通过维护数据相关和控制相关来保护的第二个特性是数据流。数据流是指数据值在生成结果和使用结果的指令之间进行的实际流动。分支允许一条给定指令从多个不同地方获取源数据,从而使数据流变为动态的。换种说法,由于一条指令可能会与之前的多条指令存在数据相关性,所以仅保持数据相关是不够的。一条指令的数据值究竟由之前哪条指令提供,是由程序顺序决定的。而程序顺序是通过维护控制相关来保证的。例如,考虑以下代码段:

代码 1.3

```
DADDU    R1,R2,R3
BEQZ     R4,L
DSUBU    R1,R5,R6
L:       ...
OR       R7,R1,R8
```

在这个例子中,OR 指令使用的 R1 值取决于是否进行了分支转移。单靠数据相关不足以保证正确性。OR 指令数据相关于 DADDU 和 DSUBU 指令,但仅保持这一顺序并不足以保证能够正确执行。

在执行这些指令时,还必须保持数据流:如果没有进行分支转移,那么由 DSUBU 计算的 R1 值应当由 OR 使用;如果进行了分支转移,由 DSUBU 计算的 R1 值则不应当由 OR 使用。通过保持分支中 OR 的控制相关,就能防止非法修改数据流。出于类似原因,DSUBU 指令也不能移到分支之前。推测不但可以帮助解决异常问题,还能在仍然保持数据流的同时降低控制相关的影响。

对导致控制停顿的控制冒险进行检测,可以保持控制相关。控制停顿可以通过各种软硬件技术加以消除或减少。

1.2.4　ILP 的基本编译器技术

下面介绍一些简单的编译器技术,可以用来提高处理器开发 ILP 的能力。这些技术对于使用静态发射或静态调度的处理器非常重要。

1. 循环展开

为使流水线保持满载,必须找出可以在流水线中重叠的不相关指令序列,充分开发指令并行。为了避免流水线停顿,必须将相关指令与源指令的执行隔开一定的时间周期,这一间隔应当等于源指令的流水线延迟。编译器执行这种调度的能力既依赖于程序中可用 ILP 的数目,也依赖于流水线中功能单元的延迟。表 1-2 给出了在本节采用的浮点操作延迟时间。

表 1-2　浮点操作延迟时间

产生结果的指令类型	使用结果的指令类型	延迟的时钟周期
浮点 ALU 操作	另一个浮点 ALU 操作	3
浮点 ALU 操作	双精度 Store 操作	2
双精度 Load 操作	浮点 ALU 操作	1
双精度 Load 操作	双精度 Store 操作	0

循环展开的基本原理是把循环体代码展开,通过多次复制循环体代码并调整循环出口代码而得到一个新的循环体。所以,可以把循环展开看作是一种循环变换。展开后的循环体包含更多的指令,可以使编译器更加方便地发现互不相关的指令并进行并行处理;同时,循环展开后循环体内的代码被重复执行的次数相对减少了,这意味着循环展开可以减少循环转移的开销。在这里,我们将研究编译器如何通过循环展开来提高可用 ILP 的数目。我们的讨论将就以下代码段展开:

代码 1.4

```
For  (a = 1000;a>0;a = a - 1)
  s[i] = s[i] + k;
```

将以上代码段转换为 MIPS 汇编代码。

代码 1.5

```
Loop：L. D  F0,0(R1);        数组元素的值存入 F0
      ADD. D  F4,F0,F2;      F2 中的值加数组元素的值,存入 F4
      S. D  F4,0(R1);        F4 的值存入数组元素中
      DADDUI  R1,R1,# - 8;   递减指针,指向下一个数组元素
      BEN  R1,R2,Loop;       当 R1 和 R2 不等时转移
```

代码 1.5 并没有进行流水线调度,从循环体中可以看出,循环体内部程序指令之间并没有足够可利用的并行性。根据表 1-2 对浮点单元的时延假设,该循环在调度之前,执行一次循环体代码需要消耗 9 个周期,见代码 1.6。

代码 1.6

```
Loop：L. D    F0,0(R1)
      stall
      ADD. D  F4,F0,F2
      stall
      stall
      S. D    F4,0(R1)
      DADDUI  R1,R1,# - 8
      stall
      BNE    R1,R2,Loop
```

经过调度之后，需要 7 个时钟周期，功能部件的利用率仍然很低，见代码 1.7。

代码 1.7

```
Loop:L.D   F0,0(R1)
     DADDUI  R1,R1,#-8
     ADD.D   F4,F0,F2
     stall
     stall
     S.D   F4,0(R1)
     BNE   R1,R2,Loop
```

如果使用循环展开的方法，将循环展开 4 次后，循环展开的执行时间只有 14 个时钟周期（单个循环执行周期平均为 3.5 个时钟周期），经过调度见代码 1.8。

代码 1.8

```
Loop:L.D   F0, 0(R1)
     L.D   F6, -8(R1)
     L.D   F10, -16(R1)
     L.D   F14, -24(R1)
     ADD.D   F4, F0, F2
     ADD.D   F8, F6, F2
     ADD.D   F12, F10, F2
     ADD.D   F16, F14, F2
     S.D   F4, 0(R1)
     S.D   F8, -8(R1)
     DADDUI   R1, R1, #-32
     S.D   16(R1), F12
     BNEZ   R1, Loop
     S.D   8(R1), F16
```

循环展开对循环间无关的程序可以有效降低其停顿，在应用循环展开的过程中，需要注意很多细节问题。编译器的指令调度是实现指令调度的软件方法，在完成指令调度任务时，程序固有的指令级并行性和流水线功能部件的执行延迟是影响调度结果的主要因素。如果采用了循环展开的方法，编译器必须保证循环展开后，程序运行的结果不发生改变。比如，移动 S.D 到 DADDUI 和 BNEZ 后，需要调整 S.D 中的偏移；删除不必要的测试和分支后，循环步长等控制循环的代码也要发生相应的变化；原来发生在不同层次的循环代码，原则上使用不同的寄存器，这样可以避免新的冲突的出现。另外，循环展开后可能会出现新的相关性，编译器也要能够发现和处理此类相关，才能保证程序的有效性。循环展开中的 Load 和 Store，以及原来发生在不同次循环的 Load 和 Store 都是相互独立的，可以进行并行处理，需要分析对存储器的引用，保证他们没有引用同一地址。所以，程序指令级并行性的提高为编译器的设计提出了更高的要求。

2. 循环展开总结

循环展开的研究已经有几十年的历史了,无论是在大规模并行领域,还是在细粒度的指令级并行领域,该方法都已经被证实对提高编译器的性能非常有效,仔细分析上面的例子,我们会发现,循环展开后,功能部件利用率有效提高,系统的开销也有所减小,主要原因是:

(1)循环展开后,有更多的指令在一个循环体中执行,更利于把不相关的指令调度到一起并行执行,可以得到更好的并行效果。

(2)循环展开减少了循环体重复执行的次数,从而减少了循环转移开销。分析上面的例子就可以发现,经过调度后,一次循环执行的时间从 9 个周期减少到 7 个周期,在这 7 个周期中,只有 L. D、DADDUI 和 ADD. D 是有效操作,而其余的时钟周期都是为了实现控制循环而附加的,循环展开的方法是减少这种控制循环最简单有效的方法。

(3)循环展开后,循环变量的赋值操作减少了,这样指令发射的总数也减少了。

但是,循环展开也带来一些负面的影响:

(1)为了避免读写相关 WAR(Write After Read)和写写相关 WAW(Write After Write),需要对展开的每个循环体分配不同的寄存器,这就增加了所需寄存器的数目,这是循环展开的应用受到限制的最主要的原因。过分地展开和调度循环可能会导致寄存器不足,部分活变量没有可分配的寄存器。虽然从理论上来讲,循环展开调度后的代码会运行得快一些,但寄存器的压力可能会使这种优势部分或全部丧失。寄存器数目与循环展开应用的这种矛盾被称作寄存器压力。当循环展开和指令调度结合起来时,寄存器压力尤为明显;在多发射的处理器上,寄存器压力更为突出。

(2)循环展开的次数很难确定,而这直接影响循环展开的并行优化程度。

(3)循环展开会引起代码量的增长。对于代码较多的循环体,代码量的增大会增大存储空间的压力。例如,在嵌入式系统中,存储空间的限制会直接影响循环展开的应用。循环展开后代码量的增长还可能使指令缓存的缺失率提高。

循环展开引起的这些问题给编译器的设计提出了更高的要求,现在的编译器已经变得越来越复杂了,为了得到更好的运行结果,需要不断实践和验证,但它们的实际效果在代码生成之前往往是很难衡量的。

1.2.5 动态指令调度

指令调度

下面先介绍静态指令调度和动态指令调度的概念,然后介绍动态指令调度的基本思想和算法。

1. 静态指令调度和动态指令调度

所谓静态指令调度就是在编译阶段由编译器实现的指令调度,目的是通过调度尽量减少程序执行时由于数据相关而导致的流水线暂停,即处理器空转。所以静态指令调度方法也称为编译器调度法。由于在编译阶段程序没有真正运行,一些相关可能未被发现,这是静态指令调度无法根本解决的问题。

动态指令调度是由硬件在程序实际运行时实施的,它通过硬件重新安排指令的执行顺序,绕过或防止数据相关导致的错误,减少处理器空转,提高程序的并行性。采用由硬件实现的动态指令调度方法可以对编译阶段无法确定的相关进行优化,从而简化编译器的工作。这样,代码在不同组织结构的机器上,同样可以有效地运行,即提高代码的可移植性。当然,动态指令调度的这些优点是以显著提高的硬件复杂度为代价的。

2. 动态指令调度的基本思想

动态指令调度完全抛弃了之前流水线技术中的一个严重局限:按序发射指令。

由于流水线中的这种限制,经常出现这样的情况:一条指令在流水线中被暂停,那么它后面的指令也无法继续向前流动。最糟糕的情况是,如果两条相邻指令存在相关,就会马上引起流水线的停滞。如果暂停的时间较长,那么就会使多个功能部件都进入空闲状态,暂时失去了并行执行的特性。

乱序执行需要许多额外的硬件,以便记录指令的原有顺序、当前顺序和使用的资源,这会使处理器的制造更为复杂。指令乱序执行必然导致指令乱序结束,从而使异常处理更为复杂,执行不精确,异常出现后,很难确定和恢复现场,导致此方法在提高并行性上只对很少一类程序有效。

根据需要,将基本流水线的译码阶段(ID)分成两个阶段:

(1)发射(Issue,IS)　指令译码,并检查结构冒险的情况。

(2)读操作数(Read Operands,RO)　数据冒险检查,当检测到没有数据相关引起的数据冒险时,就读操作数。

程序的指令先被存至指令队列中,由硬件实现以上两个阶段的检测,一旦满足发射条件就发射指令,满足读操作数条件就读操作数。接着是执行阶段,执行阶段的处理与前面介绍的基本流水线的工作过程相同。根据不同的运算类型,指令的执行可能需要不同的时钟周期,一条指令开始执行与执行完毕之间的时间为执行时间。

3. 动态指令调度算法

记分板技术是动态调度的一种方法,1964 年第一次与乱序执行的概念共同提出,该项技术应用于 CDC 公司开发的 CDC660,这两种概念的提出开启了动态指令调度的新篇章。

记分板技术的主要思想是通过一个记分板来保证数据依赖关系,进而控制指令的发送、执行与结果写入,它可以充分开发程序中的指令级并行性,使由于程序的数据相关引起的停顿减到最少。采用这项技术,一条指令如果与在它前面的指令之间存在写-写相关或写-读相关,则它不能被发送到功能部件,如果指令在要将结果写回时发现有读-写相关,则其结果要延迟写入。图 1-10 给出了采用记分板技术的 DLX 基本结构。

如图 1-10 所示,记分板是一个集中控制部件,主要工作是记录和跟踪寄存器和多个执行单元的状态情况,负责相关的检测、控制指令的发射和执行。寄存器和功能部件的状态随时报告给记分板。寄存器与功能部件的数据是通过数据总线相互传递的。DLX 有 2 个浮点乘法器、1 个浮点除法器、1 个浮点加法器和 1 个整数(定点)部件。所有的存储器访问、转移操作和整数操作都由整数部件来完成。每条指令都要通过记分板,由记分板判断、建立并保存其数据相关结构,由记分板决定何时读操作数、执行指令。如果由于数据相关不能立即执行指令,记分板会根据寄存器和功能部件随时报告的状态来决定何时执行指令。在记分板机制下,相关的检测和指令执行的控制完全集中于记分板进行。

Tomasulo 算法对记分板机制进行了改进,基于保留站(Reservation Station)实现了寄存器换名(Register Renaming)的方法,在发生冲突后仍然允许指令继续执行,可以有效地避免写后写和读后写冲突。Tomasulo 算法的提出,为现代超标量处理器的设计打下了基础。图 1-11 给出了 IBM 360/91 基于 Tomasulo 算法的浮点单元基本结构。

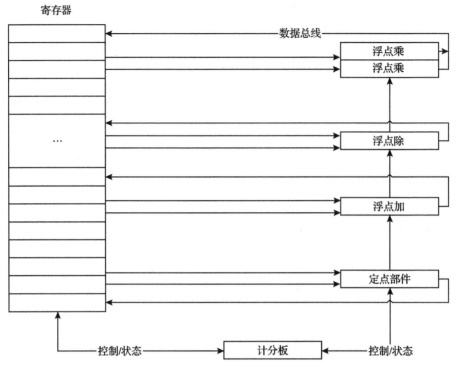

图 1-10 采用计分板技术的 DLX 基本结构

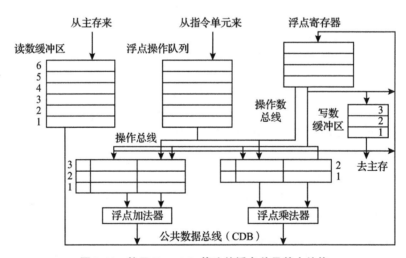

图 1-11 基于 Tomasulo 算法的浮点单元基本结构

Tomasulo 算法加入了公共数据总线(Common Data Bus,CDB),它连接了两个功能单元的输出、所有保留站、读数缓冲区、写数缓冲区和浮点寄存器。这样,功能单元计算所得的结果可以广播到 CDB,保留站中需要该数据的指令会将数据从 CDB 上存入本地锁存器。写数缓冲区和浮点寄存器如果是该数据的目标寄存器,也要从 CDB 上读取该数据。CDB 的引入方便了数据从产生数据的功能单元到多个需求数据部件的直接传递,无须像记分板机制那样通过寄存器中转,需求数据的多个部件也无须竞争读取寄存器了。

　　Tomasulo 算法与记分板机制最根本的区别在于引入了保留站,从而在硬件上实现了寄存器换名,避免了写后写和读后写冲突。前面提到,保留站中缓存了要发射的指令所需的操作数,这是为了尽早取得缓存操作数,避免因为该指令迟迟不读取操作数,而影响其后续发射的指令对该寄存器的写操作,从而尽可能地避免读后写冲突。如果发生多个操作都要对寄存器进行写操作的情况,那么最后一个发射的指令才被允许对寄存器进行写操作。在真正的写操作执行之前的中间阶段,所有对这个寄存器源操作数的引用,都用中间结果值或保留站名字来代替。在 Tomasulo 算法中,所谓的寄存器换名(Register Renaming)是指,指令发射之后,存放操作数对应的寄存器名将被寄存器或指向保留站的指针代替。由于保留站的数量一般都会多于寄存器的数量,因此很多编译器无法做的优化都可以实现了。

　　比起记分板机制,Tomasulo 算法的确有很多不同之处:

　　(1)两种方法对指令的控制方式有很大不同,记分板机制中,控制和缓存集中在记分板,而在 Tomasulo 算法中,控制和缓存分布在各个单元中。例如,保留站中缓存了即将要发射的指令所需要的操作数,每个功能单元分别完成指令相关的检测以及指令执行的控制。

　　(2)避免数据冲突的方式不同。Tomasulo 算法运用寄存器换名的方法来解决 WAW 和 WAR 冲突,相比之下,记分板机制的阻塞发射和流水线停顿等待就显得有些笨拙了。

　　(3)数据传递方式不同。在 Tomasulo 算法中,传给功能单元 FU 的操作数不是从寄存器发出,而是从保留站发出,功能单元计算结果通过公共数据总线 CDB 以广播方式发向所有的功能单元,如前所述,比起记分板的寄存器中转,流水线的效率提高了。

　　(4)在 Tomasulo 算法中,读数缓冲区和写数缓冲区负责保存与寄存器交互的数据,通过标志位来记录每段缓冲单元是否空闲,所以,读数缓冲区和写数缓冲区中的单元也可以看作带有保留站功能的部件。读数缓冲区和写数缓冲区在记分板机制中是没有的。

　　(5)调度范围不同。记分板中仅限于在基本块内进行并行性调度,在 Tomasulo 算法中,部分指令不仅局限于基本块内,它们可以跨越分支,允许浮点操作队列中的浮点操作。

1.2.6　ILP 的局限性

　　在 2000 年初,人们对开发指令级并行的关注达到顶峰。Intel 当时发布了 Itanium,它是一种高发射率的静态调度处理器,依靠一种类似 VLIW 的方法,支持强劲的编译器。采用动态调度推测执行的 MIPS、Alpha 和 IBM 处理器正处于其第二代,已经变得更宽、更快。那一年还发布了 Pentium 4,它采用推测调度,具有 7 个功能单元和 1 个深度超过 20 级的流水线,然而它的发展前景浮现出一些乌云。

　　到 2005 年,Intel 和所有其他主要处理器制造商都调整了自己的方法,将重点放在多核心上。往往通过线程级并行(Thread Level Parallelism,TLP)而不是指令级并行来实现更高的性能,高效运用处理器的责任从硬件转移到软件和程序员身上。从流水线和指令级并行的早期(大约是 20 世纪 80 年代初)发展以来,这是处理器体系结构的最重大变化。

　　在当时有许多研究人员预测 ILP 的应用会大幅减少,预计未来会是双发射超标量和更多核心的天下。但是,略高的发射率以及使用推测动态调度来处理意外事件(比如一级缓存缺失)的优势,使适度 ILP 成为多核心设计的主要构造模块。同时多线程(Simultaneous Multi Threading,SMT)的添加及其有效性(无论是在性能方面还是在能耗效率方面)都进一步巩固了适度发射、乱序、推测方法的地位。事实上,即使是在嵌入市场领域,最新的处理器(例如

ARM Cortex-A9)已经引入动态调度、推测和更宽的发射速率。

表 1-3 给出了 IBM Power 系列的 4 种最新处理器。在 21 世纪初的 10 年里,Power 处理器对 ILP 的支持已经有了一定的改进,但所增加的大部分晶体管(从 Power 4 到 Power 7 增加了差不多 7 倍)用来提高每个晶片的缓存和核心数目。甚至对 SMT 支持扩展的重视也多于 ILP 吞吐量的增加:从 Power 4 到 Power 7 的 ILP 结构由 5 发射变为 6 发射,从 8 个功能单元变为 12 个(但最初的 2 个载入/存储单元没有变化),而 SMT 支持从 0 变为 4 个线程/处理器。显然,即使是 2010 年最高级的 ILP 处理器(Power 7),其重点也超越了指令级并行。除 Power 6 外的所有处理器都是动态调度的,Power 6 是静态、循环的,所有处理器都支持载入/存储流水线。除十进制单元之外,Power 6 的功能与 Power 5 相同。Power 7 使用 DRAM 作为 L3 缓存。

表 1-3　4 种 IBM Power 处理器的特性

项目	Power 4	Power 5	Power 6	Power 7
发布时间	2001	2004	2007	2010
最初时钟频率/GHz	1.3	1.9	4.7	3.6
晶体管数目/百万	174	276	790	1 200
每时钟周期的发射数	5	5	7	6
功能单元	8	8	9	12
每芯片的核心数	2	2	2	8
SMT 线程	0	2	2	4
总片上缓存/MB	1.5	2	4.1	32.3

1.3　多核处理器与线程级并行

本节将从多核处理器的发展演变出发,引出线程的基本概念,由此介绍多线程技术以及开发线程级并行的方法。

1.3.1　多核处理器的发展演变

多核处理器(Multicore Processor)在单芯片上集成多个处理器核,也称为单片多处理器(Chip Multi-Processor,CMP),广泛应用于个人移动设备(Personal Mobile Device,PMD)、个人电脑(PC)、服务器、高性能计算机等领域。下面简要介绍多核处理器的发展演变。

多核处理器是在多核处理器系统基础上发展的,其发展的主要驱动力包括以下 3 个方面。

1. 半导体工艺发展

随着材料学和集成电路规模化工艺水平的迅猛发展,微处理器的主频也在不断提升。微处理器的主频已经由 1990 年的 33 MHz 飞跃到如今的 2 GHz 以上,并且还在不断上涨中。主频已经成为提升微处理器性能的主要发力点。但是,主频增长所带来的益处并非一成不变,其副作用也并非能一直被忽略。首先,主频能依赖于硬件设计和工艺进步有所提升,但为提高性能所增加的硬件部件的资源利用率却并不高,这直接导致 CPU 整体性能的增长空间受到限制。其次,主频增长所带来的功耗的增长远比性能的增长快得多。例如,从 Intel 80486、Pentium、Pentium Ⅲ 到 Pentium Ⅳ 这 4 代处理器,整体性能提高了 5 倍左右,但晶体管数却增加了 15 倍,相对功耗则增加了 8 倍。

2. 功耗墙问题

功耗墙问题也是处理器从单核转到多核设计的一个非常重要的因素。面对单芯片上的大量晶体管,处理器设计有两种思路:一种是单芯片设计复杂的单处理器核,另一种是单芯片设计多个处理器核。从理论上来说,采用后一种思路的性能功耗比收益较大。芯片功耗主要可以分为静态功耗和动态功耗,其中动态功耗由开关功耗和短路功耗组成。而开关功耗是由芯片中电路信号翻转造成的,是芯片功耗的主体。下面给出了开关功耗的计算公式,其中 C_{Load} 为电路的负载电容,V 为电路的工作电压,f 为电路的时钟频率。

$$P_{\text{Switch}} = \frac{1}{2} C_{\text{Load}} V^2 f$$

单芯片设计复杂单处理器核以提高性能的主要方法包括通过微结构优化提高每个时钟周期发射执行的指令数,以及通过提高主频来提高性能。微结构优化的方法由于受到程序固有指令级并行性以及微结构复杂性等因素的限制,在达到每个时钟周期发射执行 4 条指令后就很难有明显的性能收益。提高电压和主频的方法导致功耗随着主频的提高超线性增长。例如,通过电压提升 10% 可以使主频提升 10%,根据开关功耗计算公式,开关功耗与主频成正比,与电压的平方成正比,即在一定范围内功耗与主频的三次方成正比,主频提高 10% 导致功耗提高 30% 以上。

3. 并行结构的发展

多处理器系统经过长期发展,为研制多核处理器打下了很好的技术基础。例如,多处理器系统的并行处理结构、编程模型等可以直接应用于多核处理器上。因此有一种观点认为:将传统处理器结构实现在单芯片上就是多核处理器。在处理器内部、多个处理器之间以及多个计算节点之间有多种不同的并行结构。

(1)单指令多数据流(Single Instruction Multiple Data,SIMD)结构　指采用单指令同时处理一组数据的并行处理结构。采用 SIMD 结构的 Cray 系列向量机包含向量寄存器和向量功能部件,单条向量指令可以处理一组数据。例如,Cray-1 的向量寄存器存储 64 个 64 位的数据,Cray C-90 的向量寄存器存储 128 个 64 位的数据。以 Cray 系列向量机为代表的向量机在 20 世纪 70 年代和 80 年代前期曾经是高性能计算机发展的主流,在商业、科研等领域发挥了重要作用,其缺点是难以达到很高的并行度。如今,虽然向量机不再是计算机发展的主流,但目前的高性能处理器普遍通过 SIMD 结构的短向量部件来提高性能。例如,Intel 处理器的 SIMD 指令扩展实现不同宽度数据的处理,SSE(Streaming SIMD Extension)扩展一条指令可实现 128 位数据计算(可分为 4 个 32 位数据或者 2 个 64 位数据或者 16 个 8 位数据),AVX(Advanced Vector Extension)扩展可实现 256 位或者 512 位数据计算。

(2)对称多处理器(Symmetric Multi-Processor,SMP)结构　指若干处理器通过共享总线或交叉开关等统一访问共享存储器的结构,各个处理器具有相同的访问存储器性能,20 世纪八九十年代,DEC、SUN、SGI 等公司的高档工作站多采用 SMP 结构。多核处理器也常采用

SMP 结构,往往支持数个到十多个处理器核。

(3)高速缓存一致非均匀存储器访问(Cache Coherent Non-Uniform Memory Access,CC-NUMA)结构 CC-NUMA 结构是一种分布式共享存储体系结构,其共享存储器按模块分散在各处理器附近,处理器访问本地存储器和远程存储器的延迟不同,共享数据可进入处理器私有高速缓存,并由系统保证同一数据的多个副本的一致性。CC-NUMA 的可扩展性比SMP 结构要好,支持更多核共享存储,但由于其硬件维护数据一致性导致复杂性高,可扩展性也是有限的。典型的例子有斯坦福大学的 DASH 和 FLASH,以及 20 世纪 90 年代风靡全球的 SGI 的 Origin 2000。IBM、HP 的高端服务也采用 CC-NUMA 结构。Origin 2000 可支持上千个处理器组成 CC-NUMA 系统。

(4)大规模并行处理(Massive Parallel Processing,MPP)系统 指在同一地点由大量处理单元构成的并行计算机系统。每个处理单元既可以是单机,也可以是 SMP 系统。处理单元之间通常由可伸缩的互连网络(如 Mesh、交叉开关网络等)相连,MPP 系统主要用于高性能计算。

(5)集群(Cluster)系统 指将大量服务器或工作站通过高速网络互连来构成廉价的高性能计算机系统,集群计算可以充分利用现有的计算、内存、文件等资源,用较少的投资实现高性能计算,也适用于云计算。随着互连网络的飞速发展,集群系统和 MPP 系统日益交叉融合。

从结构的角度看,多处理器系统可分为共享存储系统和消息传递系统两类。SMP 和 CC-NUMA 结构是典型的共享存储系统。在共享存储系统中,所有处理器共享主存储器,每个处理器都可以把信息存入主存储器,或从中取出信息,处理器之间的通信通过访问共享存储器来实现。MPP 和集群系统往往是消息传递系统,在消息传递系统中,每个处理器都有一个只有它自己才能访问的局部存储器,处理器之间的通信必须通过显式的消息传递来进行。

尽管消息传递的多处理器系统对发展多核处理器(如 GPU)也很有帮助,但是通用多核处理器主要是从共享存储的多处理器系统演化而来。多核处理器与早期 SMP 多路服务器系统在结构上并没有本质的区别。例如,多路服务器共享内存,通过总线或者交叉开关实现处理器间通信;多核处理器共享最后一级缓存和内存,通过片上总线、交叉开关或者 Mesh 网络等实现处理器核间通信。

通用多核处理器用于手持终端、桌面电脑和服务器,是最常见、最典型的多核处理器,通常采用共享存储结构,它的每个处理器核都能够读取和执行指令,可以很好地加速多线程程序的执行。

1.3.2 线程基本概念

**多核处理器
和线程**

单个程序的线程包含 3 个层次的含义:用户级线程、内核级线程及硬件线程,如图 1-12 所示。用户级线程主要指应用软件所创建的线程,是一些相关指令的离散序列。在多线程应用软件中,必定含有一个主线程,用于完成程序初始化、创建其他线程等工作。内核级线程主要指由操作系统创建和使用的线程,它是比进程更小的执行单位。硬件线程主要指线程在硬件执行资源上的表现形式。

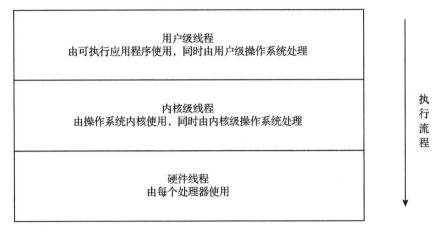

图 1-12 　线程的 3 层结构

1. 用户级线程

对于不依赖运行时架构的应用程序来说,创建线程只需要直接调用系统
API 即可,这些系统调用实质上是一系列对操作系统内核的调用,从而创建线程。图 1-13 给出了在典型系统上执行传统应用程序时线程的执行流程。在线程定义和准备阶段,程序设计环境完成对线程的指定,编译器完成对线程的编译工作;在运行阶段,操作系统完成对线程的创建和管理;在执行阶段,处理器对线程指令序列进行实际的执行。

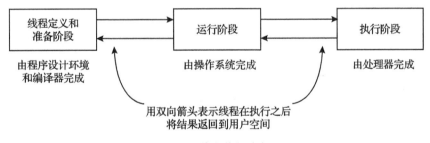

图 1-13 　线程执行流程图

一般来讲,多线程应用程序可以采用内建的 API 调用来实现,最常用的 API 是 OpenMP 库和显式低级线程库。采用显式低级线程库所需要的代码量比采用 OpenMP 库要大,但采用显式低级线程库的优点是可以对线程进行细粒度控制。

2. 内核级线程

内核是操作系统的核心,维护着大量用于追踪进程和线程的表格,绝大多数的线程级行为都依赖于内核级线程。内核级线程能够提供比用户级线程更高的性能,并且同一进程中的多个内核线程能够同时在不同的处理器或者执行核执行。

进程由进程控制块(Process Control Block,PCB)、程序、数据集合组成,它是一个内核级的实体。在操作系统中,进程的引入改善了资源利用率,提高了系统的吞吐量。一个进程在其执行的过程中,可以产生多条执行线索,这些线索被称为线程。线程是比进程更小的执行单位,是一个动态的对象,它是处理器调度的基本单位,是进程中的一个控制点,用来执行一系列的指令。每个线程会经历它的产生、存在和消亡过程,这些是线程的动态概念。线程状态包括就绪态、运行态和挂起态,与进程状态空间相同。一旦某个线程产生一个长延时操作,如访存、处理机间通信或长浮点运算等,该线程即被挂起,随即由调度器从线程池中选择一个就绪线程进入 CPU。这样,延时被隐藏起来了。线程作为 CPU 调度的基本单位,子线程共享父线程的资源。进程可看作是由线程组成的,一个含有多线程的进程中,多个线程共享同一地址空间,所不同的只是每个线程都有私有的"栈",这样每个线程虽然代码一样,但本地变量的数据都互不干扰。

通常可以从以下 3 个角度比较分析进程和线程的差异,如图 1-14 所示。

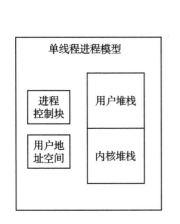
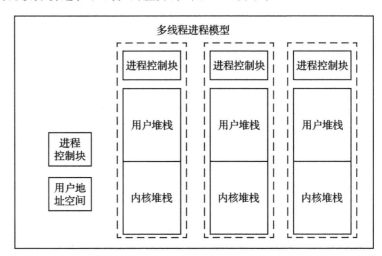

图 1-14 进程与线程的比较

(1)地址空间资源 不同进程的地址空间是相互独立的,而同一进程的各线程共享同一地址空间,且一个进程中的线程对其他进程是不可见的。

(2)通信关系 进程间通信必须使用操作系统提供的进程间通信机制,而同一进程中的各线程间可以通过直接读写进程数据段(如全局变量)来进行通信。当然,同一进程中各线程间的通信也需要同步和互斥手段的辅助,以保证数据的一致性。

(3)调度切换 同一进程中的线程上下文切换比进程上下文切换要快得多。

每个程序由一个或多个进程组成,同时每个进程包含了一个或多个线程,每个线程都被操作系统的调度映射到处理器上执行。目前存在多种线程到处理器的映射模型:一对一映射、多对一(M:1)映射和多对多(M:N)映射,如图 1-15 所示,其中 TLS(Thread Level Scheduler)为线程级调度程序,HAL(Hardware Abstraction Layer)为硬件抽象层,P/C(Processor or Core)为处理器或执行核。在一对一映射模型中,每个用户级线程被映射到一个内核级线程;多对一映射模型中,多个用户级线程被映射到一个内核级线程;多对多映射模型中,M 个用户级线程将被映射到 N 个内核级线程。这样,用户级线程被映射成内核级线程,在线程执行时处理器会将他们当作内核级线程来进行处理。

3. 硬件线程

硬件线程的指令都是由硬件来实际执行的。多线程应用程序的指令首先会被映射到各种资源上,进而通过中间组件(操作系统、运行时环境和虚拟层)将其分发到相应的硬件资源上执行。硬件上的多线程技术是由多个 CPU 来增加并行性,也就是说每个线程都在相互独立的处理器上执行。

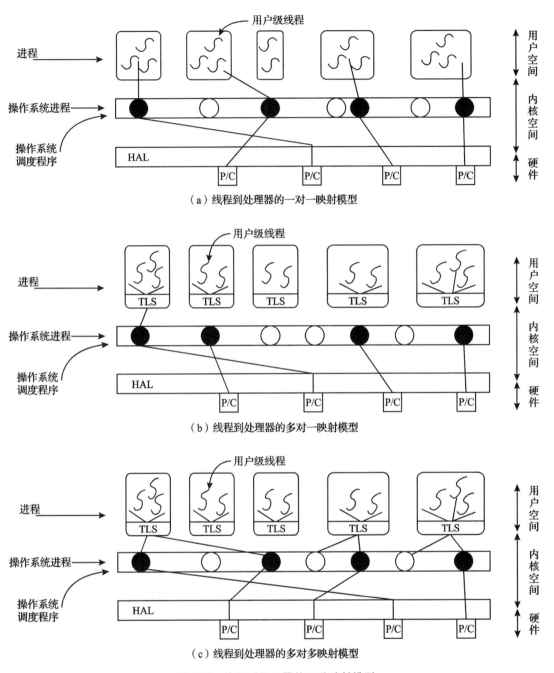

（a）线程到处理器的一对一映射模型

（b）线程到处理器的多对一映射模型

（c）线程到处理器的多对多映射模型

图 1-15　线程到处理器的 3 种映射模型

1.3.3　多线程技术概述

在传统的单核单线程处理器中提高处理器资源利用率,弥补处理器和主存之间速度差距的方法主要有两种:一种是采用多级缓存的方式,即当处理器需要处理下一条指令时,最先查找的是寄存器,其次是一级缓存、二级缓存,最后才是速度最慢的内存和硬盘。其中 CPU 处理单元中的寄存器是最快的,可以在一个时钟周期内提供指令和数据;然后是一级缓存,它需要几个时钟周期的访问时间;而二级缓存则需要十几个时钟周期的访问时间;内存的速度会更慢一点,需要几十个时钟周期的访问时间;但最慢的是硬盘,它通常需要几千甚至几万个时钟周期的访问时间。另一种是,如果处理器在内存中仍然找不到需要执行的指令或数据时,系统会进行上下文切换(Context Switch),终止此线程在 CPU 上的运行,使其处于等待状态而让其他线程运行,只有当内存调入此线程所需数据后,才允许其等待被再次调度到 CPU 上运行,但这种策略会造成几十个时钟周期的额外开销。

当传统的技术发展受到限制的时候,多线程技术应运而生。近年来多核处理器的发展已经证明:ILP 发展为 TLP 中表示性能的辅助参数,TLP 才是代表高性能处理器的主流体系结构的主流技术。

多线程技术就是在单个处理核心内同时运行多个线程的技术,和芯片多处理(Chip Multi Processing,CMP)不同,后者通过集成多个处理器内核的方式提升系统的处理能力,现在的主流处理器一般都会使用 CMP 技术。然而 CMP 技术需要扩增硬件部分的电路,这会导致成本的增加。多线程技术只需要增加规模很小的部分线路(通常约 2%)就可以提升处理器的总体性能,从而以更低成本提高相关应用的性能。如表 1-4 所示,多线程处理器对线程的调度与传统意义上的线程调度存在显著区别,处理器的硬件来管理线程间的切换。由于处理器需要为每个线程维护独立的 PC 和寄存器,因此其能够快速地切换线程上下文。通过尽可能减少处理器的闲置状态来达成更高效的线程调度,从而获取处理器更高的工作效率。多线程处理器在多个线程中提取并行性,这能够减少功能部件空运转造成的能量浪费。

表 1-4　常见的服务器端企业级应用中的指令级并行度和线程级并行度的比较

项目	Web-Centric-Web 服务器	Application-Centric-应用服务器	Data-Centric			
			ERP	OLTP	EIP	DSS
指令级并行度	低	低	中	低	低	高
线程级并行度	高	高	高	高	高	高
指令/数据工作集	大	大	中	大	大	大
数据共享	低	中	中	高	高	中

按照每一流水线阶段对指令的调度执行方式的不同,多线程处理器可以分为阻塞式多线程(Locked Multi Thread)、交错式多线程(Interleaved Multi Threading)和同时多线程(Simultaneous Multi Threading)处理器。其中,阻塞式多线程、交错式多线程都是分时共享处理器资源,只是分时粒度不同。

1. 阻塞式多线程

阻塞式多线程有时也叫粗粒度多线程(Coarse-Grained Multi Threading)或者协作多线程(Cooperative Multi Threading)。它是最简单的多线程技术,允许一个线程在多个连续的时钟周期内拥有所有的执行资源来进行指令的发射和执行,而只在某些特定的时刻进行线程切换,例如,出现缓存失效时,就会进行线程切换,处理器运行其他线程,直到原线程等待的操作完成,才会被切换回去。图 1-16(a)为阻塞式多线程处理器发射槽利用情况示意图,图中不同的阴影斜线表示不同的线程。这种方法可以避免处理器持续等待需要的数据和指令时浪费的上百个 CPU 时钟周期,有效掩盖内存存取的延迟,减少垂直浪费。

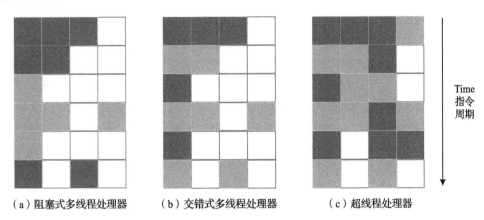

（a）阻塞式多线程处理器　　（b）交错式多线程处理器　　（c）超线程处理器

图 1-16　不同处理器发射槽利用情况

同时,阻塞式多线程的另一个明显的缺点是需要花费几个时钟周期进行线程级切换,这样,有些短延迟事件(如流水线竞争、资源共享冲突等)就无法通过线程切换来避免时间损耗,因为大多数此类延迟事件仅会延迟几个时钟周期。在实际系统中存在很多短延迟事件,例如,分支预测错误或者内存读取指令后紧跟着的与它数据相关的指令时都会产生短延迟事件,这些短延迟事件是造成 CPI 增加的一个重要因素。在现代处理器中使用的多时钟周期的一级缓存需要几个时钟周期的访问时间,二级缓存需要十几个时钟周期的访问时间,使用阻塞式多线程无法避免此类时间的浪费。

2. 交错式多线程

交错式多线程处理器又称为细粒度多线程(Fine-Grained Multi Threading,FMT)处理器。与阻塞式多线程不同,在交错式多线程结构中,微处理器会同时处理多个线程的上下文,在每个时钟周期进行一次线程切换,交错式多线程处理器实质上是通过线程的频繁切换来隐藏时延,采用流水线方式开发多个线程之间的 TLP。图 1-16(b)为交错式多线程处理器发射槽利用情况示意图。与阻塞式多线程相比,交错式多线程结构的处理器对流水线的利用率更高,在不考虑线程切换代价的前提下能够获得更高的性能。在交错式多线程处理器中,如果一个线程遇到长延迟事件,对应这一线程执行的时钟周期就会被浪费。Sun 公司的 Ultra SPARC T1 处理器就采用了交错式多线程技术。

在阻塞式多线程和交错式多线程处理器中,处理器的每个功能单元只能通过同一线程的多条指令,新线程的指令进入流水线到达执行段也会带来几个周期的垂直延迟,其数目取决于流水线的长度。在阻塞式多线程和交错式多线程处理器中,允许多个线程以重叠的方式共享单个处理器的功能单元。某个阻塞式多线程或交错式多线程处理器并不意味着它是同时执行多个线程的。实际上,在同一时间内一个多线程处理器只执行一个线程,多线程处理器的内部会将原有线程的相关信息和变量暂存起来,此时可以切换到其他线程,等到执行完成后再切换回原来的线程。由于这个过程都在处理器内部完成,所以不需要高速存储来进行数据的搬移,这能增加线程的执行速度。

3. 同时多线程

同时多线程(SMT)的主要思想是在同一个周期内同时运行来自多个线程的指令,线程间不需要进行切换,每个功能单元可以执行来自不同线程的多条指令。根据是否可以同时发射来自不同线程的多条指令,可将 SMT 分为 Super Threading(超级线程)和 Hyper-Threading(超线程),Super Threading 处理器在某一时刻只能发射来自同一线程的多条指令,Hyper-Threading 则可以同时发射来自不同线程的多条指令,如图 1-16(c)所示。阻塞式多线程和交错式多线程都是针对单个执行单元的技术,从指令级别上来说,不同的线程并非真正意义上的"并行"。而 SMT 具有多个执行单元,同一时间内可以同时执行多条指令,因此,前两种技术有时被归类为时间多线程(Temporal Multi Threading,TMT)技术。SMT 没有对资源进行物理划分,它允许多个线程在同一个节拍(cycle)内竞争所有的资源,由软件来对 SMT 中的线程进行编译提取和优化调度。由于不存在寄存器相关性,所以 SMT 发射窗口中的多条并行指令可以来自不同的线程。Hyper-Threading 处理器由硬件负责从多个线程中选择能够在同一个周期中执行的指令,并把他们分派到多个功能部件流水线中去执行。它既能够从同一进程中抓取可并行执行的多条指令,也能够通过硬件支持 ILP,所以 Hyper-Threading 对各种级别的 ILP 和 TLP 具有良好的适应性。SMT 处理器通常会采用大容量多级缓存机制来减缓由于同时执行多个线程而带来的对微处理器芯片接口带宽的巨大压力。

交错式多线程、阻塞式多线程和同时多线程处理器的主要差别在于线程间共享的资源以及线程切换的机制。表 1-5 所示为多线程架构的异同。

表 1-5　多线程架构的异同

多线程技术	线程间共享资源	线程切换机制	并行性	资源利用率的改善
交错式多线程	除寄存器、控制逻辑外的资源	每个时钟周期进行切换	较高 TLP,低 ILP	提升单个执行单元利用率
阻塞式多线程	除取指令缓冲、寄存器、控制逻辑外的资源	线程遇到长时间的延迟时进行切换	较高 TLP、ILP	提升单个执行单元利用率
同时多线程	除取指令缓冲、返回地址堆栈、寄存器、控制逻辑、重排序缓冲、Store 队列外的资源	所有线程同时活动,无切换	高 TLP,较高 ILP	提升多个执行单元利用率

1. 计算机冯·诺依曼体系结构的特点与局限如何?
2. 并行计算的优势是什么?与串行计算相比,它在哪些方面表现出明显的性能提升?
3. 实现动态指令调度有哪些典型的算法,其基本思想是什么样的?
4. 并行计算系统中 SIMD、SMP、MPP、CC-NUMA 和 Cluster 系统分别应用于哪些方面?
5. 简要说明线程到处理器的 3 种映射模型。

第 2 章　当代并行机系统

从 1970 年至今,并行计算机发展了 50 余年。在此期间,出现了各种不同类型的并行机,包括向量机、SIMD 计算机和 MIMD 计算机。随着计算机的发展,曾经风靡一时的传统的向量机和 SIMD 计算机现已退出历史舞台,MIMD 类型的并行机占据了主导地位。当代主流的并行计算机是可扩放的并行计算机,包括对称多处理机和大规模并行处理机以及集群系统。本章首先讨论共享存储多处理机系统,其次讨论分布存储多计算机系统,最后讨论集群系统。

2.1　对称多处理机(SMP)

如今,并行服务器中普遍采用共享存储的对称多处理机 SMP(Symmetric Multi Processor)结构。SMP 系统属于 UMA(Uniform Memory Access)机器,NUMA(Non-Uniform Memory Access)机器是 SMP 系统的继承与发展,将 SMP 作为单节点链接起来就构成了 CC-NUMA (Cache-Coherent NUMA)的分布共享存储系统(图 2-1)。本节首先介绍 SMP 的发展方向,进而阐述一些常见的共享存储系统,最后讨论对称多处理机系统的结构特性,以期对分布共享存储多处理机系统有个一般了解。

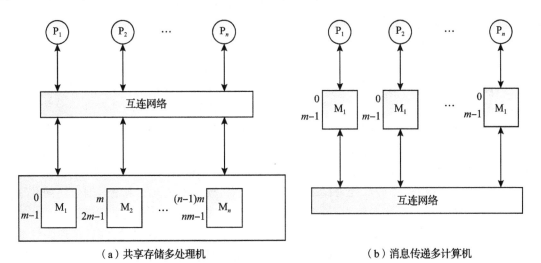

（a）共享存储多处理机　　　　　　　　　　（b）消息传递多计算机

图 2-1　共享存储多处理机和消息传递多计算机

2.1.1　对称多处理机(SMP)发展方向

随着科学计算、事务处理对计算机系统性能要求的不断提高,对称多处理机(SMP)系统的应用越来越广泛、规模需求也越来越大。对称多处理机系统采用集中式共享内存,支持共享存储编程界面,并行编程容易。其发展时期主要是20世纪70年代至20世纪80年代中期。在SMP中,它的计算单元、存储器和I/O设备是紧耦合的,它们通过单一的、中央式的连接关系实现共享。这些以中央式链接为基础的关系可以是总线、交换机或交叉开关网络。由于这些方法在SMP平台上易于实现,故获得了广泛应用。但是单一的"总线"结构限制了SMP向更大规模的发展。为了弥补SMP在扩展能力上的限制,一个重要的发展方向是分布式共享存储系统DSM。DSM采用分布式内存以避免"总线"竞争,但通过特殊的硬件将分布式局部存储器映射成一个统一的共享地址空间,使任一处理器都能访问任意共享存储位置。DSM在保留了SMP共享存储编程特性的同时增强了系统扩展能力。

SMP系统和它的后续发展系统DSM、集群和MPP在并行结构上的区别是其访存特性不同。并行结构按访存特性一般可以分为集中式共享UMA结构、NUMA结构以及非远程存储访问(NO-Remote Memory Access,NORMA)结构。SMP的访存特性为UMA,而DSM的访存特性为NUMA,集群和MPP的访存特性为NORMA,我们一般将前两者称为共享存储系统,而将NORMA称为消息传递多计算机。

1. 共享存储系统和分布式存储系统

因共享存储这一特性,共享存储的并行机通常也称为紧密耦合多处理机,它的全局物理内存所有的处理器都可以访问,并且可以通过对同一存储器中共享数据(变量)的读写来提供一个简单、通用的程序设计模型。由于上述属性的存在,极大方便了用户,用户还可以在这种系统上仿真其他程序设计模型。程序设计的方便性和系统的可移植性使并行软件的开发费用大为降低。然而,由于是共享存储器,不同处理器在竞争共享存储时开销较大,出现较大的延迟,这一特性对于分布式系统而言,会严重损害其峰值性能和可扩展性。共享存储多处理机如图2-1(a)所示,其中P表示处理器,M表示存储器。

2. 分布式存储并行机

分布式存储并行机通常也称为多计算机,它是由多个相互独立的处理器通过互连网络联系而成,他们都具有自己的存储系统。由于其分布式存储的特性该类系统的计算性能很高。然而,由于在不同节点上进行通信的消息传递模型不同,需要针对不同的节点进行解码。并且程序设计者需要认真考虑数据分配和消息通信,因而较共享存储系统上的程序设计要困难一些。另外,不同地址空间的消息通信使问题更加复杂。这样看来,分布式存储系统实现了硬件上的可扩展性,软件调度方面复杂度提升了。消息传递多计算机如图2-1(b)所示。

在共享存储系统中,不同的处理器之间共用存储器,处理器之间的通信是通过访问共享存储器实现的。而在消息传递系统中,每个处理器都有一个独立存储器,仅供自己访问,此时,处理器之间的通信必须通过显式的消息传递来进行。从图2-1可以看出,在消息传递多计算机系统中,每个处理机的存储器是单独编址的;而在共享存储多处理机系统中,所有存储器统一编址。

由于共享存储系统支持传统的单地址编程空间,所以,与消息传递系统相比,减轻了程序员的编程负担。根据上述特性可知:共享存储系统具有较强的通用性,且可以方便地移植现有的应用软件。然而,在共享存储系统中,多个处理机对同一地址空间的共享也带来了一些问题。共享必然会引起冲突,从而使共享存储器成为系统瓶颈。

共享存储系统中包括并行向量机系统和 SMP 系统,消息传递系统中包括集群系统和异构计算机系统,大多数 MPP 系统都是消息传递系统。共享存储 MPP 系统的典型代表是 SGI 的 Origin 2000,但与同期的消息传递产品相比,Origin 2000 由于硬件的复杂性,其可扩展性也是有限的。此外,Cray T3D 等系统也提供了共享空间,但硬件不负责维护高速缓存一致性。

2.1.2　常见的共享存储系统

由 2.1.1 节可见,以共享存储器为依据来划分,集中式共享存储和分布式共享存储两大类都属于共享存储系统。在集中式共享存储系统中,多个处理器通过总线、交叉开关或多级互连网络等与共享存储器相连,所有处理器访问存储器时都有相同的延迟。由于处理器之间通信速率的限制,集中式存储器很容易成为系统瓶颈。

为了解决上述问题,人们提出了分布式共享存储(Distributed Shared Memory,DSM)的概念。分布式共享存储系统就是在物理上分布存储的系统上逻辑地实现共享存储模型。图 2-2 为分布式共享存储系统的结构组织示意图。系统设计者可以通过各种方法在硬件或软件中实现共享存储的分布式机制。系统隐藏了程序的远程通信机制,并且方便性和可移植性也通过共享存储系统这一体系保证了。只需要通过对现有共享存储系统上的应用程序进行简单的修改便可使应用程序以极高效率运行,维护成本低。另外,DSM 系统底层分布式存储的可扩展性和成本效益(Cost-Effective)仍然被继承下来了。因此 DSM 系统为构造高效率的、高可用性的、大规模的并行机制提供了一个可行的选择。在分布式共享存储系统中,各个节点中都有共享存储器。节点之间通过可扩展性好的互连网络(如网孔等)相连。分布式的存储器和可扩放的互连网络增加了访存带宽,但却导致了不一致的访存结构。

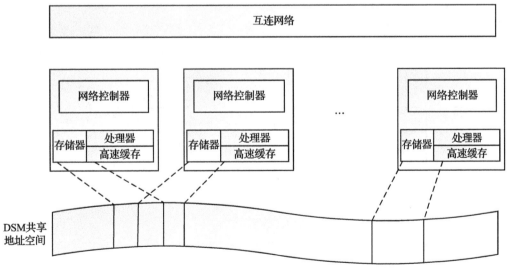

图 2-2　DSM 系统的结构组织示意图

集中式和分布式的共享存储系统可以细分为许多类。根据存储器的分布和一致性的维护以及实现方式等特征,目前常见的共享系统的体系结构可以分为以下几种。

1. 无高速缓存结构

此类系统存储结构中缺失了高速缓存,因此处理器将会利用交叉开关或多级互连网络等方式直接访问共享存储器。由于系统中任一存储单元只有一个备份,所以高速缓存一致性的问题不会在此类系统中出现,但系统的可扩展性受交叉开关或多级互连网络带宽的限制。采用这种结构的典型例子是并行向量机及一些大型机,如 Cray XMP、YMP-C90 等。此外,无高速缓存的结构还见于早期的分布式共享存储系统中,如卡内基梅隆大学的 Cm*、BBN 的 Butterfly 和伊利诺伊大学的 CEDAR 等。

2. 共享总线结构

SMP 系统所采用的就是共享总线结构。在这类系统中三级存储结构是完整的,通过总线将各个处理器与存储器连接,每个处理器的访问时间相同,所以也常称为均匀存储访问(UMA)模型。在共享总线的系统中,高速缓存的数据一致性是通过侦听总线完成的。但由于总线是一种独占性的资源,这类系统的可扩展性是有限的。此结构常见于服务器和工作站中,如 DEC、Sun、Sequent 以及 SGI 等公司的多机工作站产品等。

3. CC-NUMA 结构

CC-NUMA 结构即高速缓存一致非均匀存储访问系统。这类系统的共享存储器分布于各节点之中。节点之间通过可扩展性好的互连网络(如网孔、环绕等)相连,共享单元将会在每个处理器中进行缓存。处理器之间的高速缓存一致性是通过目录的方法来保证的;系统的可扩展性是通过高速缓存一致性的维护能力来决定的。这类系统的例子有斯坦福大学的 DASH 和 FLASH、麻省理工学院的 Alewife 以及 SGI 的 Origin 2000 等,图 2-3 描述了 CC-NUMA 结构的内存组织结构。

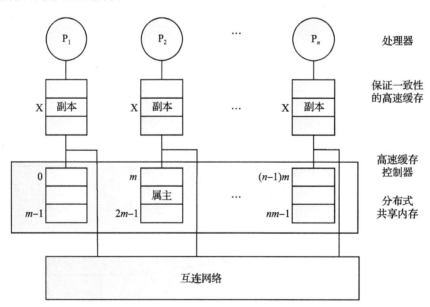

图 2-3　CC-NUMA 内存组织

4. COMA 结构

COMA(Cache-Only Memory Access)结构,即全高速缓存存储结构。这类系统的共享存储器的地址是动态变更的。存储单元与物理地址进行解耦合,数据可以根据访存模式动态地在各节点的存储器间移动和复制。将每个节点的存储器都视为一个大容量高速缓存,而通过这些存储器来维护数据一致性。这类系统的优点是由于处理器自身存储器大,数据在本地存储器访问的概率大。其缺点是当处理器的访问不在本节点命中时,由于存储器的地址是动态变更的,需要通过一种算法来进行寻址导致延迟很大。目前,采用全高速缓存结构的系统有Kendall Sequare Research 的 KSR1 和瑞典计算机研究院的 DDM。此外,COMA 结构常用于共享虚拟存储(Shared Virtual Memory,SVM)系统中。图 2-4 描述了 COMA 结构的内存组织结构。

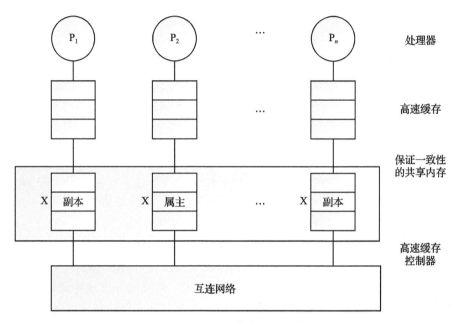

图 2-4　COMA 内存组织结构

5. NCC-NUMA 结构

NCC-NUMA(Non-Cache Coherent Non-Uniform Memory Access)结构,即高速缓存不一致的非均匀存储访问系统。其典型代表是 Cray 公司的 T3D 及 T3E 系列产品,这种系统的特点是虽然每个处理器都有高速缓存,但硬件不负责维护高速缓存一致性。高速缓存一致性由编译器或程序员来维护。在 T3D 和 T3E 中,系统为用户提供了一些用于同步的库函数,便于用户通过设置临界区等手段来维护数据一致性。这样做的好处是系统可扩展性强,高档的T3D 及 T3E 产品可达上千个处理器。

以上这些共享存储系统都是由硬件实现统一编址的共享存储空间的,可以统称为硬件共享存储系统,图 2-5 中介绍了硬件共享存储系统的分类,它包括共享总线结构和分布式共享存储系统两种,其中分布式共享存储系统包括无高速缓存结构和有高速缓存结构两种,而有高速缓存结构的分布式共享存储系统又包括高速缓存一致结构和高速缓存不一致 NCC-NUMA结构两种,进而高速缓存一致结构又可进一步分为 CC-NUMA 结构和全高速缓存 COMA 结构两种。硬件分布式共享存储系统通过硬件实现搜索和查询目录的功能,由于这一特性,它访问存储器的延迟和消息传递的延迟很小,与 SVM 系统相比性能也好很多。另外,由于硬件自动维护的一致性粒度是高速缓存行,使假共享和碎片的影响很小。然而,采用复杂的一致性协议和时延隐藏技术使硬件的设计和验证非常复杂,因此这种结构一般在高档系统和那些只追求高性能的系统中才会被采用。目前有代表性的硬件分布式共享存储系统包括斯坦福大学的DASH 和 FLASH、KSRI、DDM、SCI,麻省理工学院的 Alewife 和 StartT-Voyager 等。

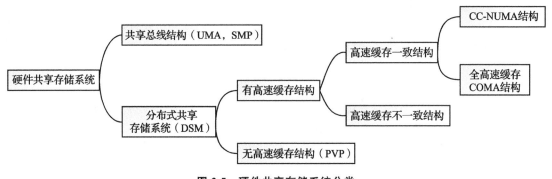

图 2-5　硬件共享存储系统分类

6. 共享虚拟存储结构

共享虚拟存储(SVM)系统又称为软件 DSM 系统,此概念最早由 K. Li 在 1986 年提出。设计这一结构的初衷是将共享存储系统的可编程性与消息传递系统相结合。SVM 系统在基于消息传递的 MPP 或集群系统中使用软件编址,将不同节点的存储器组织成一个统一编址的共享存储空间,其优点是在消息传递的系统上实现共享存储的编程界面。缺点是性能不高,这是因为:①与硬件共享存储系统相比,SVM 系统中的通信量与存储粒度较大(通常是存储页,页大小由操作系统决定)会导致假共享及额外的通信。②在基于集群的 SVM 系统中,通信开销很大。与消息传递系统(如 MPI)相比,基于 SVM 系统的并行程序通信量通常比基于消息传递的并行程序的通信量大。然而,最近 SVM 系统技术和网络转术的发展使 SVM 系统的性能得到了极大提高,主要体现在:①诸如懒惰释放一致性(Lazy Release Consistency ,LRC)协议的实现技术以及多写(multiple write)协议等针对 SVM 系统的优化措施的提出,大大减少了 SVM 系统中的假共享和额外通信。②网络技术的发展降低了系统性能对通信量的敏感程度。③SVM 系统可以有效利用硬件支持,如在 SMP 集群系统中,可以在节点内利用 SMP 硬件提供的共享存储,在节点间由软件实现共享存储;又如,SVM 系统可充分利用某些互连网络实现的远程 DMA 功能提高远程访问的速度。研究表明,对于大量的应用程序,SVM 系统的性能可达到消息传递系统性能的 80％以上。

此外,SVM 系统的实现既可以在操作系统上改进,如 IVY、Mermaid、Mirage 和 Clouds 等;也可以由运行系统来支撑,如 CMU Midway、Rice Munin、Rice TreadMarks、Utah Quarks、DIKU CarIOS、Maryland CVM 和 JIAJIA 等;还可以从语言级来实现,如麻省理工学院的 CRL、Linda 和 Orca 等。

还有通过软硬件结合的方式实现分布式共享存储,这被称为混合实现的分布式共享存储系统,对存储器的管理进行分工,将复杂的管理工作交给软件,而在硬件级上维护一致性,如Simple COMA、Wisconsin Typhoon、Tempest 和 Plus 等。或者仍在页级维护一致性,但却采用细粒度的通信硬件以提高性能,如普林斯顿大学的 SHRIMP。

2.1.3　对称多处理机(SMP)结构特性

共享存储的 SMP 系统结构具有以下特性:

(1)对称性　系统中任何处理器均可访问任何存储单元和 I/O 设备。

(2)单地址空间　单地址空间有很多好处,例如因为只有一个 OS 和 DB 等副本驻留在共享存储器中,所以 OS 可按工作负载情况在多个处理器上调度进程从而易达到动态负载平衡,又如因为所有数据均驻留在同一共享存储器中,所以用户不必担心数据的分配和再分配。

(3)高速缓存及其一致性　多级高速缓存可支持数据的局部性,而其一致性可由硬件来增强。

(4)低通信延迟　处理器间的通信可用简单的读/写指令来完成(而多计算机系统中处理器间的通信要用多条指令才能完成发送/接收操作)。

目前大多数商用 SMP 系统都是基于总线连接的,占了并行计算机很大的市场,但是 SMP 也具有以下问题:

(1)欠可靠　总线、存储器或 OS 失效均会造成系统崩溃,这是 SMP 系统的最大问题。

(2)可观的延迟　尽管 SMP 比 MPP 通信延迟要小,但相对处理器速度而言仍相当可观(竞争会加剧延迟),一般为数百个处理器周期,长者可达数千个指令周期。

(3)慢速增加的带宽　有人估计,主存和磁盘容量每 3 年增加 4 倍,而 SMP 存储器总线带宽每 3 年只增加 2 倍,I/O 总线带宽增加速率则更慢,这样存储器带宽的增长跟不上处理器速度或存储容量增长的步伐。

(4)不可扩展性　总线是不可扩展的,这就限制最大的处理器数一般不能超过 10。为了增大系统的规模,可改用交叉开关连接,或改用 CC-NUMA 或机群结构。

SMP 是现今最成功的并行计算机,它经常工作在网络环境中,所以其安全性、集成能力和易于管理是很重要的。表 2-1 综合比较了现今流行的 5 种商用 SMP 系统特性,这些参数均是最大或最优值(表中 B 为字节)。

表 2-1　5 种商用 SMP 系统特性比较一览表

项目	DEC Alpha server 84 005/440	HP9000/T600	IBM RS600/ R40	Sun Ultra Enterprise 6000	SGI Power Challenge XL
处理器数目	12	12	8	30	36
处理器类型	437 MHz Alpha 21164	180 MHz PA8000	112 MHz PowerPC 604	167 MHz UltraSPARC I	195 MHz MIPS R10000
处理器片外高速缓存容量	4 MB	8 MB	1 MB	512 MB	4 MB
最大主存容量	28 GB	16 GB	2 GB	30 GB	16 GB
互连网络及带宽	BUS 2.1 GB/s	BUS 960 MB/s	BUS+ Cross bar 1.8 GB/s	BUS+ Cross bar 2.6 GB/s	BUS 1.2 GB/s
外磁盘容量	192 GB	168 GB	38 GB	63 GB	144 GB

续表2-1

项目	DEC Alpha server 84 005/440	HP9000/T600	IBM RS600/ R40	Sun Ultra Enterprise 6000	SGI Power Challenge XL
I/O 通道	12 PCI 总线, 每个 133 MB/s	N/A	2 MCA, 每个 160 MB/s	30 S bus, 每个 200 MB/s	6 Power Channel-2HIO, 每个 320 MB/s
I/O 槽	144 PCI 槽	112 HP-PB 槽	15 MCA	45 S bus 槽	12 HIO 槽
I/O 带宽	1.2 GB/s	1 GB/s	320 MB/s	2.6 GB/s	每个 HIO 槽 320 MB/s

2.2　大规模并行处理机(MPP)

诸如科学计算、工程模拟、信号处理和数据仓库等应用中,SMP 系统的能力已经无法更好地利用并行性,需要使用可扩展性更高的计算机平台,这可以通过诸如 MPP、DSM 和 COW 等分布式存储体系结构加以实现。

大规模并行处理机(MPP)的结构如图 2-6 所示,Intel Paragon、IBM SP2、Intel TFLOPS 和我国的神威·太湖之光等都是这种类型的机器。MPP 通常是指具有下列特点的大型计算机系统:

(1)在处理节点中使用商用微处理器,且每个节点有一个或多个微处理器。

(2)在处理器节点内使用物理上分布的存储器。

(3)使用具有高通信带宽和低延迟的互联网络,这些节点间彼此是紧耦合的。

(4)能扩展成具有成百上千个处理器。

(5)它是一个异步多指令流多数据流(MIMD)机,进程同步采用锁方式实现消息传递,而不是共享变量同步操作加以实现。

(6)程序由多个进程组成,每个进程有自己的私有地址空间,通过显式的消息传递实现进程间相互通信,数据分布对用户不是透明的。

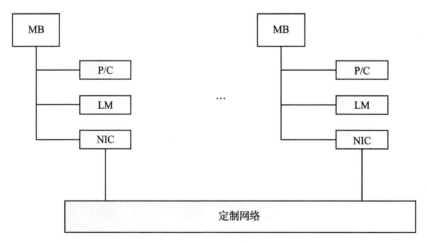

图 2-6　MPP 并行体系结构模型

2.2.1　MPP 系统介绍

1991 年秋,IBM 决定涉足 MPP 的研究,开动了 SP(Scalable Power Parallel)计划。1992 年 2 月开始组队,1993 年 4 月就公布了第一个产品 SP1,之后于 1994 年 7 月宣布了 SP2。IBM 的 SP 是比较特殊的,它采用了机群的办法来构筑 MPP。到 1998 年之前,其在世界上的总装机量超过 3 000 台,实属 MPP 系统成功之例。

IBM 设计 SP 系统时提出了以下目标:①赶市场,遵循着 Moore 定律,为夺性能/价格之冠,产品必须在短期内开发成功;②通用,SP 必须是个能支持不同的技术和商业应用、流行的编程模式和不同操作模式的通用系统;③高性能,SP 必须提供整体性能,不仅是处理器速度快,而且存储器和通信系统要快,有优良的编译器和各种库等;④有效性,SP 必须呈现好的可靠性和可用性,使用户能够方便地在其上运行商业成品代码。

为了满足上述目的,IBM 设计团队采用的策略是:灵活的机群结构、专用互连网络、标准的系统环境、标准的编程模式和有选择的单一系统映像支持。他们设计 MPP 考虑的问题如下:

1. 机群结构

为了达到赶市场和通用的目的,选用机群结构是个关键,其中每个节点都是一个 RS/600 工作站且各有本地磁盘;每个节点内驻留一个完整的 AIX(IBM 的 UNIX);各节点经其 I/O 总线(非本地存储总线)连向专门设计的多级高速网络。SP 系列尽量使用标准的工作站组件,只有不能满足要求时才使用专用的硬件和软件。这样的结构既简单又灵活且系统的规模是可扩放的(从很少的几个节点到数百个节点)。

2. 标准环境

SP 使用标准的、开放的、分布式 UNIX 环境,它能利用现存的标准软件进行系统管理、作业管理、存储管理等,IBM 工作站 AIX 操作系统中包含了所有这些软件。对于那些 AIX 环境不能有效执行的应用,SP 提供了一组高性能服务,诸如高性能开关 HPS(High Performance Switch)、用户级通信协议(US 协议)、优化的消息传递库 MPL(Message Passing Library)、并行程序开发和执行环境、并行文件系统、并行数据库和高性能 I/O 子系统等。

3. 标准编程模式

SP 系统以标准编程模式支持以下 3 种应用方式:①串行计算,尽管 SP2 是个并行机,但它允许现有的以 C、C++和 Fortran 编写的串行程序可不加修改地运行在单节点的 SP 系统上,这是可以理解的,因为机群结构和标准的环境确保了这一点;②并行科技计算,SP 支持 MPL、MPI、PVM、HPF 模式以及共享存储的模式;③并行商用计算,IBM 并行化了一些关键数据库、事务监视子系统,现今 IBM DB2 数据库系统的并行版本已在 SP2 上实现。

4. 系统可用性

SP 系统由上千个部件组成,它们原先是为低价的、规模不大的工作站设计的,现把它们组织在一起必然经常失效。但 SP 是个机群结构,而机群结构意味着是一个分开的操作系统映像,它和 SMP 结构驻留在共享存储器中的单一操作系统映像不同(它的 OS 出错将导致全系统崩溃),机群结构一个节点映像失效不会导致全系统崩溃;另外 SP 的诸节点均同时连向以太网和高性能开关网,这样若一个网络失效,节点间还可使用另一个网络进行通信;还有 SP 的软件基础设施也提供了故障检测、诊断、系统重组和故障恢复等服务。

2.2.2 MPP 系统结构

MPP 系统的结构旨在利用大规模并行处理的优势,以加速数据分析和处理任务。这些系统通常用于数据仓库、商业智能、大数据分析等领域,以支持复杂的数据查询和分析需求。

1. MPP 系统硬件结构

一个 SP 系统可含 2~512 个节点,每个节点有其自己的内存和本地磁盘。所有的节点均连向两个网络:普通的以太网和高性能开关。以太网虽慢但有很多好处:当高性能开关失效时,它可作为后援;当高性能开关正被开发或改进时,仍可利用以太网查错、测试和维持系统运行;此外以太网也可用来系统监视、引导、加载和管理等。

2. 系统互连

高性能开关(HPS)由节点内的开关硬件和开关帧(Switch Frames)组成。IBM SP2 中使用 128 路高性能开关,其中每一帧由一个 16 路开关板连接的 16 个处理节点(N0~N15)组成,8 个帧再用一个附加级开关板连接起来,每一开关板上有两级开关芯片,所以此多级互连网络(MIN)总共有 4 个开关板。HPS 是一个使用此开关的由 40 MHz 时钟驱动的带缓冲的多级 Omega 互连网络。它使用了虫蚀选路法,一个 8 位的片(Flits)在无竞争时穿过一级(即一个开关芯片)只需 5 个时钟(即 125 ns)。当高性能开关内部没有竞争时,延迟在硬件层面上非常低。

3. 节点结构

SP2 有 3 种不同的节点,分别是宽节点(Wide Node)、窄节点(Thin Node)和窄节点 1,它们主要差别在于存储器的容量、数据路径宽度和 I/O 总线槽数的不同,但是所有的这些节点都使用时钟为 66.7 MHz 的 POWER(Performance Optimized With Enhance RISC)-2 微处理器。每个处理器有一个 32 kB 的指令高速缓存、256 kB 的数据高速缓存、指令和转移控制单元、两个定点运算单元、两个各能执行乘-加操作的浮点运算单元。由于定点和浮点运算可同时进行,所以 POWER-2 具有 4×66.7 Mflops$=267$ Mflops 的峰值速度。POWER-2 是个超标量处理器,它使用短指令流水线、先进的转移预测技术和寄存器重命名技术,使它在每个时钟周期内能执行 6 条指令:两条取/存指令、两条浮点乘-加指令、一条变址增一指令和一条条件转移指令。

I/O 子系统和网络接口 I/O 的 I/O 子系统基本上是围绕着 HPS 构筑起来的,并用 LAN 的信关与 SP 系统以外的机器相连。SP 的节点有 4 类:主机节点(H)用于用户登录和交互处理;I/O 节点主要执行 I/O 功能(如全局文件服务);信关节点(G)用于连网;计算节点(C)负责计算。每个 SP 节点通过网络接口电路(NIC)与 HPS 相连,NIC 也叫作开关适配器或通信适配器。适配器包含一个 8 MB 的 DRAM,由 i860 微处理器(主频 40 MHz)控制,经微通道接口搭载于微通道(Micro Channel)上。它是一个标准的 I/O 总线并用于将外设连向 RS/6000 工作站和 IBMPC 机,同时适配器也经过存储和开关管理单元 MSMU(Memory Switch Management Unit)连向 HPS(经由各为 8 位宽的 IN-FIFO 和 OUT-FIFO)。之外,适配器包括一些控制/状态寄存器以及 i860 总线控制器,用于检查和刷新 DRAM。另外,一个 4 kB 的双向 FIFO(BIDI)缓冲器用于连接微通道和 i860 总线。

参照图 2-7 来解释数据从节点发往 HPS 的过程:当节点处理器告诉适配器要发送数据时,i860 将直接存储访问 DMA(Direct Memory Access)传输所必需的信息(称为 Header)写入 BIDI,当此 Header 抵达 BIDI 首部时,左部 DMA(L-DMA)负责将数据从节点(微通道)传入 BIDI;完成时,L-DMA 将硬件计数器增一,i860 写另一个 Header 至右部 DMA(R-DMA),R-DMA 负责将数据从 BIDI 传至 MSMU 中的 OUT-FIFO,然后再将数据传送至 HPS。从 HPS 接收数据是类似的:当数据到达时,MSMU 通知 i860,它就写一个 Header 以启动 R-DMA,R-DMA 负责将数据从 IN-FIFO 传至 BIDI;完成时,i860 向 BIDI 写入一个 Header,当它抵达 BIDI 首部时,L-DMA 抽取此 Header,并负责将数据从 BIDI 传至微通道。

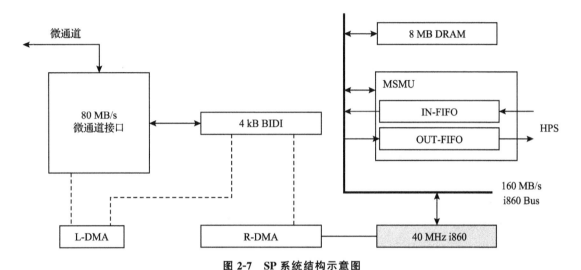

图 2-7　SP 系统结构示意图

4. MPP 系统软件结构

SP 系统软件其核心部分是 IBMAIX 操作系统。SP 沿用了绝大部分 RS/6000 工作站环境,包括数据库管理系统(如 DB2),在线事务处理监视器(如 CICS/6000),系统管理和作业管理,标准操作系统 AIX,Fortran 、C、C++编译器,数学和工程库(如 ESSL)以及上万个串行应用程序等。SP 系统只加入了若干新软件和改进了某些现存的软件,它们都是可扩放并行机群系统所要求的。

5. 并行环境

AIX 并行环境(Parallel Environment,PE)为用户提供了开发和执行并行程序的平台。它包含 4 部分:并行操作环境(Parallel Operating Environment,POE),消息传递库(Message Passing Library,MPL),可视化工具 VT(Visualization Tool)和并行调试器 (Parallel Debugger,PDB)。其中 POE 用于控制并行程序的执行,它由一个运行在家用节点(是一个连向 SP 节点的 RS/6000 工作站)上的划分管理程序(Partition Manager)来控制。家用节点是用户调用并行程序的地方,并行程序作为 SP 计算节点上一个或多个任务来运行。家用节点提供标准的 Unix I/O 设备(如 Stdin、Stdout 和 Stderr),它通过 LAN(如以太网)与计算节点进行标准的 I/O 通信。例如,用户从家用节点的键盘上按 Ctrl+C 键可终止所有的任务,用 Printf 语句就可在家用节点的屏幕上显示输出。消息传递通信是经由 HPS 或以太网执行专门 MPL 功能实现的,这个库提供诸如进程管理、点到点通信、整体通信等 33 种功能,IBMSP 还支持 MPI 的不同版本。

6. 高性能服务

IBMSP 除了能直接使用标准的、商用的原来为 RS/6000 工作站和基于 TCP/IP 网络的分布系统所开发的软件外,它还提供了一些高性能服务,包括高性能通信子系统、高性能文件系统、并行库、并行数据库和高性能 I/O 等。

SP 支持两种通信协议:基于 IP 的协议(执行在核空间)和 US 协议(执行在用户空间),两者均可在 HPS 上或常规网(如以太网)上使用。但 US 协议具有较好的性能,可它每个节点中只允许有一个任务去使用 US 协议;当每个节点上有多个任务时,使用基于 IP 的协议可获得较好的整个系统的利用率。

7. 并行 I/O 文件系统

SP 高性能文件系统也称为并行 I/O 文件系统 PIOFS(Parallel I/O File System),对绝大多数应用和系统实用程序,它与 POSIX 是一致的。Unix 操作和命令(如 read、write、open、close、ls、cp 和 mv 等)与顺序 Unix 系统中的一样,除了允许传统的 Unix 文件系统接口外,PIOFS 提供了并行接口以便能对文件进行并行分布和操作。IBM 开发了称为 DB2 并行版本的并行数据库软件程序,它能运行在 SP 和其他机群平台上。数据库分布在多个节点中,数据库功能则装入数据驻留的节点上。DB2 并行版本在机器规模和问题规模两方面都是可扩放的,它能运行在数百个节点上并能处理多达万亿字节(Terabytes)的大型数据库。

8. 有效性服务

SP 系统由一组运行在节点上的守护程序(Daemon)提供软件有效性基础设施。心跳(Heartbeat)守护程序周期地改变心跳信息以指示哪些节点是存在的。属籍(Membership)服务能识别节点和进程属于某一组。当属籍关系因节点失效、停机或再启动改变时,通告(Notification)服务用来通知活动的成员,并随后调用恢复(Recovery)服务协调恢复以使活动的成员继续工作。

9. 全局服务

SP 系统提供的全局服务有外部系统数据储存库(System Data Repository,SDR),它维持有关节点、开关和现行作业等全系统的信息。当部分系统失效时 SDR 对重组系统是有用的,其内容能将系统带回失效前的状态。采用通过 HPS 支持 TCP/IP 和 UDP/IP 可实现全局网络访问。通过网络文件系统(Network File System,NFS)可提供单一文件系统。除了 NFS 外,SP 还为全局磁盘访问提供虚拟共享磁盘(Virtual Shared Disk,VSD)技术。VSD 是位于 AIX 逻辑盘组管理器(Logical Volume Manager,LVM)之顶的一个设备驱动层。当一个节点进程欲访问本地共享磁盘时,VSD 直接传递请求至节点的 LVM;当一个节点进程欲访问远程共享磁盘时,VSD 传递请求至远程磁盘的 VSD,然后再将其传至远程节点的 LVM。

10. 系统管理

SP 系统控制台(S)是一台控制工作站。SP 系统管理器从此单控制点管理整个 SP 系统:系统安装、监视和配置、系统操作、用户管理、文件管理、作业计费、打印和邮件服务等。此外,SP 中的每个节点、开关等都有一块能自动检测环境条件的监视卡以及时控制硬件部件。管理者能使用这些设施开/关电源和监视器,复位单节点和开关等部件。还有,SP 支持用户交互和批处理两种作业模式,它们既可以是串行程序也可以是并行程序。

2.2.3　MPP 系统特性

本节介绍 MPP 的公共结构、设计问题以及发展现状。

1. MPP 公共结构

MPP 使用物理层面分开的存储器,分布式 I/O 在 MPP 上也有许多的应用。如图 2-8 所示,每个 MPP 节点有一个存储器、网络接口电路(Network Interface Circuitry,NIC)、处理器和高速缓存。这些设备与本地互连网络链接(早期多为总线而近期多为交叉开关),而节点间通过高速网络(High Speed Network,HSN)相连。

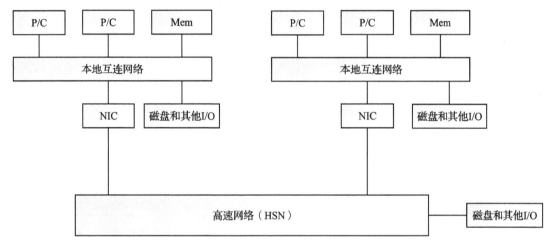

图 2-8　MPP 公共结构示意图

2. MPP 设计问题

一般情况下,MPP 系统的设计需要考虑 5 个方面。

(1)可扩展性　MPP 最显著的特性就是系统拓展性好,可以拓展至成百上千个 CPU,与此同时存储器的带宽也相应地增加。在物理层面,通过分布式存储结构可以更有效率地增加总计存储带宽。在设计 MPP 时需要考虑存储的可扩展性,将存储与 I/O 能力动态规划。

(2)系统成本　MPP 系统需要极大数量的原件组成,MPP 系统的总成本由这些大量的原件累加,所以为了降低 MPP 系统的总成本,需要降低单个原件的成本。所以要采用定制度低、商业性高的现有的服务器、个人电脑和工作站。

(3)通用性和可用性　MPP 系统想要推广开来,能支持不同的应用(技术和商业)、不同算法范例、不同操作模式,而不能局限于很窄的应用。为此,MPP 要支持异步 MIMD 模式;要支持流行的标准编程模式(如 PVM、MPI 和 HPF);据估计,1 000 个处理器的 MPP 系统,每天至少有一个处理器失效,所以 MPP 必须使用高可用性的技术。

(4)通信要求　MPP 和 COW 的关键差别是节点间的通信,COW 使用标准的 LAN,而MPP 使用高速、专用高带宽、低延迟的互连网络,无疑在通信方面优于 COW。然而通信技术的迅速发展使 COW 对 MPP 颇具威胁,从而 MPP 对通信技术也提出了更高的要求。

(5)存储器和 I/O 能力　因为 MPP 是可扩放系统,所以就要求非常大的总计存储器和 I/O 设备容量,然而 I/O 方面的进展仍落后于系统中的其余部分,故如何提供一个可扩放的 I/O 子系统就成为 MPP 的热门研究课题。

3. MPP 的过去和现在

早期的 MPP 主要应用于科学和工程超级计算,著名的系统有 TM(Thinking Machine) CM2/CM5、NSSA/GoodyearMPP、nCUBE、CrayT3D/T3E、Intel Paragon、MasPar MPI、Fujitsu VPP500 和 KSR1 等。SPEC(Standard Performance Evaluation Corporation)标准性能评价公司对目前高性能 CPU 等进行整数(int)和浮点数(float)运算性能测试。当今微处理器系列及其代表性的 CPU 芯片如图 2-9 所示。现在,很多 MPP 都已成功地应用在商业和网络中。此外,美国开始执行的 ASCI 计划也包括研制 3 台高端 MPP 计算机,它们是 Intel 公司与 SNL(Sandia 国家实验室)联合研制的红选择(Option Red)、IBM 公司与 LLNL(Law-rence Livermore 国家实验室)联合研制的蓝太平洋(Blue Pacific)以及 SGL 公司与 LANL(Los Alamos 国家实验室)联合研制的蓝山(Blue Mountain)。

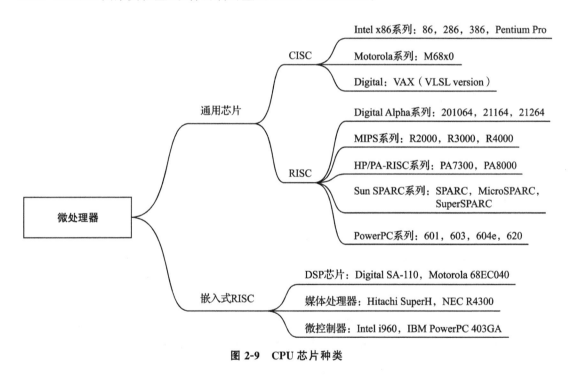

图 2-9　CPU 芯片种类

2.2.4　MPP 系统比较

表 2-2 列出了 3 种现有 MPP 的结构特点,它们分别代表构造大型系统的不同方法,其中 IBM SP2 是一种构造 MPP 的集群化方法。

Intel ASCI 系统遵循了节点、紧耦合网络互连和计算节点的微内核操作系统这种更传统的 MPP 方法,它是 Intel Paragon MPP 系统的后代。SP2 和 Intel ASCI 都是使用 NORMA 访存模型的消息传递多计算机,节点间依靠机器中的显示消息传递。

表 2-2　3 种 MPP 比较

MPP 模型	Intel/Sandia ASCI Option Red	IBM SP2	SGI/Crag Origin 2000
大型样机的配置	9 072 个处理器，1.8 TFLOPS(NSL)	400 个处理器，100 GFLOPS(MHPCC)	128 个处理器，51 GFLOPS(NCSA)
问世日期	1996 年 12 月	1994 年 9 月	1996 年 10 月
处理器类型	200 MHz，200 MFLOPS Pentium Pro	67 MHz，267 MFLOPS Power2	200 MHz，400 MFLOPS MIPS R10000
节点体系结构和数据存储器	2 个处理器，32～256 MB 主存，共享磁盘	1 个处理器，64 MB～2 GB 本地主存，1～14.5 GB 本地磁盘	2 个处理器，64～256 MB 分布共享和共享磁盘
互连网络和主存模型	分离二维网孔，NORMA	多级网络，NORMA	胖超立方体网络，CC-NUMA
节点操作系统	轻量级内核(LWK)	完全 AIX(IBM UNIX)	微内核 Cellular IRIX
自然编程机制	基于 PUMA Portals 的 MPI	MPI 和 PVM	Power C，Power FORTRAN
其他编程模型	Nx，PVM，HPF	HPF，Linda	MPI，PVM

SGI/Crayon Origin 2000 代表一种构造 MPP 的不同方法，其特征为一个可全局存取的、物理上分布的主存系统，使用硬件支持高速缓存的一致性。另一采用类似于 CC-NUMA 体系结构的 MPP 是 HP/Convex Exemplary X-Class。Cray 的 T3E 系统也是分布式共享存储机器，但没有硬件支持的高速缓存一致性，因此它是一个 NCC-NUMA 机器，这种分布式共享存储机器的本地编译环境提供了共享变量模型。在应用程序的层次上，所有 MPP 现在都支持如 C、FORTRAN、HPF、PVM 和 MPI 等标准语言和库。表 2-3 展示了几种 MPP 系统。

1. 面临的主要问题

MPP 系统长期以来没有很好解决以下问题：①实际性能差，MPP 的实际可用性能通常远低于其峰值性能；②可编程性，并行计算的开发比较困难，串行程序向并行程序的自动转换效果不好，且不同平台间并行程序的有效移植也有一定的难度。这两个问题实际上也是高性能计算系统面临的普遍问题。

2. 过去的 MPP

过去的 MPP 主要用于科学超级计算，著名的系统主要包括 Thinking Machine 的 CM2/CM5、NASA/Goodyear 的 MPP、nCUBE、Cray T3D/T3E、Intel Paragon、MasParMP1、Fujitsu VPP500 和 KSR1 等，其中一些具有向量硬件或仅利用了 SIMD 细粒度数据并行性。

现今，许多人认为随着 Thinking Machine 公司、Cray 研究公司、Intel Scalable System Division(Intel 可扩放系统分部)以及许多其他超级计算公司的衰落，MPP 已经死亡。可事实上，由于近年来在工业、贸易和商业上日益增长的需求，大规模并行处理又重新复苏了。

表 2-3　几种 MPP 系统

属性	Pentinum Pro	PowerPC 602	Alpha 21164A	Ultra SPARC 2	MIPS R10000
工艺	BICMOS	CMOS	CMOS	CMOS	CMOS
晶体管数	5.5 M/15.5 M	7 M	9.6 M	5.4 M	6.8 M
时钟频率	150 MHz	133 MHz	417 MHz	200 MHz	200 MHz
电压	2.9 V	3.3 V	2.2 V	2.5 V	3.3 V
功率	20 W	30 W	20 W	28 W	30 W
字长	32 B	64 B	64 B	64 B	64 B
I/O 高速缓存	8 kB/8 kB	32 kB/32 kB	8 kB/8 kB	16 kB/16 kB	32 kB/32 kB
二级高速缓存	256 kB	1～128 MB	96 kB	16 MB	16 MB
执行单元	5 个	6 个	4 个	9 个	5 个
超标量	3 路	4 路	4 路	4 路	4 路
流水线深度	14 级	4～8 级	7～9 级	9 级	5～7 级
SPECint 92	366	225	＞500	350	300
SPECfp 92	283	300	＞750	550	600
SPECint 95	8.09	255	＞11	N/A	7.4
SPECfp 95	6.70	300	＞17	N/A	15
其他特性	CISC/RISC 混合	短流水线, L1 高速缓存	最高时钟频率, 最大片上二级高速缓存	多媒体和图形指令	MPP 机群, 总线可支持 4 个 CPU

3. 商业中的 MPP 应用

大多数关于 MPP 的技术和研究文献均着重于科学工程计算,许多文章讨论如何解决 MPP 上的并行计算挑战性问题。这就可能产生误导,认为 MPP 只适用于非常巨大的、并行的科学计算应用。但事实上,许多 MPP 已经被成功地用在商业和网络应用中。例如在 IBM 售出的 SP2 系统中,有一半左右用于商业应用,其余的一半中,有很大比例用于 LAN 连网,仅有一小部分用于科学超级计算。

商业 MPP 应用的最热门领域是数据仓库、决策支持系统和数字图书馆。可扩展性、可用性和可管理性在高性能商业应用市场上尤为重要。

2.3　计算机集群(Cluster)

计算机集群是一组计算机,这一组同时工作的计算机使得他们可以被认定为一个系统。与简单的共享计算机不相同,集群的设计将这些计算机统一进行调度,一同执行同一个任务。

集群在提升整体计算机性能的同时降低成本,提升经济效益。伴随着大计算应用的问题逐渐增多,计算机集群就诞生于此背景之下。计算机集群是由低成本微处理器、高速网络和用于高性能分布式计算的软件组成的。集群具有普适性,从数量较少的微型集群到超级计算机。

在集群出现之前,大型计算机单机集成度高,冗余严重,成本较高;而集群的拓展性好,前期应用成本低。与大型计算机相比,集群更易于扩展新功能。

2.3.1 计算机集群的基本概念

通过一定的组合排列方式编排大量计算机并行来获得更佳的计算性能,提升计算效率,这就是计算机集群。

计算机集群可以是一个简单的两节点系统,它只连接两台个人计算机,也可以是一台速度非常快的超级计算机。构建集群的基本方法是 Beowulf 集群,它可以用几台个人计算机构建,以产生传统高性能计算的经济高效的替代方案。一个显示该概念可行性的早期项目是 133 节点 Stone Supercomputer。开发人员使用 Linux、并行虚拟机工具包和消息传递接口库以相对较低的成本实现高性能。

2.3.2 计算机集群的历史

第一个多台计算机组合为集群的生产系统是 1960 年代中期的 Burroughs B5700。这一集群允许 4 台及以下数量的计算机(每台具有 1 个或 2 个处理器)与公共的磁盘存储子系统紧密耦合以分配工作负载。与标准的多处理器系统不同,每台计算机都可以在不中断整体操作的情况下重新启动。

商业松散耦合集群产品是 Data point Corporation 于 1977 年开发的"附加资源计算机(ARC)"系统,并使用 ARCnet 作为集群接口。直到 Digital Equipment Corporation 于 1984 年为 VAX/VMS 操作系统(现在命名为 OpenVMS)发布了他们的 VAXcluster 产品,集群的发展才真正腾飞。当计算机集群使用并行性时,超级计算机也开始在同一台计算机内使用实现并行化。继 1964 年 CDC6600 取得成功之后,Cray1 于 1976 年交付,并通过矢量处理引入了内部并行性。虽然早期的超级计算机排除了集群并依赖于共享内存,但随着时间的推移,一些最快的超级计算机(例如 K 计算机)依赖于集群架构。

2.3.3 计算机集群的优点

1. 提高性能

大计算量的运用,如模型训练、天气预报、核试验模拟等,要求计算机的数据运算能力十分强大,目前最强大的单一计算机难以达到要求。此时,通过集群技术构建计算机集群,使用几十台甚至上百台计算机达到性能要求。提高处理性能一直是集群技术研究的重要目标之一。

2. 降低成本

通常,科学计算型集群涉及为集群开发并行编程应用程序,以解决复杂的科学问题。开发并行编程应用程序并行计算的基础,尽管它不使用专门的并行超级计算机(这种超级计算机内部由十至上万个独立处理器组成),但它却使用商业系统,如通过高速连接与链接的一组单处理器或双处理器 PC,并且在公共消息传递层上进行通信以运行并行应用程序。因此,您会常常听说又有一种便宜的 Linux 超级计算机问世了。它实际是一个计算机集群,其处理能力与真的超级计算机相等,通常一套像样的集群配置开销要超过 100 000 美元。这对一般人来说似乎是太贵了,但与价值上百万美元的专用超级计算机相比还算是便宜的。

3. 提高可扩展性

集群系统的扩展性能极好,比如用户若想扩展系统能力,获取额外的 CPU 和存储器资源,就可以通过增加集群机数量。如果不采用集群技术,则需要重新购买性能更强的服务器,连续性也无法得到保证。

4. 增强可靠性

集群技术使系统在故障发生时仍可以继续工作,当一台机器死机后,系统将自动调度其余机器运行原有任务,将系统停运时间减到最小。集群系统在提高系统的可靠性的同时,也大大减小了故障损失。

2.3.4 计算机集群的分类

1. 科学集群

科学集群是并行计算的基础。通常,科学集群涉及为集群开发的并行应用程序,以解决复杂的科学问题。科学集群对外就好像一个超级计算机,这种超级计算机内部由十至上万个独立处理器组成,并且在公共消息传递层上进行通信以运行并行应用程序。

2. 负载均衡集群

负载均衡集群是指在计算机集群中,将任务尽可能均衡地分配到各个计算机上。这一特点满足了企业的需求。负载可以分为网络流量负载和应用程序负载。通过搭建负载均衡集群使得同一组运行程序可以向大量用户提供服务。每个节点都可以承担一定的程序处理负载,通过程序运行情况实时调度并且可以实现处理负载在节点之间的动态分配,以实现负载均衡。对于网络流量负载,当网络服务程序接收了高入网流量,以致无法迅速处理时,网络流量就会发送给在其他节点上运行的网络服务程序。同时,还可以根据每个节点上不同的可用资源或网络的特殊环境来进行优化。

3. 高可用集群

当集群中的一个系统发生故障时,集群软件迅速做出反应,将该系统的任务分配到集群中其他正在工作的系统上执行。考虑到计算机硬件和软件的易错性,高可用性集群的主要目的是使集群的整体服务尽可能可用。如果高可用性集群中的主节点发生了故障,那么这段时间内将由次节点代替它。次节点通常是主节点的镜像。当它代替主节点时,它可以完全接管它的身份,因此系统环境对于用户是一致的。

高可用性集群使服务器系统的运行速度和响应速度尽可能快。它们经常利用在多台机器上运行的冗余节点和服务来相互跟踪。如果某个节点失败,它的替补者将在几秒钟或更短时间内接管它的职责。因此,对于用户而言,集群永远不会停机。

在实际使用中,集群的这 3 种类型相互交融,如高可用性集群也可以在其节点之间均衡用户负载。同样,也可以从要编写应用程序的集群中找到一个并行集群,它可以在节点之间执行负载均衡。从这个意义上讲,这种集群类别的划分是一个相对的概念,不是绝对的。

2.3.5 计算机集群运用实例

以访问 web 服务器为例,假定一台主机,它的内存为 4 G,2 个 CPU,如果服务器接收1 000 个静态请求(每个请求占用 2 M 空间),50 个动态请求(每个请求占用 10 M 空间),则所占用的空间差不多达到服务器的内存上限,此时服务器处理请求的速度会变得很慢,很难满足客户的需求。

解决方法：

（1）Scale on（向上扩展）　增大内存容量和 CPU 性能，通过调用一台性能好的主机来处理请求。缺陷：内存容量和处理器的性能有上限，并且增大容量和处理器性能将会使成本大大增加。

（2）Scale out（向外扩展）　增加服务器个数，也就是前面所讲到的负载均衡。

如图 2-10 为访问前端服务器，前端服务器会将请求发送至后台的 3 个服务器上进行处理。此时便涉及一个问题，3 台服务器，一次用户的请求只有一个，如何将用户的请求分配到 3 台服务器上？可以采用轮调的方法，即第一次给 A，第二次给 B，第三次给 C，若 A 的性能是 B 和 C 的两倍，为了考虑公平和效率，可以采用加权轮调算法，即 A 的工作量为 B 和 C 的两倍。

只有一个前端服务器的话，如果前端服务器出现了问题，那么整个集群就都会瘫痪，这一系统的鲁棒性就很差了，基于这个原因，我们可以再添加一个前端服务器，一个作为 Primary，一个作为 Secondary，主要的前端服务器不工作了之后，次要的继续工作，这就是我们前面所说的高可用集群。

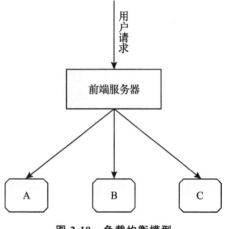

图 2-10　负载均衡模型

如图 2-11 所示，两个前端服务器之间会定时发送信息来判断对方是否在工作，俗称为心跳（Heartbeat），如果 Secondary 服务器无法检测到 Primary 服务器的心跳，那么会将资源抢占过来进行调度。一般心跳间隔为每隔一秒或者半秒传递一次，能收到心跳证明机器依然运行。

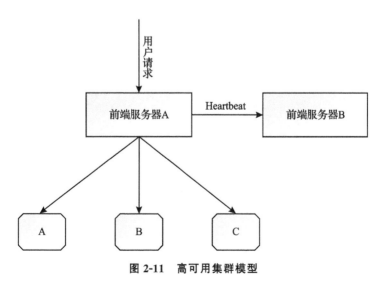

图 2-11　高可用集群模型

思 考 题

1. 什么是并行计算机系统？它们通常由哪些主要组件和层次结构组成？
2. 请描述并行计算的任务分解和任务调度过程。这些过程是如何影响性能的？
3. 简述对称多处理机 SMP 结构特性及其所面临的困难。
4. 简述大规模并行处理机 MPP 的系统结构和运行特征。
5. 简述计算机集群 Cluster 的分类与应用实践。

第 3 章　并行计算性能评测

高性能微处理器包含数十亿个晶体管,主频可达到近 5 GHz。处理器的结构也变得越来越复杂,通常采用深度流水线、乱序执行、多发射、推测执行、片上集成大容量缓存等超标量技术。处理器的设计和性能分析是一个非常大的挑战,因为其 1 s 能执行数十亿条指令,分析处理器 1 s 的执行,涉及上百亿的信息片段。巨大的设计空间和工作负载特性的多样性,导致性能分析和评价成为一个非常艰巨的任务。对于并行计算的性能评测,可分为 3 类:机器级的性能评测、算法级的性能评测、程序级的性能评测。机器级的性能评测主要针对集群的机器性能,包括 CPU 和存储器的某些基本性能指标,并行通信开销以及机器的成本、价格和性价比等;算法级的性能评测针对集群算法的优劣,主要包括加速、效率和可扩展性等;程序级的性能评测主要包括基本测试程序、数学库测试程序和并行测试程序等。本章将对他们逐一作简要讨论。

3.1　基本性能指标

机器的性能通常是指机器运行的速度,是程序运行时间的倒数。程序的运行时间是指用户向计算机输入一个任务之后,得到计算机的输出所需要的时间。这段时间包括访问磁盘和存储器的时间、CPU 运行时间、I/O 执行时间以及操作系统调度开销。

实际上,计算机的运行速度与许多因素有关,如处理器的主频、具体的操作、主存的读取速度和时序等。早期用完成一次加法所需时间来衡量运算速度,即普通法,显然是不合理的。后来采用吉普森(Gibson)法,它综合考虑每条指令的执行时间以及它们在全部操作中所占的百分比,即

$$T_M = \sum_{i=1}^{n} f_i t_i$$

其中,T_M 为机器运行速度;f_i 为第 i 种指令占全部操作的百分比数;t_i 为第 i 种指令的执行时间。

现在机器的运行速度普遍采用单位时间内执行指令的平均条数来衡量,计量单位采用 MIPS(Million Instruction Per Second),即百万条指令每秒。但同时,也可以采用它的倒数,即执行时间来作为指标描述性能的高低,CPI(Cycle Per Instruction)即执行一条指令所需的时钟周期(机器主频的导数)的表达公式如下:

$$CPI = \sum_{i=1}^{n} \left(CPI_i \times \frac{I_i}{I_N} \right)$$

其中，I_i/I_N 表示第 i 种指令在程序中所占的比例。

使用 MIPS 指标来评测高性能计算机时，MIPS 的数值可能会偏大而让我们无法直观地描述高性能计算机的性能，此时便引入了 MFLOPS(Mega Floating-point Operations Per Second)即百万次浮点运算每秒：

$$\text{MFLOPS}=I_{FN}/(T_E\times10^6)$$

其中，I_{FN} 表示单一程序中浮点运算的次数。在一般的计算机中，执行一条浮点运算语句平均需要 3 条指令，因此 1 MFLOPS 约等于 3 MIPS。

随着并行计算机的规模越来越大，并行计算技术越发成熟，MFLOPS 逐渐不再使用，目前使用较多的有十亿次浮点运算每秒(Gigaflops，GFLOPS)、万亿次浮点运算每秒(Teraflops，TFLOPS)和千亿次浮点运算每秒(Petaflops，PFLOPS)。

对并行计算机的基本性能进行考量，需要考虑以下指标：

(1)机器规模　符号为 n，表示并行计算机处理器的个数。

(2)时钟速率　符号为 f，表示时钟周期长度的倒数，单位为 Hz。

(3)工作负载　符号为 W，表示计算程序操作的数目，单位为 FLOPS。

(4)顺序执行时间　符号为 T_1，表示程序在单一处理机上的运行时间，单位为 s。

(5)并行执行时间　符号为 T_n，表示程序在并行计算机上的运行时间，单位为 s。

(6)速度　符号为 R_n，表示每秒浮点运算的次数，单位为 FLOPS，且 $R_n=W/T_n$。

(7)加速比　符号为 S_n，用于评价并行机有多快，且 $S_n=T_1/T_n$。

(8)效率　符号为 E_n，用于评价并行机中处理机的利用率，且 $E_n=S_n/n$。

(9)峰值速度　符号为 R_{peak}，表示所有处理器峰值速度的和，单位为 FLOPS，若令 R_{peak}^i 为第 i 个处理机的峰值速度，则 $R_{peak}=\sum_{i=1}^{n}R_{peak}^i$。

(10)利用率　符号为 U，表示当前处理机可达速度与峰值速度之比。

(11)通信延迟　符号为 t_0，表示传送单字所需时间，单位为 ms。

(12)渐进带宽　符号为 r_∞，表示传送长消息通信速率，单位为 MBPS。

此外，评测一台计算机性能的好坏，往往和不同用户的需求相关。例如，普通的计算机用户对于性能的好坏，最直观的感受就是机器运行程序的速度，用户觉得速度越快，运行时间越短，计算机的性能越好。而对于专业的计算机管理员来说，他们关注的可能是固定时间内完成任务的数量，数量越多，计算机的性能越好。普通用户关注的单一任务从开始到结束的时间，即程序的执行时间，而管理员关注的是固定时间内完成任务的个数，即机器的吞吐量。所以，一台计算机的性能往往不是通过某一个参数来决定的，这不仅会由 CPU 的运算速度、存储器的读写速度、操作系统的调度速度等来共同决定，而且与计算的方法与算法，特定程序的优化、编译工具与环境，甚至与评测方法也有关。

一般情况下，并行计算机的性能评测可以从 3 个方面入手：机器级、算法级、程序级。在本章的后续内容中，会对算法级性能评测以及程序级性能评测进行详细的介绍。接下来对机器级的性能评测进行简单的介绍。

3.2　加速比性能定律

加速比(Speedup)是同一任务在单处理器系统和并行处理器系统中运行所耗费时间的比

率,用来衡量并行系统或程序并行化的性能和效果。加速比的计算公式为:

率,用来衡量并行系统或程序并行化的性能和效果。加速比的计算公式为:

$$S_n = T_1 / T_n$$

当 $S_n = n$ 时,此加速比称为线性加速比。如果 T_1 是在单处理器环境中效率最高的算法下的运算时间(即最适合单处理器的算法),则此加速比称为绝对加速比。如果 T_1 是在单处理器环境中采用和并行系统一样的算法下的运行时间,则此加速比称为相对加速比。加速比超过处理器数目的情况称为"超线性加速比(Super-Linear Speedup)"。超线性加速比很少出现,若出现,可能原因在于:现代计算机的三级存储结构带来的"高速缓存"概念,具体来说,较之顺序计算,在并行计算中,不仅参与计算的处理器数量更多,不同处理器的高速缓存也集合使用。因此,集群中几个计算机缓存集合可以支撑计算所需存储量,算法执行时不采用读取速率较慢的内存,因而存储器读写时间便能大幅降低,这便对实际计算产生了额外的加速效果。

在本节中将会介绍加速比的 3 种性能定律:固定负载的 Amdahl(阿姆达尔)定律、适用于可扩放问题的 Gustafson(古斯塔夫森)定律和受存储器限制的 Sun-Ni 定律。

为了方便定义描述与讨论,定义如下参数:p 为并行计算机中处理器的个数;W 是计算负载(常称为问题规模、工作负载),W_s 是应用程序中的串行分量,W 中可并行化为部分 W_p;f 是串行分量比例($f = W_s / W$),$1 - f$ 为并行分量的比例;$T_s = T_1$ 为串行执行时间,T_p 为并行执行时间;S 为加速比;E 为效率。

3.2.1　Amdahl 定律

阿姆达尔定律是计算机系统设计的重要定量原理之一,这一定律在 1967 年由 IBM 公司 360 系列机的主要设计者阿姆达尔首先提出,主要用来预测和评估整个系统可能提升的最大理论加速比。这一定律将多核系统划分为并行运算和串行运算两部分,对于并行运算部分,通过多核处理器来提升性能。该定律是指:系统中对某一部件采用更快执行方式所能获得的系统性能改进程度,取决于这种执行方式被使用的频率,或所占总执行时间的比例。阿姆达尔定律实际上定义了采取增强(加速)某部分功能处理的措施后可获得的性能改进或执行时间的加速比。但即使我们使用了更快的处理器来尝试提高系统的整体性能,但系统的整体性能提升仍然会受到其他慢的系统组件的限制。

阿姆达尔定律提出的同时指出了并行系统的受限问题,认为在可并行度不高的情况下,再增加更多的多核(或者处理器)不能提升整体性能。其几何意义如图 3-1 所示。

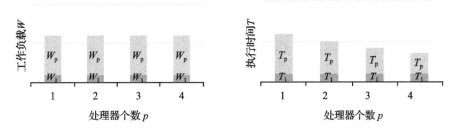

图 3-1　Amdahl 定律的几何意义

Amdahl 定律的基本出发点是:实时性的要求在科学计算中往往是放在第一位的,此时可固定负载为不变的因素,在固定负载的情况下增加处理器的数量来加快计算速度。基于这些,

Amdahl 推导的固定负载的加速比为：

$$S = \frac{W_s + W_p}{W_s + W_p/p}$$

将式子分子分母同时除以 W：

$$S = \frac{(W_s + W_p)/W}{(W_s + W_p/p)/W}$$

将 W_s 和 W_p 转换为串行分量与并行分量比例后可化为：

$$S = \frac{f + (1-f)}{f + (1-f)/p}$$

分子分母同时乘以 p 后化简：

$$S = \frac{p}{pf + 1 - f}$$

当 p 趋近于无穷大时：

$$S = \lim_{p \to \infty} \frac{p}{pf + 1 - f} = 1/f$$

这就是著名的 Amdahl 定律,同时,该式也对应了上文所提到过的并行系统的受限问题,当处理器数目增大到一定程度的时候,并行系统所能达到的最大加速比上限为 $1/f$。这使得对多核的可扩展性出现了较为悲观的态度。而直到古斯塔夫森(Gustafson)定律的提出,才重拾对并行可扩展性的信心。

在实际并行计算机程序运行的过程中,会产生额外的并行开销,因此并行加速比不仅受限于程序的串行分量。令 W_0 为额外开销,则上式可修改为：

$$S = \frac{W_s + W_p}{W_s + W_p/p + W_0}$$

归一化后如下：

$$S = \frac{W}{fW + [W(1-f)]/p + W_0}$$

分子分母同时乘以 p 并同时除以 W 可化简为：

$$S = \frac{p}{1 + f(p-1) + W_0 p/W}$$

当 p 趋近于无穷大时：

$$S = \lim_{p \to \infty} \frac{p}{1 + f(p-1) + W_0 p/W} = \frac{1}{f + W_0/W}$$

由上式可知,串行分量越小和并行额外开销越小,加速比越大。

3.2.2　Gustafson 定律

Gustafson(古斯塔夫森)定律的出发点是:除非是在做学术研究的时候,人们不会把一个固定大小的问题放在不同数量的处理器上运行;在实践中,问题的大小随处理器的数量而变化。当使用更强大的处理器时,问题通常会扩展到使用增加的功能。用户可以控制诸如网格分辨率、时间步长数量、差分算子复杂度和其他参数,这些参数通常可以调整,以允许程序在特定的时间内运行。因此,最现实的假设可能是,运行时间(而不是问题大小)是恒定的。这样才使得并行计算具有实际意义,综上所述,1988 年 Gustafson 给出如下放大问题规模的加速比公式:

$$S' = \frac{W_s + pW_p}{W_s + pW_p/p}$$

分子分母同时除以 W 后,化简可得:

$$S' = \frac{(W_s + pW_p)/W}{(W_s + W_p)/W} = \frac{f + p(1-f)}{f + (1-f)} = f + p(1-f)$$

当 p 趋近于无穷大时,S' 与 p 几乎是线性关系,斜率为 $(1-f)$。这意味着随着处理器数目的增加,加速比与处理器数目成比例的线性增加,与 Amdahl 定律中当处理器数目增大到一定程度的时候,并行系统所能达到的最大加速比上限为 $1/f$ 形成鲜明对比,这代表着 Gustafson 定律打破了 $1/f$ 这一上限,这对并行系统的发展是个非常乐观的结论。引用 Gustafson 教授论文中的原话:"我们迄今为止的工作表明,从大规模并行集合中提取非常高的效率并不是一项不可克服的任务,原因如下:我们认为,对于并行计算研究来说,克服由于滥用 Amdahl 加速公式而造成的巨大并行性的'心理障碍'是很重要的;加速比应该通过将问题扩展到处理器的数量来度量,而不是解决问题的大小。我们希望将我们的成功扩展到更广泛的应用范围和更大的 p 值(其中 p 值为处理器的数量)。"

Gustafson 定律的几何意义如图 3-2 所示。

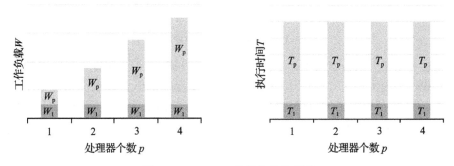

图 3-2　Gustafson 定律的几何意义

与 Amdahl 定律相同,也要考虑并行程序运行时的额外开销 W_0,上式应当修改为:

$$S' = \frac{W_s + pW_p}{W_s + pW_p/p + W_0}$$

分子分母同时除以 W 后,化简可得:

$$S' = \frac{(W_s + pW_p)/W}{(W_s + W_p + W_0)/W} = \frac{f + p(1-f)}{f + (1-f) + W_0/W} = \frac{f + p(1-f)}{1 + W_0/W}$$

其中,W_0 与 p 相关,是 p 的函数。一般化的 Gustafson 定律想要实现线性加速比必须要 W_0 与 p 负相关,这一般难以做到。

3.2.3 Sun-Ni 定律

Sun Xianhe 和 Linoel Ni 在 1990 年重新评估阿姆达尔定律和古斯塔夫森定律,在固定运行时间和内存的前提下,提出了内存绑定型模型,指出了负载随内存的增长是以某种方式增加的。在这个模型里,加速比也随处理器数量的增长而线性增长,且最终得出了比古斯塔夫森定律更加乐观的可扩展结论。

其基本思想是并行计算着眼点应该是获得更为精确的解,因此,在内存空间许可的前提下,应当尽量增大问题的规模以使其产生更好和更加精确的解,此时并行程序的执行时间可能会增加。Sun-Ni 定律的几何意义如图 3-3 所示。

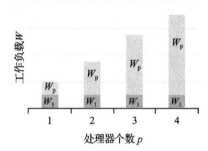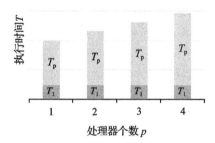

图 3-3　Sun-Ni 定律的几何意义

假设在单节点上的存储容量为 M,并且运行程序使用了全部的存储容量,则此时的工作负载为:

$$W = fW + (1-f)W$$

即为串行分量与并行分量之和,而当将该问题拓展到 p 个节点的并行计算机上时,存储容量也应当线性的增大到 pM,当存储容量增加时,并行的工作负载也会相应地增加,此时令一个 $K(p)$ 函数,表示串行工作负载随着 p 的变化而转换的函数,所以增大后的工作负载为:

$$W = fW + (1-f)WK(p)$$

此时,存储受限的加速比公式为:

$$S'' = \frac{fW + (1-f)WK(p)}{fW + (1-f)WK(p)/p}$$

分子分母同时除以 W 并乘以 p 可得:

$$S'' = \frac{[f + (1-f)K(p)]p}{fp + (1-f)K(p)}$$

同样地，考虑到并行程序运行时的额外开销 W_0，上式可化简为：

$$S'' = \frac{fW + (1-f)WK(p)}{fW + (1-f)WK(p)/p + W_0}$$

分子分母同时除以 W 并乘以 p 可得：

$$S'' = \frac{[f + (1-f)K(p)]p}{fp + (1-f)K(p) + W_0 p/W}$$

Sun-Ni 定律与阿姆达尔定律以及古斯塔夫森定律联系紧密，当 $K(p)=1$ 时，便可化简为：

$$S'' = \frac{p}{fp + (1-f)}$$

此即为阿姆达尔定律。

当 $K(p)=p$ 时，便可化简为：

$$S'' = f + (1-f)p$$

此时即为古斯塔夫森定律。

当 $K(p)>p$ 时，计算负载比存储要求增加得更快，因此 Sun-Ni 定律的加速比比阿姆达尔定律以及古斯塔夫森定律的加速比都要高。

值得指出的是，对于不同需求的使用者来说，加速比的定义可能是不同的，比如普通的用户使用网页提交信息时，最关注的是页面的响应是否快速；而网站的管理员，特别是并发度很大的管理员，他所关注的是一段时间内处理用户请求的个数，就是所谓的吞吐量。前者评估加速比是使用相对加速比（Relative Speedup）的定义，即对于给定的问题，最佳串行算法所用的时间除以同一问题其并行算法所用的时间；而后者使用的是绝对加速比（Absolute Speedup）的定义，即对于给定问题，同一算法在单处理器上运行的时间除以在多处理器上运行的时间。

3.3　可扩展性评测标准

对于并行计算性能的评价指标，并行计算的可扩展性也是并行计算中主要的性能指标之一。可扩展性的含义是在确定的应用背景下，计算机系统、算法或程序等性能随处理器数的增加而按比例提高的能力。如今它已经成为并行系统中的一个重点研究问题，被越来越广泛地用来描述并行程序能否有效利用扩充处理器数的能力。

一般情况下，一个并行系统的加速比上线是 p（即系统中处理器的数量），当 $p=1$ 时，该系统的加速比为 1；当 $p>1$ 时，加速比一般是小于 p 的。

3.3.1　并行计算的可扩展性

当遇到大计算量问题时，通过增加 CPU 的个数，加速比并不会随着个数的增加线性增长，而是会趋于饱和，加速比-处理器数目曲线趋向水平，这就是 Amdahl 定律揭示的内容：当处理器数目增加时，处理器的效率就会降低。

对于相同的问题，处理器数目相同的情况下，不同的问题规模可以得到较高的加速比和效率,但总体的加速比和效率随处理器变化的趋势没有变。对于一个特定的并行系统、并行算法或者并行程序,它们能否有效地利用不断增加的处理器的能力应该是受限的,而度量这种能力的指标就是可扩展性。

研究可扩展性时,研究的对象都是并行系统,即使是讨论算法的可扩展性,实际也是指该算法针对某个特定并行计算机体系结构构成的并行系统的可扩展性;同样,讨论体系结构的可扩展性时,实际上指的也是该体系结构的并行计算机与其上的某一个(或某一类)并行算法组成的并行系统的可扩展性。

可扩展性应解决的问题:

(1)针对不同的问题,选取合适的并行计算体系,可有效地利用大量的处理器。

(2)对某种结构上的某种算法,根据算法在小规模并行计算机上的运行性能预测在较大规模并行计算机上的性能。

(3)对固定的问题规模,确定在某类并行机上最优的处理器数与可获得的最大加速比。

(4)用于指导改进并行算法和并行体系结构,以便并行算法尽可能地充分利用可扩充的大量处理器。

并行系统的可扩展性度量指标主要有等效率度量指标、等速度度量指标和平均延迟度量指标。

等效率度量标准的含义是指:在保持效率不变的条件下,研究问题规模 W 如何随处理器个数 p 而变化;等速度度量标准的含义是指:在保持平均速度不变的条件下,研究处理器 p 增多应该相应地增加多少工作量 W;平均延迟度量标准的含义是指:在效率 E 不变的条件下,用平均延迟的比值来标志随着处理器数 p 的增加需要增加的工作量 W。

事实上,3 种度量可扩展性的指标是彼此等价的。3 种评价可扩展性标准的基本出发点,都是抓住了影响算法可扩展性的基本参数——额外开销函数 T_0。只是等效率指标是采用解析计算的方法得到 T_0;等速度指标是将 T_0 隐含在所测量的执行时间中;而平均延迟指标则是保持效率为恒值时,通过调节 W 与 p 来测量并行和串行执行时间,最终通过平均延迟反映出 T_0。所以,等效率标准是通过解析计算 T_0 的方法来评价可扩展性,而等速度与平均延迟指标都是以测试手段得到有关的性能参数(如速度与时间等)来评价可扩展性。

3.3.2 等效率度量标准

可扩展性的概念是与加速和效率概念紧密相关的,为此必须先从加速 S 和效率 E 说起。令 t_e^i 为并行系统上第 i 个处理器有用计算时间,t_0^i 为并行系统上第 i 个处理器额外开销时间(通信、调度、同步和空闲等待时间等),所有的 t_e^i 之和记为:

$$T_e = \sum_{i=0}^{p-1} t_e^i$$

其中,p 为处理器个数,易知:

$$T_e = T_s$$

所有 t_0^i 之和记为:

$$T_0 = \sum_{i=0}^{p-1} t_0^i$$

设 T_p 是单个处理机系统上并行算法的运行时间,对于任意的 i 有如下关系:

$$T_p = t_e^i + t_0^i$$

因此:

$$T_e + T_0 = pT_p$$

问题的规模 W 可定义为由最佳串行算法所完成的计算量,也称工作负载或工作量,即 $W = T_e$。所以并行算法的加速比可如下定义:

$$S = \frac{T_e}{T_p}$$

将 T_p 代入可得:

$$S = \frac{T_e}{(T_e + T_0)/p}$$

分子分母同时乘以 p 并除以 T_e 得:

$$S = \frac{p}{1 + T_0/T_e}$$

而因为 T_e 是有用的计算时间之和,因此也可等价为工作负载 W,代入可得:

$$S = \frac{p}{1 + T_0/W}$$

效率可如下定义:

$$E = \frac{S}{p} = \frac{1}{1 + T_0/T_e} = \frac{1}{1 + T_0/W}$$

由上式可知,在工作负载 W 不变的情况下(即 T_e 保持不变),而 T_0 一般是与处理器数量 p 正相关的,因此随着处理器数量的增大,效率 E 会下降。为了保持效率 E 的不变,就要相应的增加工作负载 W 的值,使 T_0/W 保持不变。换言之,为了维持一定的效率,在处理器数目增大的同时,需要相应增大工作负载 W 的值。Kumar 等人在 1987 年提出等效率函数(Iso-Efficiency Function),等效率函数 $f_e(p)$ 为问题规模 W 随处理器 p 变化的函数。

依据 Kumar 等人对于等效率函数的定义,若一个并行算法具有良好的可扩展性,则当处理器数量增加时,工作负载(问题规模)只需要增加很小的一部分,如图 3-4 所示,W 随 p 呈线性或者亚线性增大;若一个算法不可扩展,则需增大非常大的问题规模。

等效率度量指标的最大优点是:可以用简单的、可定量计算的、少量的参数就能计算出等效率函数,并由其复杂度就可以指明算法的可扩展性。这对于具有网络互连结构的并行计算机来说是很合适的,T_0 是可以一步一步计算出来的,是计算等效率函数的唯一关键参数。如果 T_0 不能够方便地计算出来,则用等效率函数度量可扩展性的方法就受到了限制。

开销 T_0 通常包括通信、同步、等待等额外计算开销。而对于共享存储的并行计算机,T_0 则主要是非局部访问的读/写时间、进程调度时间、存储竞争时间以及缓存一致性维护时间,而这些时间是难以准确计算的,所以用解析计算的方法不应该是一种唯一的方法。

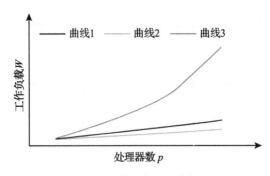

图 3-4　等效率函数曲线

3.3.3　等速度度量标准

并行处理有 3 个主要的目标：更快的执行时间；解决其他棘手的大问题；提供更好的系统性价比。如果关注前两个因素，那么从并行处理中寻求的性能包括执行时间和问题大小。从并行处理中寻求的是速度，速度被定义为功除以时间，在并行计算中，功可以定义为负载 W。在科学计算应用中，工作通常以执行的浮点运算来衡量。并行算法可以通过牺牲数学效率来提高并行性。因此，并行处理的浮点运算计数通常基于传统的顺序算法。问题大小有时被认为是决定浮点运算的参数，例如，矩阵的顺序。定义的可扩展性度量并不偏向于任何特定的工作度量，并且可以在开发时采用更好的工作度量。以速度为目标，寻求在相当短的时间内解决某种程度的问题的能力。速度是一个理想的随系统大小线性增加的量。基于此推论，提出等速方法。

定义速度 V 是工作量 W 除以并行时间 T：

$$V = W/T$$

在并行系统中平均单位速度定义为 V 除以处理器的个数 p：

$$\overline{V} = V/p = W/(pT)$$

根据上式，给定等速度可扩展度量标准如下：如果算法在给定机器上实现的平均速度能随着处理器数量的增加保持不变，而且问题的大小可以随着系统的大小而增加，那么该并行系统就是可扩展的。

根据上式可扩展性是用系统大小来表示的。一般来说，增加问题的大小会增加计算开销，从而提高速度。对于并行处理来说尤其如此，对于大多数算法来说，并行开销会随着问题的大小而增加。

在大型的并行计算中，平均速度可以通过增加问题大小来保持。必要的问题大小增加随算法、机器的不同而不同。因此，设 W' 表示当处理器数目从 p 增大到 p' 时，为了保持系统的平均速度不变所需执行的工作量，则可得到处理器数从 p 增大到 p' 时平均速度可扩展度量标准公式：

$$\theta(p, p') = \frac{W/p}{W'/p'}$$

此时函数值应当在 0 到 1 之间，值越接近 1 表示可扩展性越好。

当平均速度保持严格不变时,即:

$$\frac{W}{Tp} = \frac{W'}{T'p'}$$

化简后可得:

$$\frac{Wp'}{W'p} = \frac{T}{T'}$$

所以函数可以化为:

$$\theta(p, p') = \frac{T}{T'}$$

当 $p=1$ 时,记 $T=T_1$;当处理器个数为 p' 时,记 $T'=T_{p'}$;当 $p=1$ 时,记 $\theta(p, p')$ 为 $\theta(p')$,于是有:

$$\theta(p') = \frac{Wp'}{W'} = \frac{T_1}{T_{p'}} = \frac{W}{W'/p'} = \frac{\text{解决工作量为 } W \text{ 的问题所需串行时间}}{\text{解决工作量为 } W' \text{ 的问题所需的并行时间}}$$

上式给出的可扩展性的定义与传统的加速比定义有点类似,其主要差别在于:加速比的定义是保持问题规模不变,而可扩展性定义是保持平均速度不变。

3.3.4　平均延迟度量标准

令第 i 个处理器执行时间为 T_i,即 P_i 的执行时间为 T_i,在执行过程中,延迟为 L_i,在程序启动和结束的过程中也会花费时间。所以令第 i 个处理器 P_i 的总延时为延时函数 $\overline{L}(W, p)$,因此函数表达式为:

$$\overline{L}(W, p) = \sum_{i=1}^{p} (T_p - T_i + L_i)/p$$

设 T_s 为串行执行时间,因此 $pT_p = T_0 + T_s, T_0 = p\overline{L}(W, p)$,将上式化简合并为:

$$\overline{L}(W, p) = T_p - T_s/p$$

对于一个并行系统,令 $\overline{L}(W, p)$ 表示在 p 个处理器上求解工作量为 W 的问题的平均延迟;$\overline{L}(W', p')$ 表示在 p' 个处理器上求解工作量为 W' 的问题的平均延迟。当处理器数由 p 变到 p',而维持并行效率不变,则定义平均延迟可扩展性度量标准为:

$$\varphi(E, p, p') = \frac{\overline{L}(W, p)}{\overline{L}(W', p')}$$

与等效率度量标准相似,值介于 0 到 1 之间,越接近 1 表示可扩展性越好。

3.4　基准测试程序

基准测试程序(Benchmark)用来测量机器的硬件最高实际运行性能,以及软件优化的性能提升效果,可分为微观基准测试程序(Micro-Benchmark)和宏观基准测试程序(Macro-Benchmark)。微观基准测试程序用来测量一个计算机系统的某一特定方面,如 CPU 定点/浮点性能、存储器速度、I/O 速度、网络速度或系统软件性能(如同步性能);宏观基准测试程序用来测量一个计算机系统的总体性能或优化方法的通用性,可选取不同应用,如 Web 服务程序、数据处理程序以及科学与工程计算程序。

为了达到上述目标,基准测试程序需要满足以下条件:首先,基准测试程序包含最常见的计算、通信和访存模式,能够为实际的应用程序预测不同高性能计算系统性能排名;其次,能指导高性能计算系统和应用的改进,即在基准测试程序上有效的优化方法能移植到实际应用中。

3.4.1 微观基准测试程序

本节介绍 STREAM、LMBENCH、LINPACK 等几种测试程序。

1. STREAM

STREAM (Sustainable Memory Bandwidth in High Performance Computers)基准测试是一个简单的综合基准测试程序,用于测量可持续内存带宽(以 MB/s 为单位)和简单矢量内核的相应计算速率。

计算机 CPU 的速度比计算机内存系统快得多。随着这一进程的进展,越来越多的程序将在性能上受到系统内存带宽的限制,而不是受 CPU 的计算性能限制。举个极端的例子,当几台高端机器以额定峰值速度的 4%~5%为缓存外操作数运行简单的算术内核——这意味着他们有 95%~96%的时间处于空闲状态,并且等待缓存未命中(Cache Miss)得到满足。

STREAM 基准测试专门设计用于处理比任何给定系统上的可用缓存大得多的数据集,因此结果(可能)更能说明非常大的矢量样式应用程序的性能。

2. LMBENCH

LMBENCH 具有简易性、可移植性,符合 ANSI/C 标准为 UNIX/POSIX 而制定的微型测评工具。一般来说,它衡量两个关键特征:反应时间和带宽。LMBENCH 旨在使系统开发者深入了解关键操作的基础成本。其主要特性为:

(1)可移植性强大   LMBENCH 是使用 C 语言编写的,基于这一特性,它在各个操作系统的适配上较好,可移植性强。这对于产生系统间逐一明细的对比结果是有用的。

(2)自适应调整   当出现预料之外的错误时,LMBENCH 会动态进行调整。当遇到 BloatOS 比所有竞争者慢 4 倍的情况时,这个工具会将资源进行分配来修正这个问题。

(3)数据库计算结果   数据库的计算结果包括了大多数主流的计算机工作站制造商的运行结果。

(4)存储器延迟计算结果   该测试展示了存储器三级缓存的测试结果,缓存的大小可以被正确划分成一些结果集并被读出。硬件族与上面的描述相像。这种测评工具已经找到了操作系统分页策略中的一些错误。

3. LINPACK

LINPACK (Linear System Package)是当前国际上流行的基准测试程序,它是基于用 FORTRAN 语言求解线性代数方程组的子程序,评价高性能计算机的浮点计算性能,LINPACK 根据问题规模与优化选择的不同分为 $100 \times 100, 1\,000 \times 1\,000, n \times n$ 三种规模的测试,HPL (High Performance Linpack)是 LINPACK 第一个标准的公开版并行测试软件包,这是针对现代并行计算机提出的测试方式。用户在不修改任意测试程序的基础上,可以调节问题规模大小 N、使用 CPU 数目、使用各种优化方法等来执行该测试程序,以获取最佳性能。目前该程序在著名的超级电脑性能比较项目(TOP500 Supercomputer Sites)中作为标准被采用。

LINPACK 主要的特点是:

(1)开启力学(Mechanics)分析软件制作的先河。

(2)建立了之后的数学计算软件的评测标准。

(3)能够方便地调整软件内部参数以此来处理各方面的问题。

(4)适应多种计算机系统,兼容性良好。

3.4.2　宏观基准测试程序

本节介绍 SPLASH、HPCG 和 SPEC 三种测试程序。

1. SPLASH

比较有名的有 SPLASH-2,Parsec,SpecOMP。其他支持多线程共享存储的有 ALPBench,BioParallel,NU-Minebench,PhysicsBench 等。1992 年,斯坦福大学推出了 SPLASH(Stanford Parallel Applications for Shared memory),1995 年 SPLASH 第二版问世,被称为 SPLASH-2。SPLASH-2 使用 C 语言,由 12 个程序组成,使用 PThread 并行方式。SPLASH-2 包含核心程序 Cholesky 和 FFT,前者用于将一个稀疏矩阵拆分成一个下三角矩阵和它的转置的积,后者用于计算快速傅里叶变换。另外,还包含 Ocean(用于通过海洋边缘的海流模拟整个海洋的运动)、Radiosity(用于模拟光线在不同场景下的光影现象)、Barnes(用于模拟一个三维多体系统,例如星系)、Raytrace(用于模拟光线的路径)、BARNS、FMM、Volrend、Water-Nsquared 总共 8 个其他应用程序。

2. HPCG

HPCG(High Performance Conjugate Gradient,高性能共轭梯度)是求解稀疏矩阵方程组的一种迭代算法,使用局部对称 Gauss-Seidel 预条件子的预处理共轭梯度法,主要数据为对称正定稀疏矩阵,每一个计算循环需要调用稀疏矩阵向量乘、预条件子、向量更新和向量内积操作,覆盖了常用的计算和通信模式。HPCG 类似 HPL,允许使用多种优化方法调优,例如新的稀疏矩阵格式等。随着高性能应用的不断发展,其性能与 HPL 所测的结果(主要是系统利用率)相差较大,这主要是由于 HPL 包含大量稠密矩阵计算,具有良好的数据局部性,容易开发并行性和局部性,但并不能代表其他大量实际应用中常见的不易扩展和开发局部性的稀疏计算和访存模式。

3. SPEC

SPEC(Standard Performance Evaluation Corporation,标准性能评估机构)是测试系统总体性能的测试程序。1988 年,由全世界几十所著名大学、研究机构以及互联网企业成立第三方组织,这一组织拥有一组基准测试程序对机器的性能进行评测。由 SPEC 开发的第一组基准测试程序为 SPEC CPU 89,包含 10 个程序;在 2017 年,对该程序进行了扩充,扩充为 43 个测试程序,分为 4 个包;之后 SPEC 又发布了一系列新的基准测试程序,如 SPEChpc(用于客户-服务器计算)、SPECweb、SPEC Cloud、SPECjbb 等。

如今,SPEC 测试程序被广泛采用,大多数处理器和计算机系统厂商都会对自己的处理器和系统进行 SPEC 评测。目前,世界上使用的最广的 SPEC 基准测试程序就是 SPEC

CPU2017,这一基准测试程序针对的是计算密集型任务,从一般情况下衡量 CPU、高速缓存系统、存储器系统以及编译器等性能,但是对于操作系统调度时间和 I/O 操作的时间,SPEC CPU 是不计算的。SPECspeed 2017 Integer 和 SPECspeed 2017 Floating Point 主要用于测试处理器运行单个任务的时间,即进行整型数据和浮点型数据的运算时间,SPECrate 2017 Integer 和 SPECrate 2017 Floating Point 主要用于测试处理器运行批量任务的吞吐量。

1. 并行计算的基本性能有哪些?

2. 简述加速比的 3 种性能定律:Amdahl(阿姆达尔)定律、Gustafson(古斯塔夫森)定律和 Sun-Ni 定律,分析它们的异同和适用范围。

3. 并行计算的可扩展性应该解决哪些问题?

4. 基准测试程序的用途是什么,为达此用途,该程序需要满足哪些条件?

5. 并行系统的可扩展性度量指标主要有哪 3 种,比较其异同和适用范围。

第 4 章　并行算法的设计基础

　　基于特定的并行计算模型去设计并行算法才有实际意义。对各种具体的并行机进行抽象,可以构建并行计算模型,它既能在一定程度上反映出并行机的属性,又可使算法研究不再局限于某一种具体的并行机。并行计算模型一般可分为抽象计算模型和实用计算模型。本章主要阐述 PRAM 模型、APRAM 模型、BSP 模型和 LogP 模型。但在讨论这些计算模型之前,先要简要地介绍一下并行算法的基础知识,包括并行算法的定义、分类,并行算法的表达,并行算法的复杂性度量以及并行算法中的同步和通信问题等。

4.1　并行算法的基础知识

　　算法(Algorithm)是为解决某一特定类型问题,按一组有穷的规则进行的一系列运算,简言之,它就是解题方法的精确描述。并行算法(Parallel Algorithm)是为了达成对给定问题的求解,设计并同时执行一些可互相作用和协调动作的进程。可从不同的角度对并行算法分类,如可分为成数值和非数值两类;可分为同步、异步和分布式三类;可分为共享存储和分布存储两类;也可分为确定的和随机的等。其中,求解数值计算问题的算法称为数值算法(Numerical Algorithm),数值计算是指基于代数关系运算的一类诸如矩阵运算、多项式求值、求解线性方程组等计算问题,而求解非数值计算问题的算法称为非数值算法(Non Numerical Algorithm),非数值计算是指基于比较关系运算的一类诸如排序、选择、搜索、匹配等符号处理问题。在同步算法(Synchronized Algorithm)中,各个进程的执行必须相互等待,而异步算法(Asynchronized Algorithm)的各个进程的执行不必相互等待。分布算法(Distributed Algorithm)是指由通信链路连接的多个场点(Site)或节点,协同完成问题求解的一类并行算法。按照上述意义,在局域网环境下进行的计算称为分布计算(Distributed Computing),而在工作站集群 COW(Cluster of Workstations)环境下进行的计算称为网络计算(Network Computing)。推而广之,可把基于 Internet 的计算称为元计算(Meta Computing)。确定算法(Deterministic Algorithm)是指算法的每一步都能明确地指明下一步应该如何行进的一种算法,而随机算法(Randomized Algorithm)中的每一步只是随机地从指定范围内选取若干参数,由其来确定算法的下一步走向。

4.1.1　并行算法的表达

　　描述一个算法,可以使用自然语言进行物理描述;也可使用某种程序设计语言进行形式化描述。语言的选用,应避免二义性,且力图直观、易懂而不苛求严格的语法格式。

与描述串行算法所选用的语言一样,描述并行算法时类 Algol、Pidgin-Algol、类 Pascal 等语言也可选用。在这些语言中,允许使用任何类型的数学描述,通常也无数据类型的说明部分,但只要需要,任何数据类型都可引进。此外,在描述并行算法时,所有描述串行算法的语句及过程调用等均可使用,所不同的是为了表达并行性需要引入几条并行语句,例如 par-do 语句和 for all 语句。

当算法的若干步要并行执行时,可使用"do in parallel"语句,简记之为"par-do"进行描述:

　　for i = 1 to n par-do

　　end for

而当几个处理器同时执行相同的操作时,可以使用"for all"语句描述之:

　　for all Pi,where 0≤i≤k do

　　end for

注意,为了算法书写简洁,在意义明确的前提下,参数类型总是省去。

4.1.2 并行算法的复杂性度量

对并行算法的复杂度进行度量时,常使用上界(Upper Bound)、下界(Lower Bound)和紧致界(Tightly Bound)的概念,分别定义如下:

(1)上界　令 $f(n)$ 和 $g(n)$ 是定义在自然数集合 N 上的两个函数,如存在两个正常数 c 和 n_0,使得对于所有 $n \geq n_0$,均有 $f(n) \leq cg(n)$,则称 $g(n)$ 是 $f(n)$ 的一个上界,记作 $f(n) = O[g(n)]$。

(2)下界　$f(n)$ 和 $g(n)$ 定义如上,如存在两个正常数 c 和 n_0,使得对于所有 $n \geq n_0$ 均有 $f(n) \geq c\, g(n)$,则称 $g(n)$ 是 $f(n)$ 的一个下界,记作 $f(n) = \Omega[g(n)]$。

(3)紧致界　$f(n)$ 和 $g(n)$ 定义如上,如存在正常数 c_1,c_2 和 n_0,使得对于所有 $n \geq n_0$,均有 $c_1 g(n) \leq f(n) \leq c_2 g(n)$,则称 $g(n)$ 是 $f(n)$ 的一个紧致界,记作 $f(n) = \Theta[g(n)]$。

图 4-1 给出了上界(a)、下界(b)和紧致界(c)的几何解释。

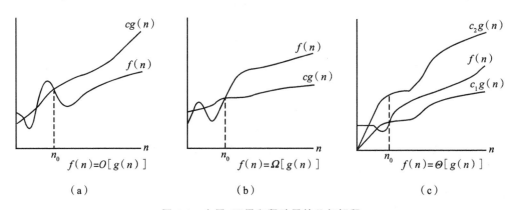

图 4-1　上界、下界和紧致界的几何解释

在分析算法时,若算法的所有输入处于平均性态,此时算法的复杂度称为期望复杂度(Expected Complexity),为此往往需要对输入的分布作某种假定,大多数情况下这并不容易。

所以感兴趣的是,在分析某些输入时,使得算法的时空复杂度呈现最坏情况,此时算法复杂度称为最坏情况下的复杂度(Worst-Case Complexity)。

在分析并行算法的复杂度时,通常要分析以下几个指标:

(1)运行时间 $t(n)$　算法运行在给定模型上求解问题所需的时间(它主要是输入规模 n 的函数),通常包含计算时间和通信时间,分别用计算时间步和选路时间步作单位。

(2)处理器数 $p(n)$　求解给定问题所用的处理器数目,通常取 $p(n)=n^{1-\varepsilon}$,且 $0<\varepsilon<1$。

(3)并行算法的成本 $c(n)$　并行算法的运行时间 $t(n)$ 与其所需的处理器数 $p(n)$ 之乘积,即 $c(n)=t(n) \cdot p(n)$。如果求解一个问题的并行算法的成本 $c(n)$ 为最坏情形下用串行算法求解此问题所需要的时间,则可认为并行算法是成本最优(Cost Optimal)的。

(4)总运算量 $W(n)$　并行算法所完成的总的操作数量。此时不需考虑也不必指明算法使用了多少台处理器。当给定了并行系统中的处理器数时,就可使用 Brent 定理计算出相应的运行时间。

Brent 定理(Brent's Theorem):令 $W(n)$ 是某并行算法 A 在运行时间 $t(n)$ 内所执行的运算量,则 A 使用 p 台处理器可在 $t(n)=O[W(n)/p+t(n)]$ 时间内执行完毕。

$W(n)$ 和 $c(n)$ 密切相关。按照成本的定义和 Brent 定理,有:

$c(n)=t(n) \cdot p=O[W(n)+p \cdot t(n)]$,当 $p=O[W(n)/t(n)]$ 时,$W(n)$ 和 $c(n)$ 两者是渐近一致的;而对于任意的 p,则 $c(n)>W(n)$。这说明一个算法在运行过程中,所有的处理器不一定都能被充分利用且有效地开展工作。

4.1.3　并行算法中的同步与通信

同步(Synchronization)是指在时间上强制使各执行进程在某一点相互等待。在并行算法的各进程异步执行过程中,为了确保各处理器的正确工作顺序以及对共享可写数据的正确访问(互斥访问),程序员需在算法的适当位置点设置同步点。同步可用软件、硬件和固件的办法来实现。以共享存储多处理器上求和算法为例,在由 p 个处理器 $P_0,\cdots,P_{p-1}$ 组成的系统中并行处理 n 个数的求和,用同步语句 lock 和 unlock 来确保对共享可写数据的互斥访问。输入的数组 $\boldsymbol{A}=(a_0,\cdots,a_{n-1})$ 存放在共享存储器中,各处理器计算的子和属于局部变量,全局变量用于存放最终的计算结果。执行 lock 和 unlock 语句的区域是临界区,加锁是个原子操作,不会被线程调度机制打断,中间不会有任何的上下文切换,一旦开始就会一直运行到结束。在 for 循环中各进程异步地执行各语句,并在"end for"处结束。其具体算法为:

```
输入:A = (a₀,⋯,aₙ₋₁),处理器数 p
输出:S = ∑aᵢ
S = 0
L = 0
do i = 0,p−1
    do j = i,n,p
        L = L + a(j)
    end do
    S = S + L
end do
```

通信(Communication)是指在空间上对各并发执行的进程进行数据交换。在分布存储的多计算机系统中,可使用 send(X,i)和 receive(Y,i)来交换数据,前者是处理器发送数据 X 给 P,后者是处理器从 P 接收数据 Y;在共享存储的多处理机中,可使用 global read(X,Y)和 global write(U,V)来交换数据,前者将全局存储器中数据 X 读入局部变量 Y 中,后者将局部数据 U 写入共享变量 V 中。

以 MIMD-DM 多计算机系统中矩阵向量乘法为例,假定连接拓扑为环,矩阵 A 和向量 X 划分成 p 块:$A=(A_1,\cdots,A_p)$和 $X=(x_1,\cdots,x_p)$,其中 A_i 的大小为 $n\times r$,X_i 的大小为 r。假定有 $p\leqslant n$ 个处理器且 $r=n/p$ 为一整数,为了计算 $y=AX$,先由处理器 i 计算 $z_i=A_ix_i(1\leqslant i<p)$,再累加求和 $z_1+\cdots+z_p$。处理器 i 的输出结果为 P_i,开始在其中保存 $B=A_i$ 和 $w=x_i$($1\leqslant i\leqslant p$),则各处理器可局部计算乘积 Bw_i;然后采用在环中顺时针循环部分和的方法将这些向量累加起来;最终输出向量保存在 P_i 中。每个处理器都执行如下算法:

输入:处理器数 p,第 i 个大小为 n×r 的子矩阵 B=A(1:n,(i−1)r+1:ir),其中 r=n/p;第 i 个大小为 r 的子向量 w=x((i−1)r+1:ir)。

输出:P_i 计算 y=A_1x_1+\cdots+A_ix_i,并向右传送结果;算法结束时,P 保存乘积 Ax。

```
Compute z=B*w
if(i==1) then
    y=0
else
    receive(y,left)
endif
y=y+z
send(y,right)
if(i==1) then
    receive(y,left)
endif
```

4.2 并行计算模型

计算模型是用来描述计算过程的数学模型,是连接计算硬件和编程软件的纽带。算法是基于它设计的,可以让高级语言在硬件中高效地编译和实现。计算模型作为计算机科学的基础理论,不仅可以帮助我们理解计算机系统的工作原理,还可以帮助我们设计和分析算法、优化程序性能、解决各种计算问题。此外,计算模型也是计算机科学与工程领域的通用语言和思维工具。通过它,我们可以将计算问题转化为形式化的数学模型,以便对其给予更精确的描述和解决。

计算模型在计算机科学和数学中发挥着重要作用,可以帮助我们更好地理解计算问题的本质,并设计更高效的算法和计算机程序,可用于描述计算机或计算机程序执行计算的方式和规则。常见的计算模型包括:

(1)有限状态自动机　含一组状态和状态之间的转换规则。有限状态自动机可以用于描述诸如正则语言和有限自动机等简单计算问题。

（2）图灵机　由一个带有无限长纸带的读写头和一组转移规则组成。图灵机可以模拟所有可计算的问题，并被认为是计算机科学的基础。

（3）并行计算模型　用于描述并行计算环境下的计算方式和规则。常见的并行计算模型包括共享内存模型和分布式内存模型。

（4）网络模型　用于描述网络环境下的计算方式和规则。它通常包括一组节点和它们之间的通信规则，可以用于描述诸如分布式系统和云计算等问题。

（5）基于规则的模型　它通过一组简单的规则来描述计算问题的解决方式。常见的基于规则的模型包括细胞自动机和元胞自动机等。

（6）冯・诺依曼机（Von Neumann Architecture）　其主要特点是采用存储程序的概念，将程序和数据都存储在主存储器中，以便于程序和数据之间的交换和处理。在串行计算中，冯・诺依曼机是一个理想的模型。有了这个模型，硬件设计师可以设计各种机器而不用考虑要执行的软件，工程师编写可以在这个模型上高效执行的程序，而不管使用的是什么硬件。然而，在并行计算中，目前还没有真正通用的类似冯・诺依曼机的并行计算模型。目前流行的计算模型要么过于简单抽象（如 PRAM），要么过于专业化（如互连网络模型和 VLSI 计算模型）。因此，迫切需要开发一种能够准确反映现代并行计算机性能的实用并行计算模型。本节将首先简要讨论 PRAM 模型，随后介绍异步 PRAM 模型、BSP 模型和 LogP 模型。最后，对 BSP 模型和 LogP 模型进行评注。

4.2.1　PRAM 模型

并行随机存取机（Parallel Random Access Machine，PRAM）是一种抽象的并行计算模型，也称为共享存储的 SIMD 模型。该模型假设存在一个容量无限大的共享内存；有有限个或无限个具有相同功能的处理器，它们都具有简单的算术运算和逻辑判断功能；在任何时候，每个处理器都可以通过共享存储单元相互交换数据。

根据处理器对共享存储单元同时读、同时写的限制，PRAM 模型又可分为：

（1）不允许同时读和同时写（Exclusive-Read and Exclusive-Write）的 PRAM 模型，简记为 PRAM-EREW。

（2）允许同时读不允许同时写（Concurrent-Read and Exclusive-Write）的 PRAM 模型，简记为 PRAM-CREW。

（3）允许同时读和同时写（Concurrent-Read and Concurrent-Write）的 PRAM 模型，简记为 PRAM-CRCW。

显然，允许同时写是不现实的，于是又对 PRAM-CRCW 模型做了进一步的约定：

（1）只允许所有的处理器同时写相同的数，此时称为公共（Common）的 PRAM-CRCW，简记为 CPRAM-CRCW。

（2）只允许最优先的处理器先写，此时称为优先（Priority）的 PRAM-CRCW，简记为 PPRAM-CRCW。

（3）允许任意处理器自由写，此时称为任意（Arbitrary）的 PRAM-CRCW，简记为 APRAM-CRCW。

上述模型中，PRAM-EREW 是最弱的计算模型，而 PRAM-CRCW 是最强的计算模型。

令 T_M 表示某一并行算法在并行计算模型 M 上的运行时间,则

$$T_{\mathrm{EREW}} \geqslant T_{\mathrm{CREW}} \geqslant T_{\mathrm{CRCW}}$$
$$T_{\mathrm{EREW}} = O(T_{\mathrm{CREW}} \log p) = O(T_{\mathrm{CRCW}} \log p)$$

其中,p 为处理器的数目。上式的含义是,一个具有时间复杂度为 T_{CREW} 或 T_{CRCW} 的算法,可在 PRAM-EREW 模型上花费 $\log p$ 倍时间模拟实现。

下面讨论 PRAM 模型的优缺点。该模型特别适合于并行算法的表达、分析和比较;使用简单,很多诸如处理器间通信、存储管理和进程同步等并行机的低级细节均隐含于模型中;易于设计算法和稍加修改便可运行在不同的并行机上;且有可能在 PRAM 模型中加入一些诸如同步和通信等需要考虑的问题。但是,它是一个同步模型,这就意味着所有的指令均按锁步方式操作,用户虽然感觉不到同步的存在,但它的确是很费时的;共享单一存储器的假定,显然不适合于分布存储的异步的 MIMD 机器;假定每个处理器均可在单位时间内访问任何存储单元而略去存取竞争和有限带宽等是不现实的。

随着对 PRAM 认识的加深,在使用上也做了一些改进。其中包括存储竞争模型,它将内存划分为模块并允许每个模块一次处理一个访问,从而减少块级别的内存争用;延迟模型,它考虑了信息产生和使用之间的通信延迟;局部 PRAM 模型,它假设每个处理器都有无限的本地内存,访问全局内存的成本更高;分层存储模型,将内存视为分层内存模块,每个模块都有自己的大小和传输时间,以及一个处理器。

尽管是一种不切实际的并行计算模型,但 PRAM 模型在当前的算法领域中被广泛使用并被普遍接受,尤其是在算法理论研究人员中。

4.2.2　异步 PRAM 模型

Phase-Splitting(分相)PRAM 模型是由 p 个处理器组成的异步 PRAM 模型(简称 APRAM),每个处理器都有自己的本地内存、本地时钟和本地程序。处理器间通信通过共享的全局内存,没有全局时钟。每个处理器异步且独立地执行自己的指令,因此处理器之间的任何时间依赖性都必须显式添加到每个处理器的程序中。同步障(Synchronization Barrier)和指令可以在非确定性(无界)但有限的时间内完成。

APRAM 模型中有 4 类指令:

(1)全局读　将全局存储单元中的内容读入局存单元中;

(2)局部操作　对局存中的数执行操作,其结果存入局存中;

(3)全局写　将局存单元中的内容写入全局存储单元中;

(4)同步　同步是计算中的一个逻辑点,在该点各处理器均需等待别的处理器到达后才能继续执行其局部程序。

在 APRAM 中,计算系统由一系列由同步障分隔的全局阶段组成。如图 4-2 所示,在每个全局阶段中,每个处理器异步运行其本地程序;每个本地程序中的最后一条指令是同步障指令。每个处理器都可以异步读写全局内存,但不允许两个处理器在同一阶段访问同一位置。由于总是将不同处理器对存储单元的访问分开的同步障,指令完成时间的差异不会影响整体计算。

使用 APRAM 模型计算一个算法的时间复杂度时,假设局部运算耗时为单位时间;全局

	处理器 1	处理器 2	...	处理器 p
	read x_1	read x_1		read x_1
Phase1	read x_2	*		*
	*	write to B		*
	write to A	write to C		write to D
同步障				
	read B	read A		read C
Phase2	*	*		*
	write to B	write to C		
同步障				
	*	write to C		write to B
Phase3	read D			read A
	*			*
				write to B
同步障				

图 4-2　APRAM 中的异步计算（ * 表示局部操作）

读/写时间用 d 表示,它量化通信延迟,代表读/写全局存储器的平均时间, d 随机器中的处理器增加而增加;同步障时间用 B 表示,它是处理器数 p 的非递减函数 $B=B(p)$ 。在 APRAM 中假定上述参数服从如下关系:

$$2 \leqslant d \leqslant B \leqslant p$$

同时 $B(p) \in O(d \log p)$ 或 $B(p) \in O(d \log p / \log d)$ 。

令 t 为全局阶段每条处理器指令的最长执行时间,则整个程序运行时间 T 为各阶段时间加上 B 乘以同步障数的总和,即

$$T = \sum t_{ph} + B * 同步障次数$$

总之,APRAM 模型比起 PRAM 来更接近于实际的并行机;它保留了 PRAM 编程的简捷性;由于使用了同步障,所以不管各处理器遭到多长的延迟程序必定是正确的;且因为 APRAM 模型中的成本参数是定量化的,所以算法的分析也不难。

4.2.3　BSP 模型

BSP(Bulk Synchronous Parallel,整体同步并行)模型是一种大同步模型(相应地,APRAM 模型也叫作"轻量"同步模型),早期最简单的版本叫作 XPRAM 模型,它是作为计算机语言和体系结构之间的桥梁,并以下述 3 个参数描述的分布存储的多计算机模型:

(1)处理器/存储器模块(下文简称处理器)。
(2)施行处理器/存储器模块对之间点到点传递消息的选路器。
(3)执行以时间间隔 l 为周期的所谓路障同步器。

所以 BSP 模型将并行机的特性抽象为 3 个定量参数 p 、 g 、 l ,分别对应于处理器数、选路器吞吐率(亦称带宽因子)、全局同步之间的时间间隔。

1. BSP 模型中的计算

在 BSP 模型中,计算是由一系列用全局同步分开的周期为 l 的超级步(Super-Step)所组

成。在各超级步中,每个处理器均执行局部计算,并通过选路器接收和发送消息。然后作全局检查,以确定该超级步是否已由所有的处理器完成,若是,则前进到下一超级步,否则下一个 l 周期被分配给未曾完成的超级步。

2. BSP 模型的性质和特点

BSP 模型是个分布存储的 MIMD 计算模型,其特点是:

(1)它将处理器和选路器分开,强调了计算任务和通信任务的分开,而选路器仅施行点到点的消息传递,不提供组合、复制或广播等功能,这样做既掩盖了具体的互连网络拓扑,又简化了通信协议。

(2)采用路障方式以硬件实现的全局同步在可控的粗粒度级,从而提供了执行紧耦合同步式并行算法的有效方式,而程序员并无过分的负担。

(3)在分析 BSP 模型的性能时,假定全部操作可在一个时间步内完成,而在每一超级步中,一个处理器至多发送或接收 h 条消息(称为 h-relation)。假定 s 是传输建立时间,所以传送 h 条消息的时间为 $gh+s$,如果 $gh \geqslant 2s$,则 l 至少应 $\geqslant gh$。很清楚,硬件可将 l 设置尽量小(例如使用流水线或宽的通信带宽使 g 尽量小),而软件可以设置 l 的上限(因为 l 越大,并行粒度越大)。在实际使用中,g 可定义为每秒处理器所能完成的局部计算数目与每秒选路器所能传输的数据量之比。如果能合适地平衡计算和通信,则 BSP 模型在可编程性方面具有主要的优点,而直接在 BSP 模型上执行算法(不是自动地编译它们),此优点将随着 g 的增加而更加明显。

(4)为 PRAM 模型所设计的算法,均可采用在每个 BSP 处理器上模拟一些 PRAM 处理器的方法实现。理论分析证明,这种模拟在常数因子范围内是最佳的,只要并行宽松度(Parallel Slackness)好,即每个 BSP 处理器所能模拟的 PRAM 处理器的数目足够大。在并发情况下,多个处理器同时访问分布式的存储器会引起一些问题,但使用散列方法可使程序均匀地访问分布式存储器。在 PRAM-EREW 情况下,如果所选用的散列函数足够有效,则 l 至少是对数的,于是模拟可达最佳,这是因为我们欲在 p 个物理处理器的 BSP 模型上,模拟 $v \geqslant p \log p$ 个虚拟处理器,可将 $v/p \geqslant \log p$ 个虚拟处理器分配给每个物理处理器。在一个超级步内,v 次存取请求可均匀摊开,每个处理器大约 v/p 次,因此机器执行本次超级步的最佳时间为 $O(v/p)$,且概率是高的。同样,在 v 个处理器的 PRAM-CRCW 模型中,能够在 p 个处理器(如果 $v=p^{1+\varepsilon}$,$\varepsilon>0$)和 $l \geqslant \log p$ 的 BSP 模型上用 $O(v/p)$ 的时间也可达到最佳模拟。

3. 对 BSP 模型的评注

(1)在并行计算时,L. G. Valiant 试图为软件和硬件之间架起一座类似于冯·诺依曼机的桥梁,他论证了 BSP 模型可以起到这样的作用,正是因为如此,BSP 模型也常称为桥模型。

(2)一般而言,分布存储的 MIMD 模型编程能力较差,但在 BSP 模型中,如果计算和通信可合适地平衡(例如 $g=1$),则它在可编程方面呈现出优势。

(3)在 BSP 模型上,曾直接实现了一些重要的算法(如矩阵乘积、并行前缀运算、FFT 和排序等),避免了自动存储管理的额外开销。

(4)BSP 模型可有效地在超立方网络和光交叉开关互连技术上实现,该模型与特定的工艺技术无关,只要选路器有一定的通信吞吐率。

(5)在 BSP 模型中超级步的长度必须能充分地适应任意的 h-relation,这一点是人们最不喜欢的。

(6)在 BSP 模型中,在超级步开始发送的消息,即使网络延迟时间比超级步的长度短,它也只能在下一个超级步才能使用。

(7)BSP 模型中的全局路障同步假定是用特殊的硬件支持的,这在很多并行机中可能没有相应的现成硬件。

(8)L. G. Valiant 所提出的编程模拟环境,在算法模拟时的常数可能不是很小的,如果考虑到进程间的切换(可能不仅要设置寄存器,而且可能还有部分高速缓存),则此常数可能很大。

4.2.4　LogP 模型

并行机发展的主流之一是巨量并行机,即 MPC(Massively Parallel Computers),它由成千个功能强大的处理器/存储器节点,通过受限带宽的和可观延迟的互连网络所构成。20 世纪 90 年代,共享存储、消息传递和数据并行等编程风范都很流行,但尚无一个公认的和占支配地位的编程方式,因此应寻求一种与上述任一特定编程风格无关的计算模型。再者,共享存储 PRAM 模型和互连网络的 SIMD 模型作为开发并行算法还不够合适,因为它们既未包含分布存储的情况,也未考虑通信同步等实际因素,从而也不能精确地反映运行在真实并行机上的算法的性态。所以在此背景下,一个以 MPC 为背景的新计算模型,即 LogP 模型,便由 D. Culler 等人提出了。

1. LogP 模型的参数

LogP 模型是一种分布存储的点到点通信的多处理机模型,其中通信网络由一组参数来描述,但它并不涉及具体的网络结构,也不假定算法一定要用显式的消息传递操作进行描述。很凑巧,LogP 恰好是以下几个定量参数的拼写,其中 L(Latency)表示在网络中消息从源到目的地所遭到的延迟;o(Overhead)表示处理器发送或接收一条消息所需的额外开销(包含操作系统核心开销和网络软件开销),在此期间内它不能进行其他操作;g(Gap)表示处理器可连续进行消息发送或接收的最小时间间隔;p(Processor)表示处理器/存储器模块数。很显然,g 的倒数对应于处理器的通信带宽;l 和 g 描述了通信网络的容量;l、o 和 g 都可以表示成处理器周期(假定一个周期完成一次局部操作,并定义为一个时间单位)的整倍数。

2. 对 LogP 模型的论证

LogP 模型充分揭示了分布存储并行机的性能瓶颈,用 l、o 和 g 三个参数刻画了通信网络的特性,但却屏蔽了网络拓扑、选路算法和通信协议等具体细节。本质上讲,通信网络是一个启动率为 g、延迟为 l、端点处理器开销各为零的流水线部件。网络的容量假定是有限的,在任何时刻至多只能有 l/g 条消息从一个处理器传到另一个处理器,且任何消息均可在有限但非确定的时间内到达目的地;在网络容限范围内,点到点传输一条消息的时间为 $2o+l$。

尽管拓扑结构对网络性能影响很大,但 LogP 模型在计算通信时间时却屏蔽了这一点,这是因为通过上千个节点的网络(如超立方、蝶形网、网孔、胖树等)的平均距离分析,发现它们的差别仅为 2 倍,而这种差别对整个消息传输时间的影响是很小的。

对于一个具体的并行机,由通道带宽为 w、经过 H 个跨步(Hops)的网络传送一个 M 位的消息所花的时间为 $T(M,H)=T_{send}+(M/w)+H \cdot r+T_{rev}$,其中 T_{send} 为发送开销,即第一位数据被送上网络之前处理器为网络接口准备数据的时间;T_{rev} 为接收开销,即从最后一位数据直到接收处理器用此数据进行处理的时间;M/w 为将消息的最后一位送到网上所需的时间;$H \cdot r$ 是最后一位数据通过网络达到目的节点的时间(r 为中继节点的时延)。对于 LogP 模型而言,合理的参数选取是:$o=(T_{send}+T_{rev})/2, l=(H \cdot r+M/w), g=M/b$($b$ 为处理器对剖宽度)。此处,通过对具有上千个处理器的典型并行机的测试和分析,发现在网络空载或轻载时,$T(M,H)$ 中起主导作用的是 T_{send} 和 T_{rev}(这就意味着通信接口部件对系统性能影响更大),而它们对网络和结构却不敏感。但是,如果网络重载时就会出现竞争资源的现象,从而等待时间将迅速增加,正是因为如此,LogP 模型对网络的容量加以限制。

在 LogP 模型中,假定每个节点只有一个处理器,它既用于计算又负责接收和发送消息,所以为了发送或接收一个字处理器均要付出开销 0。对于长的消息,某些并行机提供了专门的硬件支持,但这样做充其量也只不过能使每个节点的性能提高一倍。所以在 LogP 模型中对长消息不做特别处理。

尽管在某些并行机中,使用了特殊的硬件支持数据的广播、前缀运算或全局同步等。但 LogP 模型中必须通过隐含地发送消息来执行这些操作,因为用硬件完成这些操作,其功能是受到了限制的(例如它们可能只对整数有效而对浮点数则不行)。此外,对于 LogP 模型设计算法时最普通的全局操作是路障,它是一种由硬件支持的原语操作。用硬件支持这一操作比对全局数据进行操作要简单,而且路障作为原语的优点是假定处理器以同步方式退出路障可简化算法的分析;在 LogP 模型中使用了无竞争的通信模式,因为用这种模式重复传输时可以利用整个带宽,反之其他通信模式往往依赖于选路算法、路由缓冲器数和互连拓扑结构,而 LogP 模型将网络的内部结构抽象成了几个性能参数,它就不能区别互连结构的优劣了。LogP 模型能够反映各种通信模式的一种可能的推广方式是提供多种 g,对于特定的通信模式可以采用适当的 g 进行算法分析;在 LogP 模型中提倡使用多线程(Multithreading)技术来屏蔽网络延迟(但此技术受通信带宽和进程切换开销的限制)。

3. 对 LogP 模型的评注

LogP 模型将现代和将来的并行机的特性进行了精确的综合,以少量的参数 l、o、g 和 p 刻画了并行机的主要瓶颈。这个模型的详尽程度足以反映并行算法设计时的主要实际问题,而其简捷性也足以支持详细的算法分析。对于那些非平易的算法,用这种比较复杂的模型(显然比 PRAM 复杂得多)来分析时仍是可操作的,因为这些参数的重要程度在不同的环境下是不同的。往往可以略去其中的一个或几个参数而使模型更简单一些。

LogP 模型无须说明编程风格或通信协议,它可以等同地用于共享存储、消息传递和数据并行等各种风范。

LogP 模型的可用性已由诸如播送、求和、FFT、LU 分解、排序、图的连通性等算法得以证实,并且它们都已在 CM-5 机器上加以实现。

事实上,如果使 LogP 模型中的参数 $g=0$,$l=0$ 和 $o=0$,则 LogP 就等同于 PRAM。同时 LogP 模型也是 BSP 模型的改进和细化。例如在一个超级步中并非要所有的处理器都发送或接收 h 条那么多的消息;在一个超级步中消息一旦到达处理器就可立即使用它,而不必像 BSP 那样一定要等到下一个超级步;LogP 模型全部采用消息同步而不像 BSP 那样要用专门的硬件支持。总之,尽管 LogP 模型的可用性还有待于用大量的算法实例进一步证实,但它毕竟打开了研究模型的新途径,它不仅为算法设计者提供了设计适合于近代并行机的巨量并行算法的手段,而且对设计并行机体系结构也提供了指导性意见。

4.2.5　对 BSP 和 LogP 的评注

BSP 把所有的计算和通信视为一个整体行为而不是一个单独的进程和通信的个体活动，它采用各进程延迟通信的办法，将诸消息组合成一个尽可能大的通信实体施行选路传输，这就是所谓的整体大同步。它简化了算法（程序）的设计和分析，当然就牺牲了运行时间，因为延迟通信意味着所有的进程均必须等待最慢者。一种改进的办法是采用子集同步（Subset Synchronization），即将所有的进程按快、慢程度分成若干子集，于是整体的大同步就演变为子集内的同步。如果子集小到其中只包含成对的发/收者，则它就变成了异步的个体同步，这就是 LogP 模型了。也就是说，如果 BSP 中考虑到个体通信所造成的开销（Overhead）而去掉路障（Barrier）同步就变成了 LogP，即：

$$BSP + Overhead - Barrier = LogP$$

BSP 成本模型：在 BSP 的一个超级计算步中，其计算模型如图 4-3 所示。按此可抽象出 BSP 的成本模型，一个超级计算步成本为：

$$\max_{\text{Processes}}\{w_i\} + \max\{h_i g\}$$

其中，w_i 是进程 i（Process_i）的局部计算时间，h_i 是 Process_i 发送或接收的最大信包数，g 是带宽的倒数（时间步/信包），l 是路障同步时间（注意，在 BSP 成本模型中并未考虑到 I/O 的传送时间）。所以，在 BSP 计算中，如果用了 s 个超级计算步，则总的运行时间为：

$$T_{\text{BSP}} = \sum_{i=0}^{s-1}\omega_i + g\sum_{i=0}^{s-1}h_i + sl$$

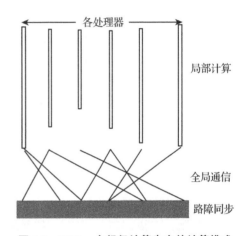

图 4-3　BSP 一个超级计算步中的计算模式

BSP 模型的创始人 L. G. Valiant 曾从理论上论证并行计算不必优化在单一消息级（Single-Message Level），他认为整体大同步能大大简化并行计算（算法和编程）的设计、分析、验证、性能预测和具体实现，而基于成对消息传递的个体异步并行计算（例如 LogP 模型），在时间上的得益比起对计算性能上难以分析和预测来说，并不合算。目前，对 BSP 模型的质疑主要集中在两点，即延迟通信至某一特定点和频繁的路障同步，会不会造成性能下降和使成本过于昂贵。BSP 模型的支持者们对这两个问题进行了研究，回答是：延迟通信能提供更多的优化通信的机会，采用组合小的消息和全局通信调度能减少拥挤和竞争；路障同步对共享存储结构是不太费时的，而对分布存储结构，主要是目前底层软件绝大多数都不支持访问相应的硬件，所以比较昂贵，但不管怎样，路障同步所造成的成本可折合到全局通信中而予以部分地抵消。

整体来看，现今最流行的并行计算模型是 BSP 和 LogP，已经证明两者本质上是等效的，且可以相互模拟。一般而言用 BSP 去模拟 LogP 所进行的计算时，通常会慢常数倍，而用 LogP 去模拟 BSP 所进行的计算时，通常会慢对数倍。直观上讲，BSP 为算法（和程序）提供了更多的方便，而 LogP 却提供了较好的机器资源的控制。BSP 所引起的精确度方面的损失比起其所提供的更结构化的编程风格的优点来是小的。BSP 模型在简明性、性能的可预测性、可移植性和结构化可编程性等方面更受人欢迎和喜爱。

小结

并行计算模型是设计和分析并行算法的基础。PRAM 模型因为过于抽象而不能很好地反映并行算法的实际运行性能,所以分析通信、同步等因素能较真实反映并行算法运行性能的所谓更实际的计算模型(More Realistic Computation Models)成为当今并行算法研究的主要动向之一。本章所讨论的 APRAM、BSP 和 LogP 模型就是属于这种模型。以前主要是从理论分析的角度,来研究一些典型的并行算法的设计与分析;而现在的研究热点却从这些模型上的算法研究转向这些模型的编程的研究,即从理论研究转向实际应用。因为任何并行算法的应用都最终落实到具体的编程上。所以这种转变是顺应应用要求的。例如,一些研究者就为 BSP 模型构造了一些函数库,这些库就是为程序员编写的 BSP 应用程序。这些应用程序按照 BSP 的超级计算步的风格进行编写,且提供一组编程界面函数,此函数可改善程序的可移植性而不依赖于具体的并行机结构。尽管 PVM 和 MPI 等也是目前可供使用的开发可移植并行代码的方法,但它们的功能过于复杂而不易被掌握,且它们均没有为编程者提供能设计高效代码的成本函数,而 BSP 模型却提供了简单和可定量分析程序运行时间的成本函数。因此研究基于这些实用计算模型的并行编程方法是非常有意义的。

计算粒度(Computational Granularity)是指计算任务或问题划分的尺度或级别。它描述了计算中任务的相对大小或复杂性,以及任务在何种级别上被分割或组合。计算粒度是并行计算和分布式计算中的重要概念,因为它影响着计算的性能、效率和可伸缩性。计算粒度通常可以分为以下几种级别:

(1)细粒度(Fine-Grained)计算 任务被划分为非常小的子任务或操作单元。这些子任务通常很快就能完成,因此可以实现较高的并行度。细粒度计算通常用于需要高度并行化的情况,但可能会引入较大的通信和同步开销。

(2)中粒度(Medium-Grained)计算 任务被划分为中等大小的子任务,通常需要更长的时间来完成,但比细粒度计算具有更少的通信和同步开销。中粒度计算在某些情况下能够实现良好的性能和可伸缩性的平衡。

(3)粗粒度(Coarse-Grained)计算 任务被划分为较大的子任务,每个子任务可能需要相对较长的时间来执行。粗粒度计算通常用于减少通信和同步开销,但可能无法充分利用计算资源。

在并行计算中,计算粒度的合理选择对于充分发挥计算资源、提高计算性能和效率非常重要。设计者需要考虑任务划分、负载均衡、通信开销等因素,以便确定适合特定应用的计算粒度级别。

最后,将本章所讨论的几种并行计算模型综合比较,见表 4-1。

表 4-1　并行计算模型综合比较一览表

模型	PRAM	APRAM	BSP	LogP
体系结构	SIMD-SM	MIMD-SM	MIMD-DM	MIMD-DM
计算模式	同步计算	异步计算	异步计算	异步计算
同步方式	自动同步	路障同步	路障同步	隐式同步
模型参数	1 （单位时间步）	d,B d:读/写时间 B:同步时间	p,g,l p:处理器数 g:带宽因子 l:同步间隔	l,o,g,p l:通信延迟 o:额外开销 g:带宽因子 p:处理器数
计算粒度	细粒度/ 中粒度	中粒度/ 大粒度	中粒度/ 大粒度	中粒度/ 大粒度
通信方式	读/写共享变量	读/写共享变量	发送/接收信息	发送/接收信息
编程地址空间	全局地址空间	单一地址空间	单地址/多地址空间	单地址/多地址空间

思 考 题

1. 试从体系结构、计算模式、同步方式、模型参数、计算粒度、通信方式以及编程地址空间等角度分析 PRAM、APRAM、BSP 和 LogP 四种并行计算模型的异同。

2. 分析并行算法的复杂度时，需要哪几个指标？

3. 常见的并行计算模型有哪些？

并行计算简介

第 5 章　并行算法的一般设计方法

设计并行算法时,首先要进行问题分析,将原始问题分解成更小的子问题,确定哪些任务可以并行执行,哪些任务必须顺序执行。其次,将子问题映射到并行计算资源上,例如处理器或计算节点。考虑任务的负载均衡,以确保各个计算资源利用充分。随后,确定如何在并行计算资源之间共享数据。需要考虑数据分布的合理性,以减少通信开销。为了处理不同计算资源之间的数据依赖性,需要设计有效的通信机制,以降低通信开销,并确保正确性。最后,选择适当的并行算法模型,如任务并行、数据并行或流水线并行等。设计并行算法,考虑并行任务之间的交互和依赖关系。

5.1　串行算法的直接并行化

以快速排序算法为例,该算法是常用的串行排序算法之一,其最坏情况下的时间复杂度为 $O(n^2)$,平均时间复杂度为 $\Theta(n \log n)$。快速排序是基于分治策略的递归排序方法,算法分为两步:先将一个序列分成两个非空子序列,且前一个子序列中的任一子元素都要小于后一个子序列中的任意元素;再对两个子序列递归调用,直到子序列中仅有两个元素为止。将一个序列划分为两个子序列时通常需要选定一个划分元素,该元素称为主元,最简易的方法就是选取第一个元素为主元。

其具体代码为:

```
def partition(arr,low,high):
    pivot = arr[low]
    while low<high:
        while low<high and arr[high]>= pivot:
            high - = 1
        arr[low] = arr[high]
        while low<high and arr[low]<= pivot:
            low + = 1
        arr[high] = arr[low]
    arr[low] = pivot
    return low
```

定义函数为:

```
def quick_sort(arr,low,high):
```

```
if low<high：
    pivot = partition(arr,low,high)
    quick_sort(arr,low,pivot－1)
    quick_sort(arr,pivot+1,high)
```

输入数据进行测试：

$$arr=[5,9,6,2,7,1,3,4,0]$$
$$quick\_sort(arr,0,len(arr)-1)$$
$$print(arr)$$

其结果如下：

$$[0,1,2,3,4,5,6,7,9]$$

对于长度为 n 的序列，最坏情况下划分的两个子序列长度分别为 $n-1$ 和 1，相应的运行时间为 $t(n)=t(n-1)+\Theta(n)$，解得 $t(n)=\Theta(n^2)$。

理想的情况则是将序列划分为两个等长的子序列，则相应的运行时间为 $t(n)=2t(n/2)+\Theta(n)$，解得 $t(n)=\Theta(n\log n)$。

观察上面的代码，很自然地，并行化方法就是并行调用的两个子序列进行快排序，这种方法并不改变串行算法本身的属性，故很容易改写。

但用 n 个处理器排序 n 个数，用一个处理器将序列划分为两个子序列时，划分时间为 $\Omega(n)$，$C(n)=p(n)\cdot t(n)=\Omega(n^2)$，所以将划分步骤也进行并行化才有可能得到最优的算法。

下面来分析 PRAM-CRCW 快速排序算法。快速排序可以看成一棵二叉树，主元为二叉树的根，根据二叉树的属性，将小于主元的元素位于左子树，将大于主元的元素位于右子树，相应的伪代码为：

```
for each processor i do
    root = i
    fi = root
    LCi = RCi = n + 1
    repeat for each processor i <> root do
        if((Ai<Afi).or.(Ai = = Afi.and. i<fi)) then
            LCfi = i
            if(i = = LCfi) then
                exit
            else
                fi = RCfi
            endif
        endif
    end repeat
end
```

如图 5-1 所示,其基本思想为先选取一个主元,将序列划分为两个子序列,然后相继选取子序列中主元,采用中序遍历得到一个有序序列。令待排序的序列为 $(A_1, \cdots, A_n)$,处理器 P_i 保存元素 A_i,$LC[1:n]$ 和 $RC[1:n]$ 分别记录给定主元的左子树和右子树数据,f_i 是主元的处理器号,存有主元数据。

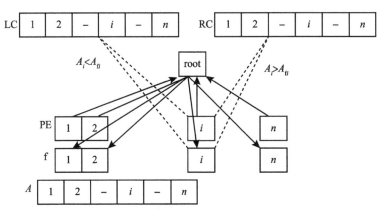

图 5-1　PRAM-CRCW 快速排序算法

开始时所有处理器均将它们的处理器号写入向变量 root,但根据 CRCW 模型原理,最终只有一个处理器号写入变量 root。root 是第一个主元,并且 root 被复制至每个处理器 i 的 f_i,然后元素小于 A_{f_i} 的处理器将其号码写入 LC_{f_i},而大于 A_{f_i} 的处理器将其号码写入 RC_{f_i}。因此其元素属于小序列的处理器便将其号码写入 LC_{f_i},而其元素属于大序列的处理器便将其号码写入 RC_{f_i}。但是因为并发写操作只有两个值(一个对应 LC_{f_i},另一个对应 RC_{f_i})能被写进这些单元,所以这两个值就变成下次迭代所需的主元的处理器号,直到 n 个主元被选完。

在算法每次迭代时,可在 $\Theta(1)$ 时间内构造一级树,而树高为 $\Theta(\log n)$,所以算法的时间复杂度为 $\Theta(\log n)$。

5.2　从问题描述开始设计并行算法

本节先介绍串行串匹配算法,然后在此基础上分析并行串匹配算法。

5.2.1　串匹配算法

由字符集 Σ(字符的非空有穷集合)中的字符所组成的任何有穷序列称之为串(String),串中包含的字符个数称为串的长度。给定长度为 n 的正文串 text 和长度为 m 的模式串 pat($m \leqslant n$),欲找出 pat 在 text 中出现的所有位置 i,如果找到就称之为匹配。在以下的讨论中,约定 pat 和 text 均以数组形式表示。则 pat 出现在 text 的 i 位置即 pat=text$[i:i+m-1]$,此时定义 match(i)=true,否则定义 match(i)=false。

串匹配问题在文字和图像处理中经常使用,是复杂性理论中最广泛研究的问题之一。串匹配问题的一种平易算法是把它视为以 pat 为键的搜索问题。即长度为 n 的 text 可分为 $n-m+1$ 个长度为 m 的子串。检查各个子串是否与长度为 m 的 pat 相匹配,这种情况下最

坏的时间复杂度为 $(n-m+1)m=O(mn)$。后来 Knuth、Morris 和 Pratt 三人提出一个线性时间的经典的串匹配算法，通称为 KMP 算法，直到 Boyer 和 Moore 两人也提出了串匹配的称为 BM 的新算法时，这两种算法才同时发表。

目前，已知的线性时间的串匹配算法均不易直接并行化，但参照串行算法的实质，结合使用串的周期数学性质却可开发出一些高效的并行串匹配算法。第一个最优的并行串匹配算法是由 Galil 提出，在 PRAM-CRCW 模型上，达到 $t(n)=O(\log n)$ 和 $p(n)=n/\log n$ 的复杂度。后来 Vishkin 改进了 Galil 的算法，放宽了算法对字符集 Σ 大小是固定的要求。

5.2.2 KMP 串行串匹配算法

令串 Y 的长度为 m，如果 $Y=X^kX'$，其中 X^k 是 X 本身重复 k 次（k 为正整数），X' 为 X 的前缀，则 Y 的子串 X 叫作 Y 的周期，串 Y 的周期也就是 Y 的最短周期。在研究串匹配时，常将整个模式串 pat 本身当作正文串，而其从首字符起的子串当作模式串，这样如令 $D(j)$ 是前缀 $P[1:j-1]$ 的周期，其中 $D(1)=1,2\leqslant j\leqslant m+1$，且 $P(m+1)$ 是 P 中不出现的字符，则失效函数 F 如下：

$$\begin{cases} F(1)=0 \\ F(j)=j-D(j),2\leqslant j\leqslant m+1 \end{cases}$$

图 5-2 左图是计算失效函数的起始情况；图 5-2 右图是计算的一般步骤，当 $P(j)=P(k)$ 时，前移指针 j 和 k 且置 $F(k)=j$；当 $P(j)\neq P(k)$ 时，则向右移动。

失效函数的算法为：

```
def compute_kmp_fail(P):
    n = len(P)
    fail = [0] * n
    j = 1
    k = 0
    for j in range(1,n):
        while k>0 and P[k] != P[j]:
            k = fail[k-1]
        if P[k] == P[j]:
            k += 1
        fail[j] = k
    return fail
```

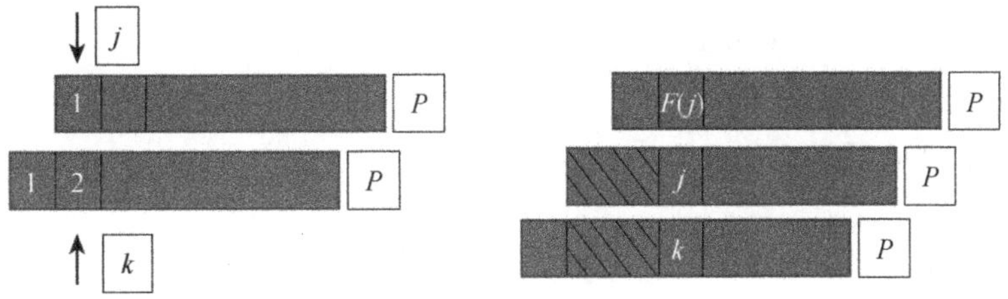

图 5-2 串行串匹配算法

匹配串长度为 m 的失效函数可在 $O(m)$ 时间内完成。有了失效函数之后,可以讨论 KMP 算法:设想 pat 置于正文 text 之上,令 pat 向右移动,用两指针 k 和 j 分别指示字符 $P(k)$ 和 $T(j)$ 的现行位置,开始时 $j=k=0$,分两种情况讨论:

当 $P(k)=T(j)$ 时,两指针前进 1,并且当 $k=m-1$ 时,表示找到匹配。

当 $P(k)\neq T(j)$ 时,表示现行位置不匹配,向右移动 $P(k)$ 位,其下一位可能的位置由 $D(k)$ 决定,即令 $k=k-D(k)$。

下面给出 KMP 串匹配算法的代码:

```
subroutine kmp(T,P,result)
    character(len = * ),intent(in) ::T,P
    integer,intent(out) ::result
    integer ::n,m,k,j
    integer ::fail(size(P))
    n = len(T)
    m = len(P)
    if(m = = 0) then
        result = 0
        return
    endif
    if(n<m) then
        result = -1
        return
    endif
    call compute_kmp_fail(P,fail)
    k = 0
    do j = 1,n
        do while(k>0 .and. P(k + 1:k + 1)/ = T(j:j))
            k = fail(k)
        end do
        if(P(k + 1:k + 1) = = T(j:j)) then
            k = k + 1
            if(k = = m) then
                result = j - m + 1
                return
            endif
        end if
    end do
    result = -1
end subroutine kmp
```

其中,子函数定义为:

```
subroutine compute_kmp_fail(P,fail)
    character(len = * ),intent(in) ::P
    integer,intent(out) ::fail(size(P))
    integer ::m,k,j
    m = size(P)
    fail(1) = 0
    k = 0
    do j = 2,m
        do while(k>0 .and. P(k + 1:k + 1)/ = P(j:j))
            k = fail(k)
        end do
        if(P(k + 1:k + 1) = = P(j:j)) then
            k = k + 1
        else
            k = 0
        end if
        fail(j) = k
    end do
end subroutine compute_kmp_fail
```

测试:

```
pattern = "ABCDABD"
text = "ABC ABCDAB ABCDABCDABDE"
print(kmp(text,pattern))
```

输出:15

该算法的时间复杂度为 $O(n)$,KMP 算法精巧地使用了失效函数,调整两指针 j 和 k。

5.2.3　并行串匹配算法的设计思路

事实上,两个串是否匹配与串的自身前缀有关,这前缀特性就是串的周期性,既然串的周期特性对研究匹配至关重要,那么用什么量来表征它呢? 可引入失配见证函数:对于给定 $j(1 \leqslant j \leqslant m/2)$,如果 $P[j:m] \neq P[1:m - j + 1]$,则存在某个 $\omega(1 \leqslant \omega \leqslant m - j + 1)$ 使得 $P(\omega) \neq P(s),s = j - 1 + \omega$,记 $\mathrm{WIT}(j) = \omega$。于是可以根据 $\mathrm{WIT}(j)$ 函数来区分串是周期还是非周期的:

对于所有 $2 \leqslant j \leqslant m/2$,当且仅当 $\mathrm{WIT}(j) \neq 0$ 时串是非周期的。

对于所有 $2 \leqslant j \leqslant m/2$,若存在某个 j 使得 $\mathrm{WIT}(j) = 0$,则串是周期的。

对于非周期串的研究就是如何利用已计算出的 $\mathrm{WIT}(i)$ 快速找出 P 在 T 中匹配的位置。为了减少 P 与 T 的比较次数,引入了一种竞争函数 $\mathrm{duel}(p,q)$ 的概念,即当模式在某一位置 p 匹配时,则在另一位置 q 一定不匹配,这样就排除了 q 位置。可以设计一个算法来计算 duel

(p,q) 算法中参数 p,q 与 n,m 有关,且 p 与 q 的选取应先从小范围逐步到大范围,而且在每个限定范围内可并行地求 $\text{duel}(p,q)$,以确定竞争的幸存者。这样整个过程就像分组比赛一样,逐渐淘汰小组中的获胜者,最终只可能保留少数几个幸存者,它们就是可能匹配的位置号码,最后再进行一次验证即可。

下面考察并行串匹配算法。令 $T=\text{abaababaababaababaabaababaabaababaabaababaabaababa}$ ($n=23$),$P=\text{abaababa}$ ($m=8$)。由所计算的模式 P 的 $\text{WIT}(1)=0,\text{WIT}(2)=1,\text{WIT}(3)=2,\text{WIT}(4)=4$ 可知 P 是非周期串。为了计算此非周期串与 T 的匹配情况,先要计算 P 相对于 T 的 $\text{WIT}[1:n-m+1]$ 之值,然后由其计算 $\text{duel}(p,q)$ 之值。计算 $\text{duel}(p,q)$ 时将 T 与 P 由小到大划分为一些大小为 $(2^1, 2^2, \cdots)$ 的块,在相同大小的各块内并行地计算 $\text{duel}(p,q)$ 的值。过程为:先将 P 与 T 各自划分成大小为 2 的一些块,这样,模式块(ab)与正文块(ab)(aa)(ba)(ba)(ab)(aa)(ba)进行匹配,可知在位置 1,4,6,8,9,11,14,16 出现匹配[即 $\text{duel}(p,q)$ 的获胜者],再将 P 与 T 各自划分为大小为 4 的一些块,这样,模式块(abaa)与正文块(abaa)(baba)(abab)(aaba)进行匹配,可知在位置 1,6,11,16 出现匹配,而位置 4,8,9,14 被淘汰,最后需用模式(ababbaba)在正文的位置 1,6,11,16 进行匹配检查。

5.3 借用已有算法求解新问题

所谓"借用法"是指借用已知的某类问题的求解算法来求解另一类问题。这两类问题表面上看是迥然不同的,或似乎是互不相干的,所以按照常规的方法,求解这两类问题的算法似乎也是毫无"亲缘"关系,因而一般初学者难以设法通过某种内在关系将两类不同的问题在求解方法上统一起来。这实质上也正是借用策略的难点所在,"借用"不是毫不费力地直接拿来使用,相反地,当欲借用时,不但要从问题求解方法的相似性方面仔细观察,寻求问题解法的共同点,而且所借来的方法要用得合算,效率要高,从而能达到借用的目的,显然这并非易事。一个好的借用策略所设计的算法,往往给人们带来深刻的印象,常常被教科书作为范例加以引用。

借用策略虽无一般规律可循,但往往从求解问题的数学方法上能得到某种启示。例如求一个有向图的传递闭包问题可以使用布尔矩阵乘法来实现,其方法如下:

假定 A 是一个 n 点有向图 G 的 n 阶布尔邻接矩阵,其矩阵元素 a_{ij} 为 1,当且仅当有向图中从顶点 i 到顶点 j 之间有一条边时。所谓传递闭包,记为 A^+,实际上也是一个 n 阶布尔矩阵,其矩阵元素 b_{ij} 为 1,当且仅当:①从 i 到 j 存在一条有向边;②或对于某一顶点 k,存在有向边 i 到 k 和 k 到 j;③或 $i=j$ 时,可利用布尔矩阵乘法来求传递闭包。事实上,如令 I 为单位矩阵(仅对角元素为 1),则 $(A+I)=1$,表示当且仅当 i 和 j 之间的路径长度为 0(即 $i=j$)或为 1(i 和 j 之间有一条边);$(A+I)^2=1$ 表示当且仅当 i 和 j 之间的路径长度为 2 或小于 2;$[(A+I)^2]^2=1$ 表示当且仅当 i 和 j 之间的路径长度为 4 或小于 4,作 $\log n$ 次 $(A+I)$ 自乘就可求得传递闭包 A^+,因为对于 n 点有向图,i 和 j 之间若有一条路径存在,则其长度至多为 n。

下面讨论利用矩阵乘法求所有点对间最短路径。假定给一有向图,各边赋予非负整数权(加权图),那么一条路径的长度就是沿该路径所有边权之和,而最短路径问题就是对每一点对 i 和 j,求其间最短长度的路径。

5.3.1 矩阵乘法在求点对间最短路径中的应用

对于一个 n 个顶点的加权图 $G(V,E)$,其权阵由 $W_{n\times n}$ 表示。为了计算其所有顶点对之间的最短路径,可以先构造一个 $n\times n$ 的矩阵 $\boldsymbol{D}$,使得对于所有的 i 和 j,d_{ij} 是从 v_i 到 v_j 的最短路径长度,只要 G 中无负长度的环,可以假定 $\boldsymbol{W}$ 有正、负或零元素。

令 d_{ij}^k 表示从 v_i 到 v_j 其间经过至多 $k-1$ 个中间顶点时的最短路径长度。因此 $d_{ij}^1=w_{ij}$。特别是从 v_i 到 v_j 无边存在 $(i\neq j)$ 时,则 $d_{ij}^1=\infty$,同样 $d_{ij}^1=0$,因此 G 中不存在负权的环,所以 $d_{ij}=d_{ij}^{n-1}$。

为了计算 $d_{ij}^k(k>1)$,可以使用组合最优原理:

$$d_{ij}^k=\min\{d_{il}^{k/2}+d_{lj}^{k/2}\}$$

即 d_{ij}^k 取所有 l 条路径 $\{d_{il}^{k/2}+d_{lj}^{k/2}\}$ 中的最短者,因此矩阵 $\boldsymbol{D}$ 就可以从 $\boldsymbol{D}_1$ 逐次计算 $\boldsymbol{D}_2$,$\boldsymbol{D}_4,\cdots,\boldsymbol{D}_{n-1}$,然后取 $\boldsymbol{D}=\boldsymbol{D}_{n-1}$ 而求得。为了从 $\boldsymbol{D}^{k/2}$ 计算 $\boldsymbol{D}^k$,可以使用标准的矩阵乘法,只是将原始矩阵乘法中的"$\times$"操作代之"$+$"操作,而将原始矩阵乘法中的"Σ"操作代之以"min"操作,这样操作共执行 $[\log(n-1)]$ 次。

5.3.2　SIMD-CC 模型上求所有点对间最短路径算法

假定 n^3 个处理器排成 $n\times n\times n$ 的立方体,每个处理器有 $A(i,j,k)$、$B(i,j,k)$ 和 $C(i,j,k)$ 三个寄存器。开始时 $A(0,j,k)=w_{jk}(0\leqslant j,k\leqslant n-1)$,即图的权矩阵开始时存放在 A 寄存器中,算法执行中调用 DNS 算法,则 $C(0,j,k)$ 就是 v_j 到 v_k 的最短路径。

考虑 DNS 算法:

输入:A_(m×n),B_(m×n,n)=2^q

输出:C_(n×n)

其代码为:

```
Begin
for m = 3 * q - 1 to 2 * q do
    forall r in {p,rm = 0} par-do
        A_r(m) = A_r
        B_r(m) = B_r
    end forall
end for
for m = q - 1 to 0 do
    forall r in {p,rm = r * 2 * q + m} par-do
        A_r(m) = A_r
    end forall
end for
for m = 2 * q - 1 to 0 do
    forall r in {p,rm = r * q + m} par-do
        B_r(m) = B_t
    end forall
end for
```

```
for r = 0 to p - 1 par-do
    Cr = A_r * B_r
    for m = 2 * q to 3 * q - 1 do
        for r = 0 to p - 1 par-do
            Cr = Cr + Cr(m)
        end for
    end for
end for
end
```

5.3.3 SIMD-CC 上求所有点对间最短路径算法

输入：$A(0,j,k)=\omega_{jk}, 0 \leqslant j,k \leqslant n-1$
输出：$C(0,j,k)$ 中 v_j 到 v_k 的最短路径长度，$0 \leqslant j,k \leqslant n-1$
其代码为：

```
for j = 0 to n - 1 par-do
    for k = 0 to n - 1 par-do
        if(j/ = k .and. A(0,j,k) = = 0) then
            B(0,j,k) = ∞
        else
            B(0,j,k) = A(0,j,k)
        end if
    end for
end for
do i = 1,log(n - 1)
    ! DNS MULTIPLICATION(A,B,C)/ * 调用 DNS 算法 * /
    call DNS_MULTIPLICATION(A,B,C,n)
    for j = 0 to n - 1 par-do
        for k = 0 to n - 1 par-do
            A(0,j,k) = C(0,j,k)
            B(0,j,k) = C(0,j,k)
        end for
    end for
end do
```

显然，上述算法的时间复杂度为 $O(\log 2n)$，因为算法第二步重复 $O(\log n)$ 次，每次乘法时间为 $O(\log n)$，而 $p(n)=O(n^3)$。

以下以一例说明上述算法。试求图 5-3(a)所示的有向加权图中所有点对间的最短路径，首先由图 5-3(a)构筑如图 5-3(b)所示矩阵。算法开始前，用 ω_{jk} 之值进行初始化 $A(0,j,k)$：$A(0,0,0)=0, A(0,0,1)=4, A(0,0,2)=1, A(0,0,3)=0, A(0,0,4)=7, A(0,0,5)=0,$

$A(0,0,6)=0,A(0,1,0)=0,A(0,1,2)=8,A(0,1,3)=0,A(0,1,4)=0,A(0,1,5)=0,$
$A(0,1,6)=0,\cdots,A(0,6,5)=1,A(0,6,6)=0$。

再计算出 $B(0,j,k)$，如图 5-3(c)所示，它就是距离矩阵 $\boldsymbol{D}^1$。算法第二步的第一次循环计算 $\boldsymbol{D}^1\times\boldsymbol{D}^1=\boldsymbol{D}^2$，其中 d_{jk}^2 各元素计算如下：

$d_{00}^2=\min\{d_{00}+d_{00},\ d_{01}+d_{10},\ d_{02}+d_{20},\ d_{03}+d_{30},\ d_{04}+d_{40},\ d_{05}+d_{50},d_{06}+d_{60}\}=0$

$d_{01}^2=\min\{d_{00}+d_{01},\ d_{01}+d_{11},\ d_{02}+d_{21}\ d_{03}+d_{31},\ d_{04}+d_{41},\ d_{05}+d_{51},d_{06}+d_{61}\}=4$

$\cdots$

$d_{66}^2=0$

$\boldsymbol{D}^2$ 的整个矩阵如图 5-3(d)所示。再由算法第二步的第二次迭代计算 $\boldsymbol{D}^2\times\boldsymbol{D}^2=\boldsymbol{D}^4$，其结果如图 5-3(e)所示。算法第二步最后一次迭代计算 $\boldsymbol{D}^4\times\boldsymbol{D}^4=\boldsymbol{D}^8$，其结果如图 5-3(f)所示。

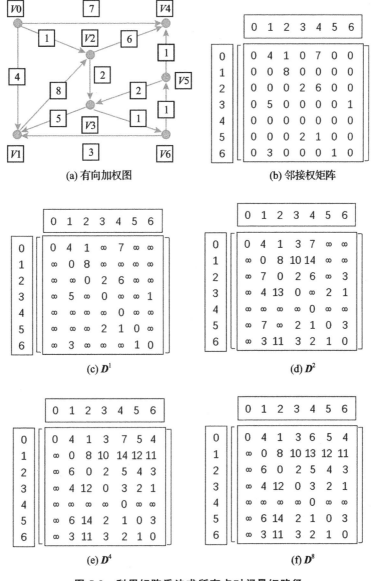

图 5-3　利用矩阵乘法求所有点对间最短路径

1. 以快速排序算法为例,说明串行算法的直接并行化。

2. 简要说明 PRAM-CRCW 快速排序算法的基本思想。

3. 什么是串匹配算法,KMP 算法如何使用失效函数调整指针?

4. 简述并行串匹配算法的设计思路。

5. 举例说明利用矩阵乘法求所有点对间最短路径的算法。

并行算法实践

第6章 并行算法的基本设计技术

人们从事串行算法的研究已经积累了丰富的经验,取得了丰硕的成果,所以研究并行算法有一个很常用的方法,那便是在已有的串行算法上做出一些改进,使之实现并行化。串行算法的基本特征是递推化,而许多数学问题,诸如三角方程组、三对角方程组等,都具有内在的递推性。

6.1 划分设计技术

在日常生活中,如果我们面临一个十分复杂的问题,是很难一次性找到办法解决的,一般是尽可能尝试更多不同的方法,直到找到一个或者多个合适的方法来解决。计算机也是如此,计算机面临的复杂问题,可以设计为多个并行算法来解决,但是不同的并行算法之间的性能差异往往比较大,比如在前文提到的串行算法并行化后,效果甚至达不到串行的性能。同时,有些并行算法的时间复杂度很好,但是在实际应用中却很一般。因此,并行算法的设计必须要和实践结合起来,要与硬件相匹配,同时还要兼顾应用的某些特性。一个好的并行算法具备以下特点:极佳的并行性、可扩展性良好、易于实现。

如果站在性能的角度考虑,应当让所有的控制流尽量自由地运行。除非必要,尽可能不要对控制流的执行顺序作限制。并行算法的设计也会遵循一定的顺序,首先划分数据,再通信,接着结果合并,最后是负载均衡。本章将围绕这4个步骤进行逐一讲解。

划分的首要目的是将任务的规模缩小,以方便同时处理。通常划分的对象有两种:一是计算任务,比如划分煮饭和炒菜这两个计算任务,以便能够同时处理,人类的做法是在电饭煲煮饭的同时进行炒菜,这便称为任务划分;另一个划分对象是计算数据,比如如何同时洗一堆衣服,我们可以将这一大堆衣服分成10个小堆,用10台洗衣机同时进行清洗任务,这便是数据划分。这两者分别对应着任务并行和数据并行。任务划分和数据划分从本质上看其实并没有什么区别,很多问题可以用任务划分也可以用数据划分。但是在划分的时候,要注意和实际应用相适配,这不仅可以降低编程的复杂度,还可以降低通信所带来的时间开销。例如,在实际应用中,常常把物理地址连续的数据划分给同一处理器,这样可以利用数据之间的空间局部性原理,减少I/O时间,达到提升效率的目的。如图6-1所示,划分网格也没有严格要求,曲面网格、均匀网格、不均匀网格都是可以的。

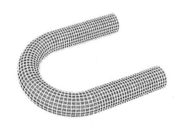

图 6-1　网格

　　谈到划分方法,就不得不提分而治之,分而治之的目的是将一个复杂的问题分解为一个个简单的小问题,我们可以通过求解小问题,再将小问题的结果组合起来以解决大问题。但是在串行编程中,分而治之经常产生递归算法,而递归算法通常还有优化空间。由于可使用多个控制流并行地解决小问题,因此分而治之和并行算法天生相符合。比如串行算法设计中的最大连续子段和就可以使用分而治之的方法解决。最大连续子段问题就是求解一个数组中所有连续 n 个元素的最大值。如果将数组平均划分成两个子段,那么其最大连续子段和必定是这三者的最大值:前半段最大子段和、后半段最大子段和、前半段后面和后半段前面部分之和,递归划分下去,直到数组中只有一个元素,问题就迎刃而解了。

　　许多支持并行编程的语言或库函数与分而治之有着天然的联系。Linux 环境下,fork 函数创建一个子进程,子进程会和父进程一起运行,在之后的工作中,父进程会调用 wait/wait-pid 函数来回收其子进程。在 pthread 中,主线程调用 pthread_create 函数产生子线程,子线程执行指定的工作直至结束,在主线程调用 pthread_join 来回收完成工作的子线程。OpenMP 的 # pragma omp parallel 构造表示下面的一个代码块是由多个线程同时执行的,到块的结束处,主线程又回收所有其他的线程。在基于加速器的编程语言 CUDA 和 OpenCL 中,CPU 线程启动一个内核意味着一个拥有大量硬件线程的网格创建并开始执行,CPU 线程可以接着执行,也可以等待加速器硬件线程网格执行完成。

　　另外,划分也要遵循划分原则,对于一个问题,可能存在多种不同的划分方法,因此需要一个标准来评判究竟哪种划分方法是最优秀的,本节简要的说明一些划分原则。首先,设计的算法必须和硬件的特性相适配,针对硬件的特性做出相应的改变,尽力保持所处理的数据是互不相关的。如果一个进程在 CPU 上运行,此时进程会占用完成的执行单元,此进程还会拥有属于自己的指令指针,所以要尽可能保持每个进程之间保持互不相关,不然会引入额外的通信消耗。但是如果进程是在 GPU 上运行的,那么多个进程会共享一套执行单元,因此尽可能使不同执行单元上的进程是互不相关的即可。而在设计运行于可编程处理器(FPGA)上的算法时,就要考虑使用流水线技术,因为这样可以减少一定的通信消耗。因为在通信过程中,一个进程会经常等待其他进程结束才开始运行,这样会浪费时间。

　　通过上文的学习,我们知道对于一个问题可能有多个不同的划分方法,这些不同的划分方法会导致不同的实现方法,映射到硬件上后性能也会有相应的差别。对于一个具体的计算任务,我们通常需要依据划分原则来确定最优的划分方法。常见的划分方法主要有 3 类,分别是均匀划分、递归划分和指数下降划分。本节将以网页服务器并行处理 2 万个访问请求为例解释这几种不同的划分方法。

1. 均匀划分

　　均匀划分是计算机中最简单的划分方法,其核心思想是将一个任务均匀等分为几个小部分,然后每个处理器处理一小部分。假设我们现在使用 10 台服务器来并行处理两万个访问请求,进行均匀划分后,每台服务器就只需要处理 2 000 个请求即可。均匀划分的思想和实现方法都是最简单的,但是应用场景有限,不适合实际应用。

2. 递归划分

　　在计算阶乘的时候,递归算法仅仅只需要几行代码就可以达到求解目的。递归划分的思想和递归算法相像,每次递归的时候,将任务划分成多个小任务,重复递归操作,直到每个小任务都可以被轻松解决。

这里我们还是使用服务器处理请求的例子,为了方便解释递归算法,我们规定第一次递归的时候将任务均分为两等份,第二次递归同理,将每个子任务都进行均等递归划分,所以第一次递归的时候,2 万个请求被分成两份,一份 1 万个请求,第二次递归的时候,就会产生 4 个子任务,每个子任务是 5 000 个请求,一直重复这个步骤,直到子任务的规模可以被服务器一次处理。

3. 指数下降划分

指数下降划分的核心思想是每一次划分时,子任务的规模都是前一次划分规模的一半。如果任务规模是 N,那么进行一次指数下降划分后,子任务的规模变成了 $N/2$,再进行划分一次就变成了 $N/4$,重复这个步骤,直到每个子任务都可以被简单且迅速处理。现在,我们再一次使用服务器处理请求的例子,如果服务器的请求规模是 4 096,那么进行一次指数划分后,规模变成了 2 048,在进行一次指数划分后,子任务的规模便是 1 024。重复这个步骤,直到请求规模可以被服务器一次处理即可。

6.2 并行性和局部性

在上文,我们讨论了并行算法的基本特点以及划分设计技术,也用例子来说明了如何设计才能使得并行算法达到最大效率。我们知道为了并行算法性能够好,各控制流的计算应当互不相关,这通常可以使计算达到最优,但这样却忽略了数据访问的问题。现代处理器使用大量缓存来利用数据的局部性,并行算法的设计也应当考虑数据的局部性。早期的冯·诺依曼计算机是以处理器为中心,由于当时的处理器速度还未远超存储器速度,所以在当时以处理器为中心取得了较好的效果,但是由于现代处理器计算的速度比数据访问速度更快,如果再以处理器为中心,就会忽略数据的局部性。因此,现在计算机的设计都以数据为中心。数据划分时,要尽可能避免划分后的控制流相互访问彼此拥有的数据。对于一维数据划分来说,通常均匀划分即可。对于二维数据划分来说,可按行、按列或使用区域分解划分。并行算法设计时,要兼顾计算的并行性和数据访问的局部性,而如何兼顾这两者考验着设计者的理论和实践功力。

6.3 分治设计技术

我们用一个简单的例子来介绍分治设计技术的核心思想,一个任务的规模是 N,如果 N 比较小,或者比较容易解决,那么我们就直接一次性解决。但是如果不能一次性解决,就需要将问题规模 N 进行分解,划分为多个问题规模为 $n(n<N)$ 的子任务,一般来说,这个过程大多采用上文说过的递归划分方法。通俗而言,分治法就是将一个蛋糕切分开,切成几个小蛋糕,然后一个一个地吃掉。并且让每个小蛋糕都尽量不一样(有些小蛋糕有很多水果,有些小蛋糕有很多巧克力等)。

在计算机系统中,一个任务处理完成所需要的时间都和其任务规模有关,任务的规模越小,所需要的处理时间就越短,相反,规模越大,处理的时间肯定越长。

在学习排序算法的时候,我们知道如果一个序列的大小为 2,那么仅需要一步就可以完成排序,如果一个序列的大小为 1 024,那么需要的步骤肯定更多,并且不同的排序算法所需要的时间都不尽相同。同理,要想直接解决一个规模较大的问题,是十分困难的,这时分治设计技术便起到关键作用。

不是所有的情况都适用分治法,可以应用分治法的任务有以下 4 个特征:

(1)该任务的规模缩小到一定的程度就可以容易地解决;

(2)该任务可以分解为若干个规模较小的同类型问题,即该任务具有最优子结构性质;

(3)利用该任务分解出的子任务的解可以合并为该问题的解;

(4)任务分解后,产生的子任务是互不关联的。

其中第一条特征是最基本的前提,如果不满足第一条特征,即使重复划分步骤也没有任何意义。好在这个特征在实际应用中,几乎所有的任务均可满足。第二条特征表现出分治法具有一定的递归思想特性。第三条特征则是一个任务能否应用分治法的决定条件,不满足这个特征,分治法是不可以采用的。最后一条特征牵涉到分治法的运行效率,如果任务的划分,所产生的子任务不满足这个特征,那么在运行过程中会引入格外的通信开销,导致运行效率下降。

6.4 平衡树设计技术

作为数据结构的经典应用,树形结构在计算机中有着广泛的应用。一般来说,操作系统管理进程的方式就是通过树形结构来实现的,同时树形结构又有多个种类,比如二叉树、排序树、红黑树、森林等,此节所述的平衡树则是排序树的一种进阶形式。平衡树的主要原理是让左右两棵子树的深度之差的绝对值不超过 1。看似简单的原理背后却蕴藏着巨大的性能提升。平衡树在人工智能的搜索策略中有着重要应用,同时为了实现并行算法,平衡树也是不可或缺的重要组成部分。

下面用平衡二叉树来解释相关原理,平衡二叉树也是一颗二叉树,它可以为空,但是必须满足以下两个特性:

(1)左右子树深度之差的绝对值不大于 1;

(2)左右子树都是平衡二叉树。

人们用肉眼很容易看出一棵二叉树是否属于平衡二叉树,但是计算机可没有我们这么复杂的大脑,计算机用什么方法判断呢?答案很简单,需要引入平衡因子的概念,计算机通过计算每个结点的平衡因子,就可以判断这棵二叉树是否属于平衡二叉树。平衡因子等于结点的左子树深度减去右子树深度的差的绝对值,如果平衡因子小于等于 1,那么说明该结点处于平衡状态。计算机通过自底向上依次计算每个结点的平衡因子,就可以判断这棵二叉树是否属于平衡二叉树。平衡二叉树的构造过程也很简单,每次将新插入的节点作为叶结点,然后自叶向根进行遍历调整,直到这颗二叉树属于平衡二叉树,即每个结点的平衡因子都小于等于 1。平衡二叉树可以获得成功的原因是可以快速地存取信息,当我们需要递归调用数据的时候,历经 N 步就可以完成距离为 $2N$ 的数据存取。

利用平衡二叉树方法可以解决通信瓶颈问题,通信复杂度 $O(p)$ 下降到 $O(\log p)$,因此平衡树算法常常用于网络中的计算。可是,计算机该怎么实现平衡化呢?其实很简单,当我们需要插入一个新节点的时候,将这个节点按照二叉排序树的规定插入到平衡二叉树中,然后再判断插入后的二叉树是否平衡,也就是判断每个节点的平衡因子是否小于等于 1。如果出现了不平衡节点,按照相应的调整规则进行调整,然后再进行判断,重复这个过程,直到整个二叉树是平衡二叉树为止。

调整的方法有 4 类,分别是 LL 型、RR 型、LR 型和 RL 型。下面我们通过一个简单的例子分别介绍这 4 种调整方法。为了简单易懂,我们规定 A 节点是不平衡节点。

6.4.1 LL 型调整

如图 6-2 所示,在 A 的左孩子节点 B 上插入一个新节点 C,导致 A 节点的平衡因子为 2,因此 A 节点现在处于不平衡状态。因此我们可以将 B 节点作为新的根节点,将 A 节点调整为 B 节点的右孩子,同时 C 节点保持不变,仍然是 B 节点的左孩子。调整后的新二叉树就是一棵平衡二叉树。

图 6-2 LL 型调整

图 6-2 展现的是最简单的平衡二叉树,但是在实际应用中,很难有如图 6-2 如此简单明了的二叉树,一般情况是节点 A 还有右孩子,且右孩子节点还有许多分支,同理,节点 B 也是如此,节点 B 的孩子也有很多分支。为了阐述这种复杂情况,如图 6-3 所示,用深色方框代表一个节点的孩子节点,里面的字母表示这个方框中的分支属于哪个节点,浅色方框代表新节点插入的位置。调整步骤为:将节点 B 作为新的根节点;将节点 A 作为 B 的右孩子;将节点 B 的右孩子作为节点 A 的左孩子,其余节点保持不变。

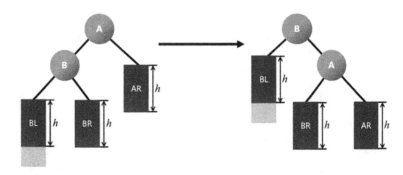

图 6-3 一般 LL 型调整

6.4.2 RR 型调整

如图 6-4 所示,在节点 A 的右孩子节点 B 上插入新节点 C,节点 C 作为 B 的右孩子,导致节点 A 的平衡因子为 2,因此节点 A 处于不平衡状态。因此可以将 B 节点作为新的根节点,将 A 节点调整为 B 节点的左孩子,同时 C 节点保持不变,仍然是 B 节点的右孩子。调整后的新二叉树就是一棵平衡二叉树。

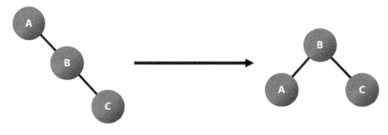

图 6-4　RR 型调整

同理,用图 6-5 来表示实际生活中遇到的平衡二叉树,此时的调整步骤为:将节点 B 作为新的根节点;将节点 A 作为节点 B 的左孩子,节点 B 的左孩子调整为节点 A 的右孩子,其余节点保持不变。

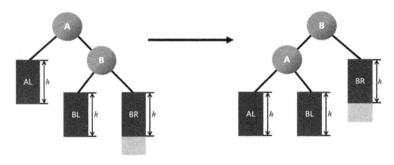

图 6-5　一般 RR 型调整

6.4.3　LR 型调整

如图 6-6 所示,在节点 A 的左孩子节点 B 上插入一个新节点 C,并且将节点 C 作为节点 B 的右孩子。这样导致节点 A 的平衡因子为 2,处于不平衡状态,但是此二叉树的调整相比前两个类型的调整就会复杂很多。可先将节点 C 作为新的根节点,然后将节点 B 作为节点 C 的左孩子,最后再将节点 A 作为节点 C 的右孩子即可。

图 6-6　LR 型调整

LR 型和 RL 型在实际应用中是最常见的,同时调整的方法也是最复杂的。为了简单易懂,如图 6-7 所示,用深色方框代表节点的孩子,这些孩子也有相应的孩子和子孙,浅色方框代表插入的新节点。调整的步骤为:将节点 C 作为新的根节点,节点 B 调整为节点 C 的左孩子,节点 A 调整为节点 C 的右孩子,节点 C 的左孩子调整为节点 B 的右孩子,节点 C 的右孩子调

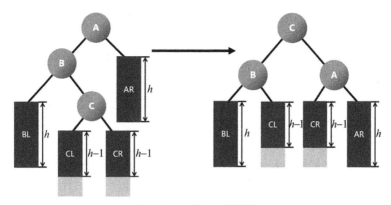

图 6-7　一般 LR 型调整

整为节点 A 的左孩子,其余节点保持不变。

6.4.4　RL 型调整

如图 6-8 所示,在节点 A 的右孩子节点 B 上插入一个新节点 C,并且将节点 C 作为节点 B 的左孩子。由此可见,节点 A 的平衡因子为 2,因此节点 A 处于不平衡状态。调整原理同 LR 一样,首先将节点新插入的节点 C 作为根节点,再分别将节点 A 和节点 B 作为节点 C 的孩子节点,节点 A 为左孩子,节点 B 为右孩子。

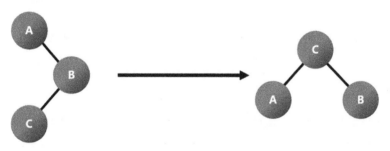

图 6-8　RL 型调整

相应的,还需要了解一下 RL 在实际应用中的场景,以图 6-9 为例,深色方框作为相应节点的孩子,浅色方框作为新插入的孩子节点,由此可见,节点 A 是处于不平衡状态。调整步骤

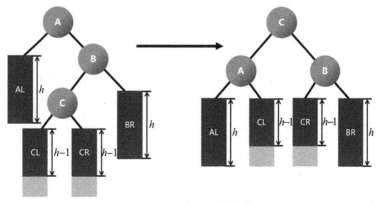

图 6-9　一般 RL 型调整

如下:先将节点 C 作为新的根节点;将节点 B 作为节点 C 的右孩子,节点 A 调整为节点 C 的左孩子;AL 和 BR 保持不变,CL 变为节点 A 的右孩子,CR 变成节点 B 的左孩子。

平衡二叉树深度的数量级是 $\log_2 n$,因此在平衡二叉树上进行结点操作的时间复杂度是 $O(\log_2 n)$。

6.5 倍增设计技术

倍增设计技术又称指针跳跃技术,这种方法适合用于类似链表的数据结构。每当循环调用倍增技术时,要处理的数据之间的距离就会逐步加倍,经过 k 次迭代就可以完成 $2k$ 数据的计算。下面以最经典的表序问题和求森林的根问题来说明此技术。

实例:表序问题的计算

给定一个包含 n 个元素的链表,每个元素 i 到 i 所指元素的距离用数组 $d[i]$ 表示,每个元素指向的下一个元素用数组 $p[i]$ 表示,初始化链表从表头指向表尾,规定表尾元素指向自己,距离为 0,$d[n]=0$,$p[n]=n$。求每个元素 i 到表尾的距离。

如图 6-10 所示,$n=7$,距离数组为 $d=[6,10,12,4,8,1,0]$,所指元素数组是 $p=[2,3,4,5,6,7,7]$。相应地,$d[1]=6$ 表示元素 1 到所指元素的距离是 6,$p[1]=2$ 表示元素 1 指向的下一个元素是 2。现在问题是需要求所有元素到表尾元素 8 的距离。

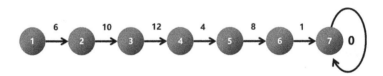

图 6-10 表序问题

如果用最简单的顺序处理方法依次计算每个元素,也可以达到目的,缺点就是时间消耗大。因此是否可以用另一种方法达到目的,并且时间开销也不大呢? 答案是肯定的,本节的倍增设计技术就可以达到这个目的。

首先介绍倍增设计技术的核心思想,倍增设计技术又叫指针跳跃技术,顾名思义,每一个元素不必挨个计算到末尾元素,可以进行跳跃,甚至是跨越好几步,直到所有元素数组 p 全部更新为 7 时,这就表示所有元素都指向了末尾元素,且相应的权值 d 就是各个元素到末尾元素的距离。

下面通过详细的步骤来进一步解释倍增技术:

先是初始化,$d=[6,10,12,4,8,1,0]$;$p=[2,3,4,5,6,7,7]$。

步骤 1:每个元素都指向下一个元素的后一个元素,也就是说,元素 1 初始化的时候指向 2,现在需要指向元素 3。元素 2 初始化的时候指向元素 3,现在需要指向元素 5,然后对每个元素都重复这个步骤,其更新过程如图 6-11 所示,得到更新后的数组:

$$d=[16,22,16,12,9,1,0]$$
$$p=[3,4,5,6,7,7,7]$$

步骤 2:每个元素顺着步骤 1 中所指的元素再指向下一个元素,也就是说元素 1 在步骤 1

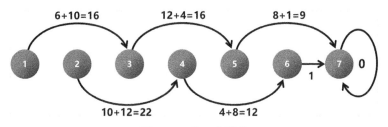

图 6-11　第一次更新

中所指向的元素是 3,在步骤 2 中所指向的元素 5,同理可以得到元素 2 在步骤 2 中所指向的元素应该是 6,然后对每个元素重复这个步骤即可,其更新过程如图 6-12 所示,更新后的数组是:

$$d = [32, 34, 25, 13, 9, 1, 0]$$
$$p = [5, 6, 7, 7, 7, 7, 7]$$

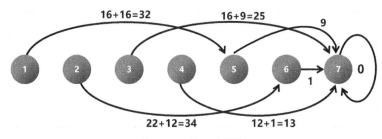

图 6-12　第二次更新

步骤 3:和步骤 2 相同的思想,仍然指向所指元素的下一个元素,因此元素 1 在步骤 2 中指向元素 5,在这一步中就应该指向末尾元素 7,元素 2 同理可得也指向末尾元素 7,其相应的更新图如 6-13 所示,更新后的数组是:

$$d = [41, 35, 25, 13, 9, 1, 0]$$
$$p = [7, 7, 7, 7, 7, 7, 7]$$

由此可见,所有的元素都指向了末尾元素,问题得到了解决。

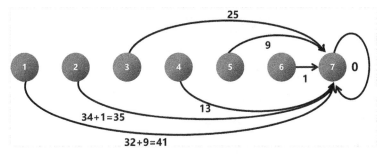

图 6-13　第三次更新

6.6 流水线设计技术

流水线大家应该是比较熟悉的,多数工厂加工方法都是采用流水线技术,将一个复杂重复的工作,拆分成为多个小模块,每个工位安排一个人专门负责这个小模块的工作,在计算机中,流水线技术和工厂的流水线一样,将一个重复运行的程序拆分成为多个子进程,每个子进程可以用专门的硬件或者处理器来处理。这样可以使多个子进程在时间上错开运行,因此每个子进程就可以与其他子进程并行进行。

现在举一个生活中常用的例子来解释流水线,假如一个厨房的做菜的过程分为 4 个阶段:洗菜、切菜、炒菜、摆盘。每个阶段都需要 1 小时来完成,则做一次菜需要 4 小时。

考虑最差情况,厨房内只有 1 个洗水槽、1 把菜刀、1 台灶具、1 个厨师。如果每半小时就有人点 1 个不同的菜品,每次等待 1 个菜品做完需要 4 小时,那么如图 6-14 所示,4 道菜需要的时间就是 16 小时。

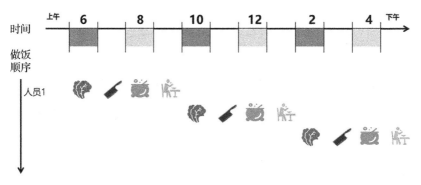

图 6-14 做菜时空图

对这个厨房进行升级,厨师的人数增加到 4 人,每个人负责一个菜品。所以每批次菜品,厨师都能够及时进行处理。由于时间上是错开的,如图 6-15 所示,所以每批次菜品都可以不间断进行处理。

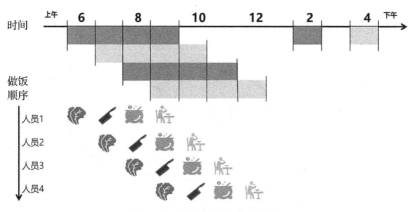

图 6-15 改进后的做菜时空图

可以看出,做完 4 批菜只需要 7 小时 ,效率明显提高。其实,在 4 小时后第一个厨师已经做完了菜品,并且处于空闲状态,如果此时还有第 5 批菜品送入,那么第一个厨师又可以开始工作。依次类推,只要菜品批次不停地输入,4 个厨师即可不间断地完成对所有菜品的制作过程。并且除了第一批次菜品时间需要 4 小时,后面每 1 小时都会有一批次菜品制作完成。菜品的需求越多,节省的时间就越明显。假如有 n 批次菜品,需要的时间为 $4+(n-1)$ 小时。虽然这样会节省一定时间,但是随着工作人员的增加导致了投入的成本增加,厨房内剩余空间也被缩小,整个房间就会变得很拥挤。

和做菜的流水线过程类似,计算机处理数据也可以采用流水线的方式,每个处理阶段都可以被当作是做菜的一个阶段。流水线设计就是将路径系统分割成一个个数字处理单元(阶段),并在各个处理单元之间插入寄存器来暂存中间阶段的数据。被分割的单元能够按阶段并行地执行,相互间没有影响。所以最后流水线设计能够提高数据的吞吐率,即提高数据的处理速度。

需要指出的是,流水线的设计并不是毫无缺陷,每个处理阶段都会引入额外的开销,比如需要额外的寄存器来存储数据等。

1. 简述并行算法的划分设计技术需要遵循哪些原则?
2. 并行计算中分治设计技术核心思想是什么?
3. 举例说明如何用平衡二叉树方法解决通信瓶颈问题。
4. 以表序问题的计算为例,说明倍增设计技术。
5. 并行算法中流水线设计的思路如何?

第 7 章 并行算法的一般设计过程

一般而言,设计并行算法首先是进行问题分解,将原始问题分解成可并行执行的子问题。然后通过静态划分或动态划分将子问题分配给不同的处理单元或计算资源,其中,静态划分是在算法开始之前确定好任务分配方案,而动态划分是在运行时根据系统负载情况动态地分配任务。之后进行通信与同步,以共享数据和协调任务执行。再根据问题的特性和并行计算环境的限制,设计合适的并行算法,这包括选择合适的数据结构、算法策略和调度方案,以充分利用并行计算资源。本章介绍 PCAM 设计方法学,即划分(Partitioning)、通信(Communication)、组合(Agglomeration)和映射(Mapping)。如图 7-1 所示,划分的目的是为了开拓并发性,将大任务分解成小的任务;通信是为了保证每个任务之间的数据交换正常进行,同时考察划分的正确性;而组合是根据每个任务的一些局部性,将多个小任务合并为一个大任务;映射则是合理分配任务到处理器上,保证算法的高效性能。

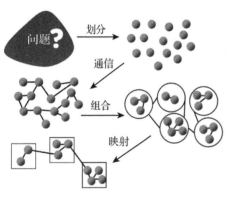

图 7-1 PCAM 设计过程

7.1 划分

在计算中,为了保证一个算法的并发性和可拓展性,第一步就必须先进行数据分解,再进行功能的分解。这样可以使得数据集和计算集之间不必进行数据交换,节省了时间,提升了算法的效率。

划分的种类大致有以下两大类:域分解(Domain Decomposition)和功能分解(Functional Decomposition)。

7.1.1 域分解

域分解也称为数据划分,因为划分的对象是数据。这些数据可以是程序的输入数据、计算的中间结果甚至是计算的输出数据。

域分解的步骤是:首先分解与问题相关的数据,如果可能的话,应使每份数据的数据量大体相等,然后再将每个计算关联到它所操作的数据上。由此会产生一些子任务,每个子任务包括一些数据及其相应的操作。当一个操作需要别的任务中的某些数据时,就会产生通信需求。

如果优先集中在最大数据划分和经常被访问的数据结构上,域分解通常会得到一个不错的效果。在不同的阶段,可能要对不同的数据结构进行操作或需要对同一数据结构进行不同的分解。在此情况下,要有一定的区别对待,根据应用的实际情况,再将各阶段设计的分解与算法装配到一起。

图 7-2 是一个三维网格的域分解方法。各结点上的计算都是重复进行的。实际上,分解沿 X、Y、Z 维及它们的任意组合都可以进行。开始时,应进行三维划分,因为该方法能提供最大灵活性。图 7-3 是不规则区域的分解示例。

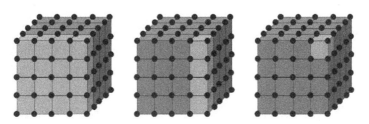

图 7-2　域分解的 3 种方法:一维、二维、三维(左起)

图 7-3　不规则区域的分解示例

7.1.2　功能分解

功能分解也称为计算划分,它首先关注被执行的计算的分解,而不是计算所需的数据,然后,如果所做的计算划分是成功的,再继续研究计算所需的数据。如果这些数据是不相交或相交很少的,就意味着划分是成功的;如果这些数据有相当的重叠,就会产生大量的通信,此时就可以考虑数据分解。

尽管大多数并行算法采用域分解,但功能分解有时能揭示问题的内在结构,展示出一定的优化机会。如果只是对数据进行研究往往很难做到这一点。

功能分解的一个例子是搜索树。搜索树没有明显的可分解的数据结构,但易于进行细粒度的功能分解:开始时根生成一个任务,对其评价后,如果它不是一个解,就生成若干叶结点,这些叶结点可以分到各个处理器上并行地继续搜索。

7.2　通信

通信是 PCAM 设计过程的一个重要阶段。通过划分产生的多个子任务,一般都不能单独执行,通常任务与任务之间在执行过程中会需要数据交换,因此产生了通信技术。通信会限制任务的并发性,所以找到一个合适的通信方式对于并行算法来说非常重要。

通信模式有 4 种,局部通信或者全局通信、结构化通信或者非结构化通信、静态通信或者动态通信以及同步通信或者异步通信。通信判据也有 4 个,所有子任务的通信消耗是否大致相等、通信过程中是否利用了局部性原理、通信过程中是否采用了并行化技术以及同步任务的计算能否并行执行。

不管并行算法有多优秀,也仍然避免不了通信消耗,这是因为并行计算常常会对一些计算结果进行合并处理。相对于串行算法来说,通信是并行算法引入的额外消耗。为了减少通信消耗,如下一些方法可以考虑。

首先,充分考虑数据的局部性。计算过程中,有时候所使用的数据具有一定的局部性,那么在设计算法的时候就应该先考虑这一点,以减少通信消耗,达到减少时间复杂度的目的。

其次,可以减少通信次数。将一些重复的操作,合并到线程内部。例如有这样一个进程:外面是一个大循环,里面是多个小循环,如果没有采用合并线程技术,每个小循环运行时,都会单独建立一个线程,等到运行结束时,又会回收这个线程,这必然会导致时间的开销。若将几个小循环的代码都合并到线程的内部,那么仅仅需要建立一次线程,回收一次线程即可。

再次,还可以考虑使用异步通信算法。这样可以实现边计算边通信,通信时需要注意数据的多少,通常而言,通信要尽可能传输更多的数据,这样可以减少通信的准备时间。在实际应用中,通信时数据可能很小,可以采用合并多个小数据成一个大数据的方法来减少通信消耗。如果出现数据过大的情况,可以采用上文阐述的流水线技术。

除上面提到的方法外,还可以采用将通信分散到计算机的多个硬件上面的方法,这也可以提升计算性能。例如,在集群环境下使用 MPI 编程时,使用异步数据传输且多个节点间同时通信以避免某几个节点间的带宽成为瓶颈;在使用 CUDA 在 NVIDIA GPU 上编程时,CPU和设备间通信时使用 CPU 到 GPU 和 GPU 到 CPU 双向通信同时进行的方式。

7.3 组合

组合是由抽象到具体的一个过程,即如何高效地将多个任务放在同一并行机上运行,力争合并小尺寸任务,减少任务数,在减少通信成本的同时提高效率。如果任务数恰好等于处理器数,则映射过程完成。但是,往往任务数多于处理器的数目,则需要通过增加任务的粒度和重复计算,减少通信成本。另外,组合时要有足够的灵活性,降低软件工程成本。

组合的设计是否合理,应从如下几个方面考虑:

(1)如果组合增加了重复计算,这有可能减少通信量,但与此同时也增加了计算量,应保持恰当的平衡,应当注意,重复计算是为了减少算法的总运算时间。

(2)对于一个给定的计算,如果任务的通信伙伴比较少,则增加划分粒度能够减少通信次数,同时减少总通信量。

(3)在不导致负载不平衡和不减少可扩展性的前提下,可从创建较少的大粒度的任务算法着手进行分析,充分考虑任务数能否进一步减少。

(4)在将现有的串行程序并行化时,需要考虑修改串行代码所增加的成本,如果此成本过高,应考虑其他组合策略来增加代码重用的机会。

7.4　映射

映射就是指定任务到哪里去执行。每个任务要映射到具体的处理器,定位到运行机器上。当任务数大于处理器数时,存在负载平衡和任务调度问题,映射需要合理进行任务调度,减少算法的执行时间;把能够并发执行的任务放到不同处理器上增加并行度和把通信任务置于同一处理器上提高局部性这两个策略对提高计算效率都有益,但这两者之间往往会有冲突,这就需要权衡。

负载平衡技术是一种基于域分解技术的算法,它试图将划分阶段产生的细粒度任务组合成每一个处理器一个粗粒度任务。其主要目标是在计算资源之间分配任务以实现负载均衡,以便充分利用可用资源,提高计算性能和效率。负载平衡算法有两大类,一类是静态负载均衡,另一种是动态负载均衡,以下分别介绍。

7.4.1　静态负载均衡算法(Static Load Balancing Algorithm)

静态负载均衡算法在任务分配过程中不会根据实时系统状态进行动态调整,而是提前计划好任务的分配。

(1)轮询法　轮询法是静态负载均衡算法中最简单高效的算法,其核心思想就是将请求序列顺序地分配到每个节点上,而不必了解当前系统的负载情况。所以,缺点很明显,没有充分考虑机器的性能,这就导致性能好的机器常常处于空闲状态,而性能差的机器又常常满负载运行,因此轮询法的实用性很差。

(2)随机法　随机法顾名思义就是利用随机分配的思想,由概率论可知,任务次数越多,实际应用效果是接近平均分配的,也就类似于轮询法。因此缺点和轮询法一样,没有考虑机器的性能。

(3)源地址哈希法　哈希函数我们并不陌生,在计算机数据查找上有丰富的应用。源地址哈希法和我们之前学的哈希函数类似,只不过数据源是 IP 地址,IP 地址用哈希函数映射一个数值,然后通过这个数值来查找一个服务器节点序号。这样可以保证同一个 IP 地址用户每次都会访问同一台服务器。所以,相应的优点就是同一个用户保证访问同一台服务器,而缺点就是如果某个节点出现故障,会导致这个节点上的客户端无法使用,无法保证高可用。当某一用户成为热点用户,那么会有巨大的流量涌向这个节点,导致冷热分布不均衡,无法有效利用起集群的性能。所以当热点事件出现时,一般会将源地址哈希法切换成轮询法。

(4)键值范围法　键值范围法和固定分配法类似,都是将某一区间内的用户分配到固定的服务器,比如 0～999 的用户分配到第一台服务器,而 1 000～1 999 的用户分配到第二台服务器,依此类推。其优点就是分配简单,容易水平拓展,增加节点的同时还能保证不影响数据。缺点也很明显,就是新用户活跃度一般比较高,导致新服务器可能长时间处于高负荷运转状态,而旧服务器却很空闲。

(5)加权轮询法　前文提到了处理机的性能有可能是不一样的,如果我们可以给那些性能高的处理机分配更多的任务,同时减少那些性能差的处理机,整体运行效率是不是会更高呢?答案是肯定的,加权轮询法就是解决这个问题的答案。

应用加权轮询法需要一个有关服务器的序列,这个序列中会包含 N 个服务器,这个 N 的意思是所有服务器的权重之和。比如现在有一个序列是{b,b,b,b,b,b,a,c},这意味着前 6 个请求都会分配给服务器 b,这有可能导致服务器 b 陷入忙等状态,从而降低效率,所以我们要尽可能均匀分配。相对合理的序列是{b,b,a,b,b,c,b,b}。

加权轮询法的优点显而易见,充分考虑处理器的性能,实现了最优化分配。其缺点就是在实际应用中,我们面临的处理序列是很复杂的,很难估计服务器相应的抗压能力,只能进行模糊处理。

7.4.2　动态负载均衡算法（Dynamic Load Balancing Algorithm）

动态负载均衡算法最显著的特点就是可以在处理过程中根据处理器负载情况进行动态分配,而不是在处理之前就规定好相应的顺序。

（1）最小连接数法　最小连接数法是在处理过程中,选取负载最小的服务器来处理当前的请求,以达到提升效率的目的。也就是每次选择最轻松的服务器,以便加速处理当前请求。最小连接数法的优点是可以动态调节处理器状态,缺点是太复杂了,并且如果发生中断,就需要重新分配处理器。

（2）最快响应速度法　最小连接数法是根据负载情况来分配服务器,那么最快响应速度法则是根据服务器性能来动态分配请求。最快响应速度法是在每次处理请求的时候,选择响应速度最快,性能最好的服务器来处理当前请求。正如俗话所说,能力越大,责任越大。其优点是速度更快,更加灵敏;缺点就是更加复杂了,且每次分配的时候还需要计算响应速度。

1. PCAM 设计方法学指的是什么？
2. 试述两类划分方法域分解和功能分解的异同。
3. 数据通信的模式有哪些？如何减少通信消耗？
4. 组合方式是否合理,需要考虑哪些判据？
5. 比较静态负载均衡算法和动态负载均衡算法。

第8章 基本通信操作

上一章已经谈到通信的次数、通信消耗对并行算法的效率至关重要,本章专门介绍基本通信操作,以期展示通信的工作原理,为并行算法的进一步优化提供理论支撑。

首先介绍通信的一些基本概念。

选路,也被称为路由选择或路由。创建消息从源头到目的地的路径,要求低通信延迟、无拥堵情况和良好的容错,在网络或并行计算机上交换消息时使用。选路算法有3种机制,一是算术机制,在交换机中进行简单的算术运算;二是基于源地址机制,沿路每个交换机的输出端口地址 P_0、P_1、…、P_n 被打包到起点的包头,每个交换机只从包头中删除输出端口地址;三是基于表查询机制,交换机中存在一个路由表,为包头中的路由字段查询输出端口地址。

消息、信包、片。一个同步数据和信息包,在几个计算机系统的处理节点之间传输。它是一个逻辑单元,可以由任何数量的数据包组成。数据包的长度取决于协议,它是信息传输的最小单位,从 64 b 到 512 b。信包传输性能参数包括启动时间、节点延迟时间、字传输时间等。消息、信包、片三者之间的相互关系如图 8-1 所示。

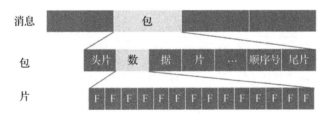

图 8-1 消息、包和片的相互关系

另外,介绍一些术语。

(1)信道宽度 b 信道宽度单位为比特,信号传输速率 $f = 1/t$(t 为时钟周期),$b = wf$。

(2)节点和链接的度 连接到节点和链接的信道数量。

(3)路径 数据包通过网络时的交换和链接顺序。

(4)路径长度或距离 包括在路由路径中的链接数量。

8.1 选路方法

选路时,需要考虑是最短路径还是非最短路径,是确定选路还是自适应选路,尤其是维序选路过程中区分二维网孔和超立方方法。下面介绍几种选路算法。

8.1.1 X-Y 选路算法

如图 8-2 所示,用二维网孔来解释 X-Y 选路算法。

步骤 1:沿 X 方向将数据包送达处理器所在的列;

步骤 2:沿 Y 方向将数据包送达处理器所在的行。

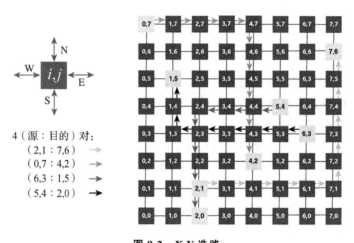

4(源:目的)对:

(2,1:7,6) →
(0,7:4,2) →
(6,3:1,5) →
(5,4:2,0) →

图 8-2 X-Y 选路

8.1.2 E-立方选路算法

如图 8-3 所示,先进行路由计算:

$$\frac{s_{n-1}s_{n-2}\cdots s_1 s_0(原地址)\oplus d_{n-1}d_{n-2}\ldots d_1 d_0(目的地址)}{r_{n-1}r_{n-2}\ldots r_1 r_0(路由值)}$$

其中路由过程为 $s_{n-1}s_{n-2}\cdots s_1 s_0 \rightarrow s_{n-1}s_{n-2}\cdots s_1 s_0 \oplus r_0 \rightarrow s_{n-1}s_{n-2}\cdots s_1 s_0 \oplus r_1$。

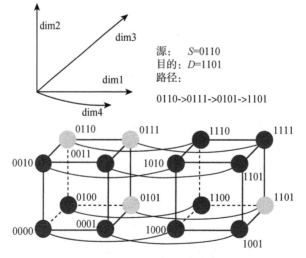

源: S=0110
目的: D=1101
路径:

0110->0111->0101->1101

图 8-3 E-立方选路算法

8.1.3　存储转发选路算法

其核心思想是,当一个数据包到达中继节点 A 时,A 将整个数据包放入其通信缓冲区,然后在路由算法的控制下选择下一个邻居节点 B,当从 A 到 B 的信道空闲且 B 的通信缓冲区可用时,将数据包从 A 发送到 B。

信包的传输时间:

$$t_{comm}(\text{SF}) = t_s + (mt_w + t_h)l = O(ml)$$

存储转发的缺点是缓冲时间长,因为必须对整个信息进行缓冲,而且传输的数据越大,网络延迟就越高。

8.1.4　切通选路算法

端到端路由的基本思想类似于静态分段,即在传输消息之前建立一条物理路径,然后消息沿着该物理路径传输。在整个物理链路被终止之前,消息队列会通过网络。

传输时间:

$$t_{comm}(\text{SF}) = t_s + mt_w + lt_h = O(ml)$$

优点很明显,就是传输时延小,毕竟数据独占一条物理链路。所以相应的缺点就是资源消耗大,传输过程中一直占用通道,不适合通信量巨大的路由。

8.1.5　虫洞选路算法

在今天的互联网中,存储转发机制仍然是主要的路由机制,但这种方法需要一定的路由存储,当数据包在传输过程中到达不完整时,也需要存储,直到其他数据包到达后再转发,所以并发的流量并不高。然而,虫洞路由是一种极具竞争力的路由方法。

虫洞路由的本质类似于电路交换,它首先将信息分成多个片段,并为每个片段提供一个传输通道,允许并行传输,片段头中存储的数据是所有的路由信息,而片段末尾的数据是信息的完成情况,中间的片段是实际数据。

这种方法利用片头直接铺设从输入通道到输出通道的路径。它就像每条消息中的一条虫子,每次都是一点一点地向前爬行。每个片段对应于蠕虫的一个段,蠕虫逐段向前爬行。当消息的最后一部分向前"爬"了一步,它就离开了它所占据的节点。

这种方法每个节点的缓冲器的需求量小,易于实现;具有较低的网络传输延迟,存储转发传输延迟基本上正比于消息在网络中传输的距离;通道共享性好、利用率高且易于实现 Multicast 和 Broadcast。

8.2　单一信包一到一播送

考虑距离为 l 的相应计算。假设现在有 p 个处理器(符号$\lfloor\rfloor$和$\lceil\rceil$分别表示向下和向上取整):

一维环形:$l \leqslant \lfloor p \rfloor$

带环绕 Mesh:$(\sqrt{p} \times \sqrt{p})$:$l \leqslant 2\lfloor \sqrt{p}/2 \rfloor$

超立方：$l \leqslant \log p$

$t_{\text{comm}}(\text{SF})$ 的计算：

一维环形：$t_{\text{comm}}(\text{SF}) = t_s + t_w m \lfloor p/2 \rfloor$

带环绕 Mesh：$t_{\text{comm}}(\text{SF}) = t_s + 2t_w m \lfloor p/2 \rfloor$

超立方：$t_{\text{comm}}(\text{SF}) = t_s + t_w m \log p$

$t_{\text{comm}}(\text{CT})$ 的计算：

$t_{\text{comm}}(\text{SF}) = t_s + t_w m$，如果 $m \gg p$，$t_{\text{comm}}(\text{SF}) \approx t_{\text{comm}}(\text{CT}) = t_s + m t_w$。

8.3　一到多播送

考察单帧(Single Frame,SF)模式和连续帧(Consecutive Frame,CF)模式。每种模式从环、网孔和超立方三方面进行介绍。

8.3.1　SF 模式

1. 环

为了简约方便,我们约定环是双向的,且每个处理器一次只能够发送一条信包,如图 8-4 所示。相应的通信时间：

$$t_{\text{one-to-all}}(\text{SF}) = (t_s + m t_w) \lceil p/2 \rceil$$

2. 环绕网孔

网孔的思想和环类似,首先完成一行中的播送,再同时进行各列中的播送,如图 8-5 所示。相应的通信时间：

$$t_{\text{one-to-all}}(\text{SF}) = 2(t_s + m t_w) \lceil \sqrt{p}/2 \rceil$$

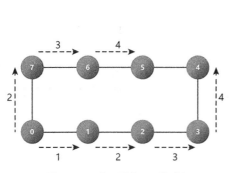

图 8-4　环(一到多 SF 模式)

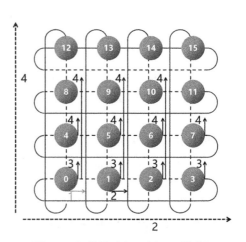

图 8-5　环绕网孔(一到多 SF 模式)

3. 超立方

从低维到高维,依次进行播送,如图 8-6 所示。相应的通信时间：

$$t_{\text{one-to-all}}(\text{SF}) = (t_s + mt_w)\log p$$

8.3.2 CT 模式

1. 环

将超立方上的播送算法直接映射到环上,首先发送信包至 $p/2$ 远的处理器,其次已收到信包的处理器将它发送至 $p/4$ 远的处理器,如图 8-7 所示。相应的通信时间:

$$t_{\text{one-to-all}}(\text{CT}) = \sum_{i=1}^{\log p}\left(t_s + mt_w + \frac{t_h p}{2^i}\right)$$
$$= t_s\log p + mt_w\log p + t_h(p-1)$$
$$\approx (t_s + mt_w)\log p$$

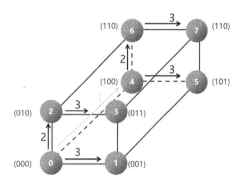

图 8-6 超立方(一到多 SF 模式)

2. 网孔

首先完成一行中 $\sqrt{p}$ 个处理器间的播送,再同时进行各列中 $\sqrt{p}$ 个处理器间的播送,如图 8-8 所示。相应的通行时间:

$$t_{\text{one-to-all}}(\text{CT}) = (t_s + mt_w)\log p + 2t_h(\sqrt{p}-1)$$

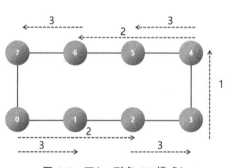

图 8-7 环(一到多 CT 模式)

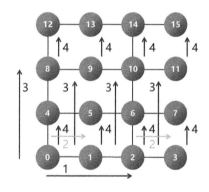

图 8-8 网孔(一到多 CT 模式)

3. 超立方

按照依次从低维到高维播送,d-立方,$d=0,1,2,3,4\cdots$;相应的通信时间:

$$t_{\text{one-to-all}}(\text{CT}) = (t_s + mt_w)\log p$$

8.4 多到多播送

8.4.1 SF 模式

先考察 SF 模式,分为环、环绕网孔和超立方三方面介绍。

1. 环

在 SF 模式下,环可以同时向右(或左)播送刚接收到的信包,如图 8-9 所示。相应的通信时间:

$$t_{\text{all-to-all}}(\text{SF}) = (t_s + mt_w)(p-1)$$

2. 环绕网孔

首先进行行的播送,再进行列的播送,如图 8-10 所示。相应的通信时间为:

$$t_{\text{all-to-all}}(\text{SF}) = (t_s + mt_w)(\sqrt{p}-1) + (t_s + m\sqrt{p} \cdot t_w)(\sqrt{p}-1)$$
$$= 2t_s(\sqrt{p}-1) + mt_w(p-1)$$

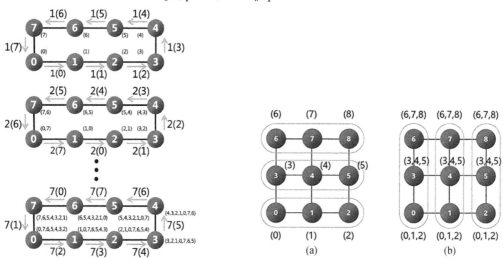

图 8-9 环(多到多 SF 模式)   图 8-10 环绕网孔(多到多 SF 模式)

3. 超立方

依次按维进行多到多的播送,如图 8-11 所示。相应的通信时间为:

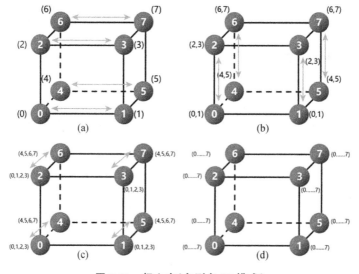

图 8-11 超立方(多到多 SF 模式)

$$t_{\text{all-to-all}}(\text{SF}) = \sum_{i=1}^{\log p} (t_s + 2^{i-1} m t_w) = t_s \log p + m t_w (p-1)$$

8.4.2　CT 模式

CT 模式如图 8-12 所示,使用 CT 进行多到多播送将超立方上的算法映射到环和网孔上可能会造成通道拥挤。相应的通信时间:

$$t_{\text{all-to-all}}(\text{CT}) = t_{\text{all-to-all}}(\text{SF})$$

对于任何并行结构,其多到多播送的通信时间的下界为 $m t_w (p-1)$,每个处理器至少要接收 $m(p-1)$ 个数据字。

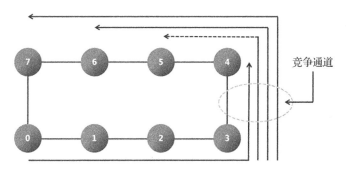

图 8-12　多到多 CT 模式

1. 选路时需要考虑哪些问题?举例说明几种选路方法。
2. 以 SF 模式为例,说明一到多播送和多到多播送的异同。
3. 介绍 CT 模式环、环绕网孔和超立方情况下的通信时间。

第 9 章 稠密矩阵的计算

涉及矩阵和向量的算法适用于各种数值和非数值环境。本章讨论一些用于没有或很少有可用的密集或完整矩阵的关键算法。出于教学原因,我们只处理方阵,但本章中的算法都可以很容易地适应矩形矩阵。

由于它们的规则结构,涉及矩阵和向量的并行计算很容易就可以进行数据分解。根据手头的计算情况,分解可以通过对输入、输出或中间数据进行分区来实现。本章讨论的算法使用了一维和二维的分区、循环和块-循环分区。为了简洁起见,我们以后将一维和二维分区分别称为 1-D 和 2-D 分区。

本章中描述的大多数算法的另一个特点是,它们对每个进程使用一个任务。由于任务与进程的一对一映射,我们通常不显式地引用任务,而是将问题直接分解或划分为进程。

9.1 矩阵的划分

如前所述,我们在并行解决问题时需要承担的一个基本步骤是将要执行的计算分割成一组任务,以便进行由任务依赖图定义的并发执行。在本节中,我们将描述一些常用的用来实现并发性的分解技术。这并不是一个可能的分解技术的详尽集合。此外,一个给定的分解并不总是保证得到一个给定问题的最佳并行算法。尽管存在这些缺点,但本节中描述的分解技术通常为许多问题提供了一个很好的起点,而且这些技术的一个或多个组合可以用来为大量的问题获得有效的分解。

这些技术大致分为递归分解、数据分解、探索性分解和推测性分解。递归分解和数据分解技术是相对通用的技术,因为它们可以用来分解各种各样的问题。另一方面,推测性分解和探索性分解技术更具有特殊用途的性质,因为它们适用于特定类别的问题。

9.1.1 递归分解

递归分解是一种利用分治策略解决问题并发的方法。在这种技术中,首先将一个问题划分为一组独立的子问题来解决。这些子问题中的每一个都可以通过递归将类似的划分应用于较小的子问题,然后组合他们的结果来处理。分治策略导致自然并发,因为不同的子问题可以并发地解决。

例 9.1 快速排序

考虑使用常用的快速排序算法对一个由 n 个元素组成的序列 A 进行排序的问题。快速排序是一个分而治之的算法,首先选择一个主元 x,然后将序列 A 分成两个子序列 A_0 和 A_1,

使 A_0 中的所有元素都小于 x，A_1 中的所有元素都大于或等于 x，形成了算法的划分步骤。每个子序列 A_0 和 A_1 都通过递归调用快速排序进行排序。这些递归调用中的每一个都进一步划分了序列。图 9-1 显示了一个包含 12 个数字的序列。当每个子序列只包含单个元素时，递归将终止。

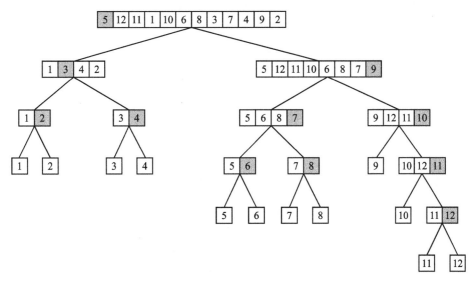

图 9-1　基于递归分解的快速排序任务依赖图

在图 9-1 中，我们将一个任务定义为划分给定子序列的工作。最初，只有一个序列（即树的根），并且只能使用一个进程来划分它。根任务的完成会产生两个子序列（A_0 和 A_1，对应于树的第一级的两个节点），每个节点都可以并行划分。类似地，随着向下移动，并发性会继续增加。

有时，即使常用的问题算法不是基于分治策略，也可能进行重组计算使其适合于递归分解。例如，考虑在一个由 n 个元素组成的无序序列 A 中寻找最小元素的问题。解决这个问题所使用的串行算法是扫描整个序列 A，每一步都记录迄今为止找到的最小元素如算法 9.1 所示。很容易看出，这个串行算法并没有展示出并发性。

算法 9.1　在长度为 n 的数组 A 中寻找最小值的串行程序

```
procedure SERIAL_MIN(A,n)
    min = A[0]
    for i = 1 to n-1 do
        if(A[i] < min) then
            min = A[i]
        endif
    endfor
    return min
end procedure SERIAL_MIN
```

一旦我们将此计算重构为分治的算法，我们就可以使用递归分解来提取并发性。算法

9.2是一种寻找数组中最小元素的分而治之的算法。在该算法中,我们将序列 A 分成两个子序列,每个子序列的大小为 $n/2$,并通过执行递归调用找到每个子序列的最小值。现在,通过选择这两个子序列中的最小值来找到总体最小元素。当每个子序列中只剩下一个元素时,递归就会终止。以这种方式重新构造串行计算后,很容易为这个问题构造一个任务依赖图。图 9-2 展示了这样一个寻找 8 个数字最小值的任务依赖图,其中每个任务都被分配了寻找两个数字最小值的工作。

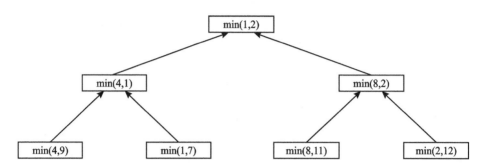

图 9-2　用于查找序列{4、9、1、7、8、11、2、12}中的最小数的任务依赖性图
树中的每个节点都表示寻找一对数字中的最小值的任务

算法 9.2　在长度为 n 的数组 A 中寻找最小值的递归程序

```
procedure RECURSIVE_MIN(A,n)
    if(n = 1) then
        min = A[0]
    else
        lmin = RECURSIVE_MIN(A,n/2)
        rmin = RECURSIVE_MIN(A(n/2 + 1:n),n - n/2)
        if(lmin<rmin) then
            min = lmin
        else
            min = rmin
        endif
    endif
    return min
end procedure RECURSIVE_MIN
```

9.1.2　数据分解

数据分解是一种强大而常用的方法,用于在操作大型数据结构的算法中得出并发性。该方法对计算结果的分解分两步进行:第一步,对执行计算的数据进行分区;第二步,该数据分区用于诱导将计算划分为多个任务,这些任务在不同数据分区上执行的操作通常是相似的(例如,例 9.2 中引入的矩阵乘法),或者从一个小组操作中选择执行。

数据的分区可以通过许多可能的方式进行,接下来会讨论。一般来说,我们必须探索和评估所有可能的数据分区方式,并确定哪一种方法能产生自然和有效的计算分解。

划分输出数据:在许多计算中,输出的每个元素都可以作为输入的函数独立于其他元素进行计算。在这样的计算中,输出数据的分区自动导致问题分解为任务,其中每个任务被分配到计算部分输出的工作。我们在例 9.2 中引入矩阵乘法问题来说明基于分区输出数据的分解。

例 9.2 矩阵乘法

考虑将两个 $n \times n$ 大小的矩阵 A 和 B 相乘,得到一个矩阵 C 的问题。图 9-3 显示了将这个问题分解为 4 个任务。每个矩阵都被认为是由 4 个块或子矩阵组成的,这些子矩阵通过将矩阵的每个维数分解成一半来定义。C 的 4 个子矩阵,每个子矩阵的大小约为 $(n/2) \times (n/2)$,然后由 4 个任务独立计算,作为 A 和 B 的子矩阵的适当乘积的和。

大多数矩阵算法,包括矩阵向量和矩阵矩阵乘法,都可以用块矩阵运算来表示。在这样的公式中,矩阵被视为由块或子矩阵组成,其元素上的标量算术运算被块上的等效矩阵运算所取代。元素的结果和算法的块版本在数学上是等价的。矩阵算法的块版本经常被用于帮助分解。

图 9-3 所示的分解是基于将输出矩阵 C 划分为 4 个子矩阵,4 个任务每个计算其中的 1 个子矩阵。读者必须注意到,数据分解不同于将计算分解为任务。虽然两者通常是相关的,前者往往有助于后者,但给定的数据结构不会导致所对应任务中唯一的分解。例如,图 9-4 显示了另两个矩阵乘法的分解,各分解为 8 个任务,对应于图 9-3(a) 中使用的相同的数据分解。

$$\begin{pmatrix} A_{1,1} & A_{1,2} \\ A_{2,1} & A_{2,2} \end{pmatrix} \cdot \begin{pmatrix} B_{1,1} & B_{1,2} \\ B_{2,1} & B_{2,2} \end{pmatrix} \longrightarrow \begin{pmatrix} C_{1,1} & C_{1,2} \\ C_{2,1} & C_{2,2} \end{pmatrix}$$

(a) 将输入矩阵和输出矩阵划分为 2 * 2 个子矩阵

$$\text{任务 } 1: C_{1,1} = A_{1,1} B_{1,1} + A_{1,2} B_{2,1}$$
$$\text{任务 } 2: C_{1,2} = A_{1,1} B_{1,2} + A_{1,2} B_{2,2}$$
$$\text{任务 } 3: C_{2,1} = A_{2,1} B_{1,1} + A_{2,2} B_{2,1}$$
$$\text{任务 } 4: C_{2,2} = A_{2,1} B_{1,2} + A_{2,2} B_{2,2}$$

(b) 基于(a)中矩阵的划分,将矩阵乘法分解为 4 个任务

图 9-3 矩阵乘法分解

分解 1	分解 2
任务 1:$C_{1,1} = A_{1,1} B_{1,1}$	任务 1:$C_{1,1} = A_{1,1} B_{1,1}$
任务 2:$C_{1,1} = C_{1,1} + A_{1,2} B_{2,1}$	任务 2:$C_{1,1} = C_{1,1} + A_{1,2} B_{2,1}$
任务 3:$C_{1,2} = A_{1,1} B_{1,2}$	任务 3:$C_{1,2} = A_{1,2} B_{2,2}$
任务 4:$C_{1,2} = C_{1,2} + A_{1,2} B_{2,2}$	任务 4:$C_{1,2} = C_{1,2} + A_{1,1} B_{1,2}$
任务 5:$C_{2,1} = A_{2,1} B_{1,1}$	任务 5:$C_{2,1} = A_{2,2} B_{2,1}$
任务 6:$C_{2,1} = C_{2,1} + A_{2,2} B_{2,1}$	任务 6:$C_{2,1} = C_{2,1} + A_{2,1} B_{1,1}$
任务 7:$C_{2,2} = A_{2,1} B_{1,2}$	任务 7:$C_{2,2} = A_{2,1} B_{1,2}$
任务 8:$C_{2,2} = C_{2,2} + A_{2,2} B_{2,2}$	任务 8:$C_{2,2} = C_{2,2} + A_{2,2} B_{2,2}$

图 9-4 将矩阵乘法分解为 8 个任务的两个例子

现在，我们将介绍另一个例子来说明基于数据分区的分解。例 9.3 描述了对业务数据库中一组项集的频率的计算问题，该项集可以根据输出数据的划分进行分解。

例 9.3 计算业务数据库中的项集的频率

考虑计算业务数据库中一组项目集的频率的问题。在这个问题中，给定一个包含 n 个业务的集合 T 和一个包含 m 个项目集的集合 I。每个业务和项目集包含少量项目，在可能的项目集中。例如，T 可以是杂货店的客户销售数据库，每笔交易都是购物者的个人杂货清单，每个项目集可以是商店中的一组商品。如果商店想知道有多少顾客购买了每个指定的商品组，那么它需要找到 I 中的每个商品集在所有交易中出现的次数，即每个项目集是其子集的事务数。图 9-5(a) 显示了这种计算类型的示例。图 9-5 所示的数据库由 10 个业务组成，我们有兴趣计算第二列中显示的 8 个项目集的频率。数据库中这些项目集的实际频率，即频率计算程序的输出，显示在第三列中。例如，项目集 $\{D, K\}$ 出现两次，一次在第二个业务，一次在第九个业务中。

（a）业务（输入），项目集（输入），以及频率（输出）

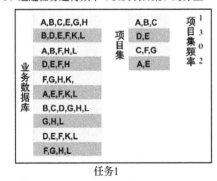

（b）通过任务进行频率（以及项目集）的分区

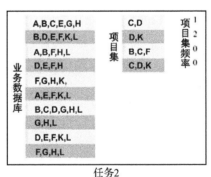

任务1　　　　　　　　　　　任务2

图 9-5　计算业务数据库中的项目集频率

图 9-5(b) 显示了如何通过将输出分成两部分并让每个任务计算其一半的频率来将项目集的频率计算分解为两个任务。注意，在这个过程中，输入的项目集也被划分了，但是图 9-5(b) 分解的主要动机是让每个任务独立计算分配给它的频率子集。

分区输入数据：只有当每个输出都可以作为输入的函数自然地计算出来时，才能执行对输出数据的分区。在许多算法中，对输出数据进行分区是不可能或不可取的。例如，在寻找一组数字的最小值、最大值或总和时，输出是单个未知值。在排序算法中，不能单独地有效地确定输出中的单个元素。在这种情况下,有时可以对输入数据进行分区,然后使用此分区来诱导并发性。为输入数据的每个分区创建一个任务,并且该任务使用这些本地数据执行尽可能多的计算。请注意,由输入分区引起的任务的解决方案可能不能直接解决原始问题。在这种情况下,需要进行后续计算来合并结果。例如,当使用 p 个过程($N>p$)来寻找 N 个数字序列的和时,我们可以将输入划分为几乎相同大小的 p 个子集。然后,每个任务计算其中一个子集中的数字之和。最后,将部分结果相加得到最终结果。

在例 9.3 中描述的业务数据库中计算一组项集的频率的问题也可以基于输入数据的划分进行分解。图 9-6(a)显示了基于业务输入集分区的分解。这两个任务中的每一个都计算其各自业务子集中所有项集的频率。这两组频率是两个任务的独立输出,代表中间结果。通过成对相加结合中间结果,得到最终结果。

（a）在任务之间划分业务

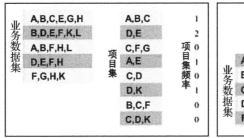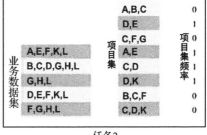

（b）在任务之间划分业务以及频率

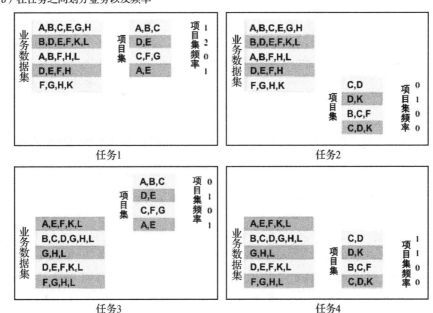

图 9-6　计算业务数据库中的项目集频率的一些分解

在某些情况下,可以对输出数据进行分区,对输入数据的分区可以提供额外的并发性。例如,考虑图 9-6(b)所示的 4 路分解对项集频率的计算。在这里,业务集和频率都被分为两部分,4 种可能的组合中的另一种被分配给 4 个任务中的每一个。然后,每个任务都会计算出一组局部的频率。最后,将任务 1 和任务 3 的输出加在一起,将任务 2 和任务 4 的输出也加在一起。

算法通常被构造为多阶段计算,这样一个阶段的输出就是后续阶段的输入。这种算法的分解可以通过划分算法中间阶段的输入或输出数据来导出。对中间数据进行分区有时会导致比对输入或输出数据进行分区更高的并发性。通常,在解决问题的串行算法中不会显式生成中间数据,并且可能需要对原始算法进行一些重组以使用中间数据分区来诱导分解。

让我们重新讨论矩阵乘法来说明基于中间数据分区的分解。回想一下,由输出矩阵 C 的 2×2 分区引起的分解,如图 9-3 和图 9-4 所示,最大并发度为 4。我们可以通过引入一个中间阶段来增加并发度,其中 8 个任务计算它们相应的乘积子矩阵并将结果存储在一个临时的三维矩阵 D 中,如图 9-7 所示。子矩阵 $D_{k,i,j}$ 是 $A_{i,k}$ 和 $B_{k,j}$ 的乘积。

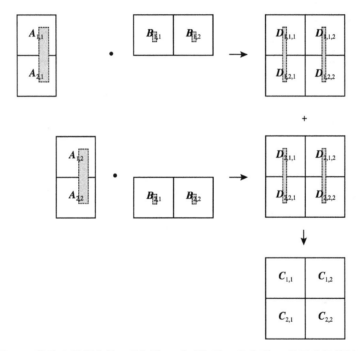

图 9-7 借助中间划分的三维矩阵 D 实现矩阵 A 和矩阵 B 的乘法运算过程

中间矩阵 D 的划分导致其分解为 8 个任务。图 9-8 显示了这种分解。在乘法阶段之后,一个相对简便的矩阵加法步骤可以计算出结果矩阵 C。将具有相同的第二维和第三维 i 和 j 的所有子矩阵 $D_{*,i,j}$ 相加,得到 $C_{i,j}$。图 9-8 中编号为 1 到 8 的 8 个任务执行花费 $O(n^3/8)$ 时间,分别将 A 和 B 的 $n/2 \times n/2$ 子矩阵相乘,然后,4 个编号为 9 到 12 的任务分别花费 $O(n^2/4)$ 时间来添加中间矩阵 D 的适合于 $n/2 \times n/2$ 大小的子矩阵,从而得到最终的结果矩阵 C。图 9-9 显示了与图 9-8 所示的分解相对应的任务依赖图。

第一阶段

$$\begin{pmatrix} A_{1,1} & A_{1,2} \\ A_{2,1} & A_{2,2} \end{pmatrix} \cdot \begin{pmatrix} B_{1,1} & B_{1,2} \\ B_{2,1} & B_{2,2} \end{pmatrix} \longrightarrow \begin{pmatrix} \begin{pmatrix} D_{1,1,1} & D_{1,1,2} \\ D_{1,2,2} & D_{1,2,2} \end{pmatrix} \\ \begin{pmatrix} D_{2,1,1} & D_{2,1,2} \\ D_{2,2,2} & D_{2,2,2} \end{pmatrix} \end{pmatrix}$$

第二阶段

$$\begin{pmatrix} D_{1,1,1} & D_{1,1,2} \\ D_{1,2,2} & D_{1,2,2} \end{pmatrix} + \begin{pmatrix} D_{2,1,1} & D_{2,1,2} \\ D_{2,2,2} & D_{2,2,2} \end{pmatrix} \longrightarrow \begin{pmatrix} C_{1,1} & C_{1,2} \\ C_{2,1} & C_{2,2} \end{pmatrix}$$

由 D 的划分引起的分解

任务 $1: D_{1,1,1} = A_{1,1} B_{1,1}$

任务 $2: D_{2,1,1} = A_{1,2} B_{2,1}$

任务 $3: D_{1,1,2} = A_{1,1} B_{1,2}$

任务 $4: D_{2,1,1} = A_{1,2} B_{2,2}$

任务 $5: D_{1,2,1} = A_{2,1} B_{1,1}$

任务 $6: D_{2,2,1} = A_{2,2} B_{2,1}$

任务 $7: D_{1,2,2} = A_{2,1} B_{1,2}$

任务 $8: D_{2,2,2} = A_{2,2} B_{2,2}$

任务 $9: C_{1,1} = D_{1,1,1} + D_{2,1,1}$

任务 $10: C_{1,2} = D_{1,1,2} + D_{2,1,2}$

任务 $11: C_{2,1} = D_{1,2,1} + D_{2,2,1}$

任务 $12: C_{2,2} = D_{1,2,2} + D_{2,2,2}$

图 9-8　一种基于中间三维矩阵划分的矩阵乘法分解

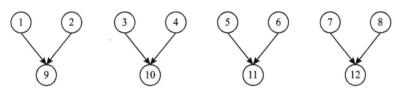

图 9-9　分解的任务依赖图

　　如图 9-8 所示，D 的所有元素都是在图 9-4 中所示的原始分解中隐式计算的，但没有显式存储。通过重组原始算法和显式存储 D，我们已经能够设计出一个具有更高并发性的分解。然而，这是以额外的总内存使用为代价实现的。

　　基于分区输出或输入数据的分解也被广泛地称为所有者计算规则。这个规则背后的思想是，每个分区执行涉及它所拥有数据的所有计算。根据数据的性质或数据分区的类型，所有者计算规则可能意味着不同的含义。例如，当我们将输入数据的分区分配给任务时，那么所有者计算规则意味着任务执行可以使用这些数据完成的所有计算。另一方面，如果对输出数据进行分区，那么所有者计算规则意味着一个任务计算分配给它的分区中的所有数据。

9.1.3　探索性分解

　　探索性分解用于分解问题，其基础计算对应于搜索空间的解。在探索性分解中，我们将搜索空间划分为更小的部分,并同时搜索这些部分,直到找到所需的解。对于作为一个探索性分解的例子,可分析 15 块拼图问题。

例 9.4 15 块拼图问题

15 块拼图由编号为 1 到 15 的 15 块瓷砖和 1 块放置在 4×4 网格中的空白瓷砖组成。可以将瓷砖从与其相邻的位置移动到空白位置,从而在瓷砖的原始位置创建空白。根据网格的配置,最多可以进行 4 次移动:上、下、左和右。指定了瓷砖的初始和最终配置。目标是确定将初始配置转换为最终配置的任何序列或最短移动序列。图 9-10 显示了示例初始和最终配置以及从初始配置到最终配置的移动顺序。

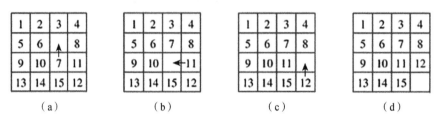

(a)   (b)   (c)   (d)

图 9-10 一个包含 15 块拼图的问题实例

a 为初始配置,d 为最终配置,b 和 c 为从初始配置到最终配置的一系列移动。

15 块拼图谜题通常使用树形搜索技术来解决。从初始配置开始,将生成所有可能的后继配置。一个配置可以有 2 个、3 个或 4 个可能的后继配置,每个配置对应于其邻居之一对空槽的占用。查找从初始配置到最终配置的路径的任务现在转化为寻找从这些新生成的配置之一到最终配置的路径。由于这些新生成的配置之一必须一步一步更接近解决方案(如果存在解决方案),因此我们在找到解决方案方面取得了一些进展。由树状搜索生成的配置空间通常被称为状态空间图。图的每个节点都是一个配置,图的每条边都连接着可以通过瓷砖的一次移动到达的配置。

并行解决这个问题的一种方法如下。首先,从初始配置开始连续生成少量的配置,直到搜索树有足够数量的叶节点(即 15 块拼图的配置)。现在,每个节点被分配给一个任务来进一步探索,直到至少其中一个找到解决方案。一旦其中一个并发任务找到了一个解决方案,它就可以通知其他任务终止其搜索。图 9-11 说明了一个这样的分解:4 个任务,其中任务 4 找到了解决方案。

请注意,尽管探索性分解可能看起来类似于数据分解(搜索空间可以被认为是被分区的数据),但它们的分解方式有根本不同。由数据分解引起的任务被完整地执行,每个任务都对问题的解决进行有用的计算。另一方面,在探索性分解中,一旦找到总体解决方案,未完成的任务就可以终止。因此,通过并行方式搜索的空间部分(以及执行的工作总量)可能与通过串行算法搜索的部分非常不同。并行方式所做的工作可以小于或大于串行算法所做的工作。例如,考虑一个搜索空间,它已经被划分为 4 个并发任务,如图 9-12 所示。如果该解正好位于任务 3 对应的搜索空间的开始位置[图 9-12(a)],那么它可立即通过并行方式找到。串行算法只有在执行相当于搜索任务 1 和任务 2 对应的整个空间的工作后才能找到解决方案。另一方面,如果解决方案位于任务 1 对应的搜索空间的末端[图 9-12(b)],那么并行方式将执行几乎是串行算法的 4 倍,并且不会产生加速。

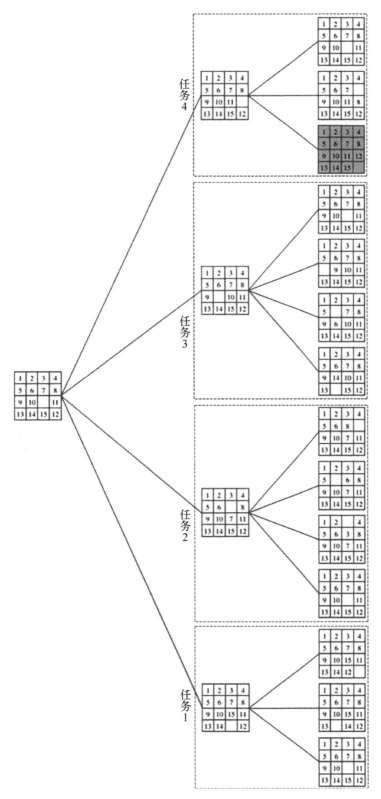

图 9-11 由 15 块拼图谜题问题的一个实例所产生的状态

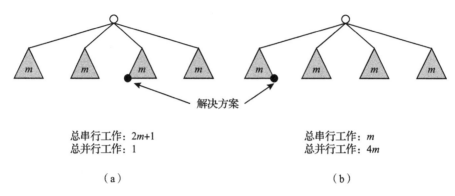

总串行工作: $2m+1$　　　　　　　　　　　总串行工作: m
总并行工作: 1　　　　　　　　　　　　总并行工作: $4m$

（a）　　　　　　　　　　　　　　　　　（b）

图 9-12　由探索性分解导致的异常加速的说明

9.1.4　推测性分解

当程序取决于它之前的其他计算的输出从而可能采用许多可能的计算重要分支之一时，则使用推测性分解。在这种情况下，当一个任务正在执行其输出用于决定下一个计算的计算时，其他任务可以同时开始下一个阶段的计算。在输入进入下一阶段之前，此时类似于并行评估 C 语言中开关语句解决一个或多个分支任务的情况。在解决开关问题的计算时，当一个任务正在执行时，其他任务可以并行处理开关的多个分支。当最终计算出开关的输入时，与正确分支相对应的计算将被使用，而与其他分支相对应的计算将被丢弃。并行运行时间小于串行运行时间，原因是评估下一任务依赖的条件所需的时间被用于并行执行下一阶段的有用计算。不过，开关的这种并行表述方式不可避免某些计算的浪费。为了最小化浪费的计算，可以使用稍微不同的推测分解公式，特别是在转换的结果之一比其他结果更有可能的情况下。在这种情况下，只有最有希望的分支才会与前面的计算并行执行任务。如果切换的结果与预期不同，则计算回滚并采用正确的切换分支。

如果存在多个推测阶段，则推测性分解导致的加速可以加起来。推测性分解的应用示例是离散事件模拟。离散事件模拟的详细描述超出了本章的范围，但是我们可以对问题进行简化描述。

例 9.5　并行离散事件模拟

考虑一个用网络或有向图表示的系统的模拟。该网络的节点代表组件。每个组件都有一个作业的输入缓冲区。每个组件或节点的初始状态都是空闲状态。一个空闲的组件从它的输入队列中挑选一个作业，如果有的话，在有限的时间内处理该作业，并将它放在通过输出边界连接到它的组件的输入缓冲区中。如果其输出邻居之一的输入缓冲区已满，则组件必须等待，直到该邻居拾起一个作业以在缓冲区中创建空间。输入作业类型的数量是有限的。组件的输出（以及与其连接的组件的输入）和处理作业所需的时间是输入作业的函数。问题是针对给定序列或一组输入作业序列模拟网络的功能，并计算总完成时间和可能的系统行为的其他方面。图 9-13 显示了一个用于离散事件求解问题的简单网络。

在例 9.5 中描述的在网络上模拟输入作业序列的问题本质上是有顺序的，因为一个典型组件的输入是另一个组件的输出。然而，我们可以定义开始模拟网络的一个子部分的推测性任务，每个任务都假设是该阶段的几个可能的输入之一。当某一阶段的实际输入可用时（由于

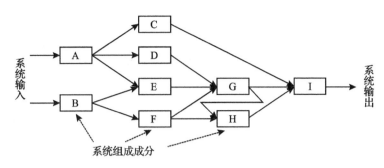

图 9-13　一个简单的离散事件模拟网络

完成另一个选择器任务),如果推测是正确的,模拟此输入所需的全部或部分工作将已经完成,或者如果推测是不正确的,则使用最近正确的输入重新启动此阶段的模拟。

　　推测性分解与探索性分解的不同之处如下。推测性分解,一个分支导致多个并行任务的输入是未知的,而在探索性分解中,来自一个分支的多个任务的输出是未知的。在推测性分解中,串行算法将在推测阶段严格执行其中一个任务,因为当它到达该阶段的起点,它确切地知道要采取哪个分支。因此,通过抢先计算多种可能性,其中只有一个实现,采用推测性分解的并行程序比串行程序执行更多的聚合工作。即使只是推测性地探索了一种可能性,并行算法也可以执行比串行算法更多或相同数量的工作。另一方面,在探索性分解中,串行算法可能会一个接一个地探索不同的备选方案,因为事先不知道可能导致解的分支。因此,与串行算法相比,并行程序可能执行更多、更少或相同数量的聚合工作,具体取决于解决方案在搜索空间中的位置。

9.1.5　混合分解

　　到目前为止,我们已经讨论了一些分解方法,可以用来推导许多算法的并行方式。这些分解技术并不是排他性的,通常可以组合在一起。通常,一个计算被构造为多个阶段,有时需要在不同的阶段应用不同类型的分解。例如,在寻找 n 个数集合的最小值时,纯递归分解可能导致比可用进程数 p 更多的任务。有效的分解将输入划分为大致相等的部分,并让每个任务计算分配给它的序列的最小值。通过使用图 9-14 所示的递归分解,得到中间结果的最小值,可以得到最终的结果。

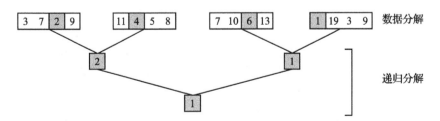

图 9-14　混合分解,使用 4 个任务来寻找大小为 16 的数组的最小值

　　作为混合分解应用的另一个示例,请考虑并行执行快速排序。在例 9.1 中,我们使用递归分解来推导出快速排序的并发公式。这个公式导致了排序大小为 n 的序列问题的 $O(n)$ 任务。但是由于这些任务之间的依赖性和任务大小的不均匀,有效的并发性相当有限。例如,将

输入列表分成两部分的第一个任务需要 $O(n)$ 时间,这为通过并行化实现的性能增益设定了一个上限。但是,在并行快速排序中由任务执行的分解列表的步骤也可以使用输入分解技术进行分解,结合递归分解和输入数据分解,所得到的混合分解是一个高度并行的快速排序公式。

9.2 矩阵与向量乘法

本节讨论一个密集的 $n \times n$ 大小矩阵 A 与一个 $n \times 1$ 大小向量 x 相乘以得到 $n \times 1$ 大小结果向量 y 的问题。算法 9.3 给出了针对这个问题的一个串行算法。顺序算法需要 n^2 次乘法和加法。假设一个乘法对和一个加法对需要单位时间,则顺序运行时间为:

$$W = n^2$$

至少有 3 种不同的矩阵向量乘法并行方式是可能的,这取决于是使用行一维、列一维还是二维划分。

算法 9.3 一种将 $n \times n$ 大小矩阵 A 与 $n \times 1$ 大小向量 x 相乘得到 $n \times 1$ 大小乘积向量 y 的串行算法。

```
procedure MAT_VECT(A,x,y,n)
    for i = 0 to n - 1 do
        y[i] = 0
        for j = 0 to n - 1 do
            y[i] = y[i] + A[i,j] * x[j]
        end for
    end for
end procedure MAT_VECT
```

9.2.1 一维分区

下面详细介绍使用逐行块一维分区的矩阵向量乘法的并行算法。列状块一维分区的并行算法是类似的,并且对于并行运行时也有类似的表达式。图 9-15 描述了使用块一维分区的矩阵向量乘法数据的分布和移动。

1. 每个进程一行

考虑 $n \times n$ 大小矩阵在 n 个进程之间划分的情况,使每个进程存储矩阵的一个完整行。$n \times 1$ 向量 x 的分布使得每个进程都拥有它的一个元素。逐行分组一维分区的矩阵和向量的初始分布如图 9-15(a)所示。进程 P_i 最初拥有 $x[i], A[i,0], A[i,1], \cdots, A[i,n-1]$,负责计算 $y[i]$。向量 x 乘以矩阵的每一行(算法 9.3),因此,每个进程都需要整个向量。由于每个进程只从 x 的一个元素开始,所以需要一个多交互广播才能将所有元素分发到所有进程。图 9.15(b)说明了这个通信步骤。向量 x 在进程之间分布后[图 9-15(c)],进程 P_i 计算 $y[i] = \sum_{j=0}^{n-1} (A[i,j] \times x[j])$(算法 9.3 中的第 6 行和第 7 行)。如图 9-15(d)所示,结果向量 y 的存储方式与起始向量 x 的存储方式完全相同。

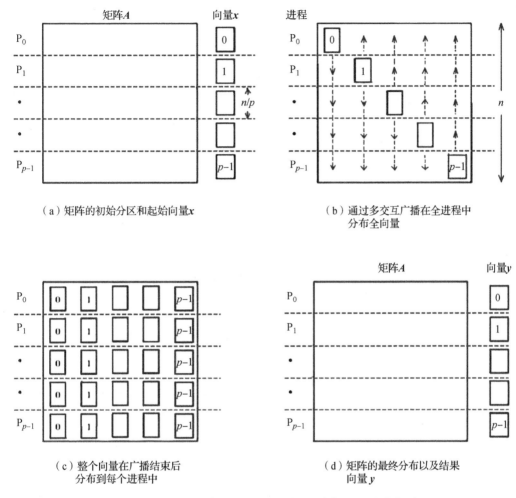

（a）矩阵的初始分区和起始向量**x**　　　　　　（b）通过多交互广播在全进程中
　　　　　　　　　　　　　　　　　　　　　　　　　　　分布全向量

（c）整个向量在广播结束后　　　　　　　　　　（d）矩阵的最终分布以及结果
　　　分布到每个进程中　　　　　　　　　　　　　　向量**y**

图 9-15　使用逐行块 1-D 分区将 $n \times n$ 矩阵与 $n \times 1$ 向量相乘

（对于每进程一行的情况，$p = n$）

并行运行时间：从每个进程一个向量元素开始，n 个进程中向量元素的多交互广播在任何体系结构上都需要时间 $\Theta(n)$。在时间 $\Theta(n)$ 中，每个进程也会执行一行 **A** 与 **x** 的乘法。因此，整个过程由时间 $\Theta(n)$ 中的 n 个过程完成，得到 $\Theta(n^2)$ 的过程时间乘积。并行算法是代价最优的，因为串行算法的复杂度为 $\Theta(n^2)$。

2. 使用少于 n 个进程

考虑使用 p 个进程的情况，使 $p < n$，并且矩阵通过使用块一维划分在进程之间进行划分。每个进程最初存储 n/p 矩阵的完整行和大小为 n/p 的向量的一部分。由于向量 **x** 必须与矩阵中的每一行相乘，因此每个进程都需要整个向量（即属于单独进程的所有部分）。这也需要一个多交互广播，如图 9-15（b）和图 9-15（c）所示多交互广播发生在 p 个进程之间，涉及大小为 n/p 的消息。在这个通信步骤之后，每个进程将其 n/p 行与向量 **x** 相乘，以产生结果向量的 n/p 元素。图 9-15（d）显示，结果向量 **y** 与起始向量 **x** 的分布格式相同。

p 个进程中大小为 n/p 的消息的多交互广播需要时间 $t_s \log p + t_w (n/p)(p-1)$。对于

大 p，这可以用 $t_s \log p + t_w n$ 来近似。通信结束后，每个进程花费的时间为 n^2/p，将它的 n/p 行乘以向量。因此，该过程的并行运行时间为：

$$T_p = \frac{n^2}{p} + t_s \log p + t_w n \tag{9.1}$$

这个并行方式的过程时间乘积是 $n^2 + t_s p \log p + t_w n p$。该算法对于 $p = O(n)$ 是成本最优的。

可扩展性分析：我们现在通过一次考虑一个开销函数的项，按照分析线推导出矩阵向量乘法的等效率函数。考虑由式 9.2 给出的超立方体体系结构的并行运行时间。与 $T_o = pT_p - W$ 的关系给出了在具有块一维分区的超立方体上矩阵向量乘法的开销函数的以下表达式：

$$T_o = t_s p \log p + t_w n p \tag{9.2}$$

决定并行算法的等效率函数的中心关系是 $W = KT_o$，其中 $K = E/(1-E)$，E 是期望的效率。重写矩阵向量乘法的这个关系，首先只有 T_o 的 t_s 项：

$$W = Kt_s p \log p \tag{9.3}$$

上式给出了关于消息启动时间的等效率项。同样地，对于开销函数的 t_w 项：

$$W = Kt_w n p \tag{9.4}$$

由于 $W = n^2$，我们推导出了 W 的一个用 p、K 和 t_w 表示的表达式（即由 t_w 引起的等效率函数）如下：

$$\begin{aligned} n^2 &= Kt_w n p, \\ n &= Kt_w p, \\ n^2 &= K^2 t_w^2 p^2, \\ W &= K^2 t_w^2 p^2 \end{aligned} \tag{9.5}$$

现在考虑一下这个并行算法的并发程度。利用一维划分，最大的 n 个过程可以用来将 $n \times n$ 个矩阵与 $n \times 1$ 个向量相乘。换句话说，p 是 $O(n)$，它产生以下条件：

$$\begin{aligned} n &= \Omega(p), \\ n^2 &= \Omega(p^2), \\ W &= \Omega(p^2) \end{aligned} \tag{9.6}$$

通过比较式 9.4、式 9.5 和式 9.6，可以确定整体渐近等效率函数。在这三者中，式 9.5 和式 9.6 给出了最高的渐近率，在该渐近率下，问题规模必须随着进程数量的增加而增加，以保持固定的效率。$\Theta(p^2)$ 的这个比率是具有一维分区的并行矩阵向量乘法算法的渐近等效率函数。

9.2.2　二维分区

下面讨论在进程之间划分情况下（使用块二维分区）的并行矩阵与向量乘法。图 9-16 显示了矩阵的分布以及向量在进程之间的分布和移动。

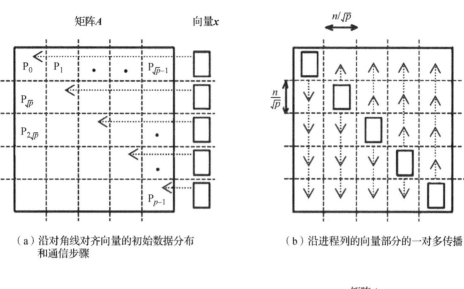

（a）沿对角线对齐向量的初始数据分布
　　和通信步骤

（b）沿进程列的向量部分的一对多传播

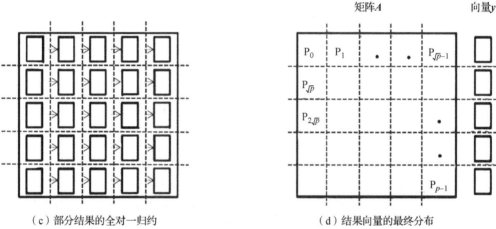

（c）部分结果的全对一归约

（d）结果向量的最终分布

图 9-16　矩阵向量乘法与块二维分区

（对于每个进程只有一个元素的情况，如果矩阵大小为 $n \times n$，则为 $p = n^2$）

1. 每个进程一个元素

我们从一个简单的情况开始，其中一个 $n \times n$ 大小的矩阵在 n^2 个进程之间被划分，这样每个进程都拥有一个元素。那么 $n \times 1$ 向量 x 只分布在 n 个进程的最后一列中，每个进程都拥有向量的一个元素。由于算法将向量 x 的元素与矩阵每一行中相应的元素相乘，因此向量的分布必须使向量的第 i 个元素可用于矩阵每一行的第 i 个元素。为此所执行的通信步骤如图 9-16（a）和图 9-16（b）所示。请注意图 9-16 与图 9-15 的相似之处，在乘法之前，矩阵和向量的元素必须位于与图 9-15（c）相同的相对位置。然而，不同的划分策略之间的向量通信步骤是不同的。在一维分区中，向量的元素只跨越水平分区边界（图 9-15），而对于二维分区，向量元素同时跨越水平和垂直分区边界（图 9-16）。

如图 9-16（a）所示，二维划分的第一个通信步骤使向量 x 沿着矩阵的主对角线对齐。通常，向量沿对角线而不是最后一列存储，在这种情况下，不需要这个步骤。第二步是将每个对角线进程中的向量元素复制到相应列中的所有进程中。如图 9-16（b）所示，这个步骤由 n 个同时进行的一对多广播操作组成,每个进程列中有一个。在这两个通信步骤之后,每个进程将其矩阵元素与相应的 **x** 元素相乘。为了获得结果向量 **y**,必须添加为每一行计算的乘积,并将求和留在进程的最后一列中。图 9-16(c)显示了这个步骤,它需要在每行中以该行的最后一个进程作为目标,进行一对一的归约。在简化步骤之后,并行矩阵向量乘法完成。

考查并行运行时间。该算法采用基本的通信操作,一对一通信沿主对角线对齐向量,在每列的 n 个进程中对每个向量元素进行一对多广播,并对每行进行全对一归约。每个这些操作都需要时间 $\Theta(\log n)$。由于每个进程在常定时间内执行一次乘法,因此该算法的总体并行运行时间为 $\Theta(n)$。成本(过程时间乘积)为 $\Theta(n^2 \log n)$,因此,该算法不是成本最优的。

2. 使用少于 n^2 个进程

如果通过使用少于 n^2 个进程来增加每个进程的计算粒度,则可以获得具有矩阵块二维分区的矩阵向量乘法的成本最优并行实现。

考虑 p 个进程的逻辑二维网格,其中每个进程拥有矩阵的$(n/\sqrt{p}) \times (n/\sqrt{p})$大小的块。向量仅在最后一个进程列中分布在 $n/\sqrt{p}$ 个元素的部分中。图 9-16 还说明了本例中的初始数据映射和各种通信步骤。在执行乘法之前,整个向量必须分布在每行进程上。首先,向量沿着主对角线对齐。为此,最右列中的每个进程将其 $n/\sqrt{p}$ 个向量元素发送到其行中的对角线进程,然后对这 $n/\sqrt{p}$ 个元素进行逐列一对多广播。每个过程执行 n^2/p 的乘法,并在局部添加 $n/\sqrt{p}$ 组乘积。在这一步结束时,如图 9-16(c) 所示,每个过程都有 $n/\sqrt{p}$ 个部分和,必须沿每一行累加才能获得结果向量。因此,算法的最后一步是对每一行中的 $n/\sqrt{p}$ 个值进行全对一的归约,以该行最右边的进程作为目标。

考查并行运行时间。从一行的最右边进程向对角进程[图 9-16(a)]发送大小为 $n/\sqrt{p}$ 的消息的第一步需要时间 $t_s + t_w n/\sqrt{p}$。在最多时间$(t_s + t_w n/\sqrt{p}) \log \sqrt{p}$ 内执行列式一对所有的广播。忽略执行添加的时间,最后的行全对一的归约也需要相同的时间。假设乘法和加法对需要单位时间,每个过程花费大约 n^2/p 时间。因此,该过程的并行运行时间如下:

$$T_p = n^2/p + t_s + t_w n/\sqrt{p} + (t_s + t_w n/\sqrt{p})\log(\sqrt{p}) + (t_s + t_w n/\sqrt{p})\log(\sqrt{p})$$
$$\approx \frac{n^2}{p} + t_s \log p + t_w \frac{n}{\sqrt{p}}\log p$$

$$(9.7)$$

可扩展性分析利用式 9.1 和式 9.7,并应用于 $T_o = pT_p - W$ 的关系,得到了该并行算法的开销函数的以下表达式:

$$T_o = t_s p \log p + t_w n \sqrt{p} \log p \qquad (9.8)$$

我们现在执行一个近似的等效率分析,一次考虑一个开销函数的项。对于开销函数的 t_s 项,得到:

$$W = K t_s p \log p \qquad (9.9)$$

上式给出了关于消息启动时间的等效率项。我们可以通过平衡项 $t_w n \sqrt{p} \log p$ 和问题大小 n^2 来得到由 t_w 引起的等效率函数。利用等效率关系,我们得到如下:

$$W = n^2 = Kt_w n \sqrt{p} \log p,$$
$$n = Kt_w \sqrt{p} \log p,$$
$$n^2 = K^2 t_w^2 p \log^2 p,$$
$$W = K^2 t_w^2 p \log^2 p$$

(9.10)

最后,考虑到二维划分的并发度为 n^2(即可以使用最大的 n^2 个进程),我们得出以下关系:

$$p = O(n^2),$$
$$n^2 = \Omega(p),$$
$$W = \Omega(p)$$

(9.11)

在上述式 9.9～式 9.11 三式中,右侧表达式最大的一个决定了该并行算法的整体等效率函数。为了简化分析,我们忽略常数的影响,而只考虑问题规模增长的渐近速率,这是保持恒定效率所必需的。式 9.10 中的 t_w 导致的渐近等效率项明显超过式 9.9 中的 t_s 和并发性导致的等效率项(式 9.11)。因此,总体的渐近等效率函数由 $\Theta(p \log^2 p)$ 给出。

等效率函数还确定了成本最优性的标准。在等效率函数为 $\Theta(p \log^2 p)$ 的情况下,对于给定的问题大小 W,以成本最优地使用的最大过程数量由以下关系决定:

$$p \log p = O(n^2),$$
$$\log p + 2 \log \log p = O(\log n)$$

(9.12)

忽略低阶项:

$$\log p = O(\log n)$$

(9.13)

用 $\log n$ 代替上式中的 $\log p$,有:

$$p \log^2 n = O(n^2),$$
$$p = O\left(\frac{n^2}{\log^2 n}\right)$$

(9.14)

上式的右边给出了 $n \times n$ 矩阵向量乘法与矩阵的二维划分的过程数量的渐近上界。

3. 一维分区和二维分区的比较

以上公式的比较表明,在相同数量的进程中,矩阵的块二维分区的矩阵向量乘法比块一维分区更快。如果进程数大于 n,则不能使用一维分区。然而,即使进程的数量小于或等于 n,本节中的分析表明,二维分区是更可取的。

在两种划分方案中,二维划分具有更好的(较小的)渐近等效率函数。因此,矩阵向量乘法通过二维分区更具可伸缩性,也就是说,可以在二维分区比一维分区更多的过程中提供相同的效率。

9.3 矩阵乘法

本节讨论将两个 $n \times n$ 密集的方阵 A 和 B 相乘,以得到乘积矩阵 $C = A \times B$ 的并行算法。

本章中的所有并行矩阵乘法算法都是基于算法 9.4 中所示的传统串行算法。如果我们假设一个加法和乘法对(第 7 行)需要单位时间,那么该算法的顺序运行时间为 n^3。也有更好渐近序列复杂度的矩阵乘法算法,例如斯特拉森算法。然而,为了简单起见,在这本书中,我们假设传统的算法是可用的最佳串行算法。

算法 9.4 两个 $n \times n$ 大小矩阵乘法的传统串行算法

```
procedure MAT_MULT(A,B,C,n)
    for i = 0 to n - 1 do
        for j = 0 to n - 1 do
            C[i,j] = 0
            for k = 0 to n - 1 do
                C[i,j] = C[i,j] + A[i,k] * B[k,j]
            end for
        end for
    end for
end procedure MAT_MULT
```

算法 9.5 对于块大小为 $(n/q) \times (n/q)$ 的 $n \times n$ 矩阵的块矩阵乘法算法

```
procedure BLOCK_MAT_MULT(A,B,C,q)
    for i = 0 to q - 1 do
        for j = 0 to q - 1 do
            Initialize all elements of C[i,j]to zero
            for k = 0 to q - 1 do
                C[i,j] = C[i,j] + A[i,k] * B[k,j]
            end for
        end for
    end for
end procedure BLOCK_MAT_MULT
```

在矩阵乘法和其他各种矩阵算法中都有用的概念是块矩阵运算。我们通常可以用对原始矩阵的块或子矩阵的相同矩阵代数运算来表示包含对所有矩阵元素的标量代数运算的矩阵计算。这种在子矩阵上的代数运算称为块矩阵运算。例如,一个 $n \times n$ 矩阵 A 可以看作块 $A_{i,j}$($0 \leqslant i, j < q$)的 $q \times q$ 数组,这样每个块都是一个 $(n/q) \times (n/q)$ 子矩阵。算法 9.4 中的矩阵乘法算法可以重写为算法 9.5,其中第 6 行上的乘法运算和加法运算分别为矩阵乘法运算和矩阵加法运算。不仅算法 9.4 和算法 9.5 的最终结果是相同的,而且每个算法所执行的标量加法和乘法的总数也是相同的。算法 9.4 执行 n^3 次加法和乘法,算法 9.5 执行 q^3 次矩阵乘法,每个矩阵为 $(n/q) \times (n/q)$ 矩阵,并需要 $(n/q)^3$ 次加法和乘法。我们可以使用 p 个进程,通过在每个进程上选择 $q = \sqrt{p}$ 和计算一个不同的 $C_{i,j}$ 块,并行地实现矩阵乘法的块版本。

在后面的章节中,我们将描述并行化算法 9.5 的几种方法。下面的每一种并行矩阵乘法算法都使用了一个矩阵的块二维划分。

9.3.1　一种简单的并行算法

考虑将两个 $n \times n$ 大小的矩阵 $\boldsymbol{A}$ 和 $\boldsymbol{B}$ 划分为 p 个块 $\boldsymbol{A}_{i,j}$ 和 $\boldsymbol{B}_{i,j}$，$0 \leqslant k \leqslant \sqrt{p}$，每个块的大小为 $(n/\sqrt{p}) \times (n/\sqrt{p})$。这些块被映射到进程的 $\sqrt{p} \times \sqrt{p}$ 个逻辑网格上。进程被标记为从 $P_{0,0}$ 到 $P_{\sqrt{p}-1,\sqrt{p}-1}$。进程 $P_{i,j}$ 最初存储 $\boldsymbol{A}_{i,j}$ 和 $\boldsymbol{B}_{i,j}$，并计算结果矩阵的块 $\boldsymbol{C}_{i,j}$。计算子矩阵 $\boldsymbol{C}_{i,j}$ 需要 $(0 \leqslant i,j < \sqrt{p})$ 的所有子矩阵 $\boldsymbol{A}_{i,k}$ 和 $\boldsymbol{B}_{k,j}$。为了获取所有所需的块，在每一行进程中执行矩阵 $\boldsymbol{A}$ 块的全对全广播，并在每一列中执行矩阵 $\boldsymbol{B}$ 块的全对全广播。在 $P_{i,j}$ 获得 $\boldsymbol{A}_{i,0}$，$\boldsymbol{A}_{i,1}, \cdots, \boldsymbol{A}_{i,\sqrt{p}-1}$ 和 $\boldsymbol{B}_{0,j}, \boldsymbol{B}_{1,j}, \cdots, \boldsymbol{B}_{\sqrt{p}-1,j}$ 后，执行算法 9.5 中第 5 行和第 6 行的子矩阵乘法和加法步骤。

下面进行性能和可扩展性分析。该算法需要在 $\sqrt{p}$ 个进程组中进行两个全对全广播步骤（每个步骤由进程网格的所有行和列中的 $\sqrt{p}$ 个并发广播组成）。消息由 n^2/p 个元素的子矩阵组成。可以得到，总通信时间为 $2(t_s \log(\sqrt{p}) t_w (n^2/p)(\sqrt{p}-1))$。在通信步骤之后，每个进程计算一个子矩阵 $\boldsymbol{C}_{i,j}$，这需要 $(n/p) \times (n/p)$ 个子矩阵的 $\sqrt{p}$ 次乘法（算法 9.5 的第 5 行和第 6 行中 $q = \sqrt{p}$）。这总共需要时间 $\sqrt{p} \times (n/\sqrt{p})^3 = n^3/p$。因此，并行运行时间约为：

$$T_p = \frac{n^3}{p} + t_s \log p + 2t_w \frac{n^2}{\sqrt{p}} \tag{9.15}$$

过程时间乘积为 $n^3 + t_s p \log p + 2t_w n^2 \sqrt{p}$，对于 $p = O(n^2)$，并行算法为成本最优。

由 t_s 和 t_w 引起的等效率函数分别为 $t_s p \log p$ 和 $8(t_w)^3 p^{3/2}$。因此，由于通信开销而导致的整体等效率函数是 $\Theta(p^{3/2})$。该算法最多可以使用 n^2 个进程，因此，$p \leqslant n^2$ 或 $n^3 \geqslant p^{3/2}$。而且，由于并发性而产生的等效率函数也是 $\Theta(p^{3/2})$。

该算法的一个显著缺点是其过多的内存需求。在通信阶段结束时，每个进程都有 $\sqrt{p}$ 个矩阵 $\boldsymbol{A}$ 和矩阵 $\boldsymbol{B}$ 的块。由于每个块都需要 $\Theta(n^2/p)$ 内存，因此每个进程都需要 $\Theta(n^2/\sqrt{p})$ 内存。所有进程的总内存需求为 $\Theta(n^2/\sqrt{p})$，是顺序算法的内存需求的 $\sqrt{p}$ 倍。

9.3.2　卡农算法

卡农算法是 9.3.1 节中提出的简单算法的内存效率版本。为了研究这个算法，我们再次将矩阵 $\boldsymbol{A}$ 和矩阵 $\boldsymbol{B}$ 划分为 p 个方块。我们将进程标记为从 $P_{0,0}$ 到 $P_{\sqrt{p}-1,\sqrt{p}-1}$，并且最初将子矩阵 $\boldsymbol{A}_{i,j}$ 和 $\boldsymbol{B}_{i,j}$ 分配给进程 $P_{i,j}$。尽管第 i 行中的每个进程都需要所有 $\sqrt{p}$ 个子矩阵 $\boldsymbol{A}_{i,k}$ $(0 \leqslant k < \sqrt{p})$，但是可以调度第 i 行的 $\sqrt{p}$ 个进程的计算，以便在任何给定时间，每个进程都使用不同的 $\boldsymbol{A}_{i,k}$。这些块可以在每次子矩阵乘法之后在进程之间系统地轮换，以便每个进程在每次轮换后都得到一个新的 $\boldsymbol{A}_{i,k}$。如果对列应用相同的调度，则任何进程都不会在任何时候拥有超过一个矩阵的块，并且算法对所有进程的总内存需求为 $\Theta(n^2)$。卡农算法就是基于这个想法。图 9-17 显示了 16 个进程的独立进程子矩阵乘法的调度算法。

该算法的第一个通信步骤将 $\boldsymbol{A}$ 和 $\boldsymbol{B}$ 的块对齐，使每个过程乘以其局部子矩阵。如图 9-17(a) 所示，矩阵 $\boldsymbol{A}$ 的这种对齐是通过 i 步将所有子矩阵 $\boldsymbol{A}_{i,j}$ 向左移动来实现的。类似地，如图 9-17(b) 所示，所有的子矩阵 $\boldsymbol{B}_{i,j}$ 都通过 j 步向上移动（带有环绕）。这些是进程的每

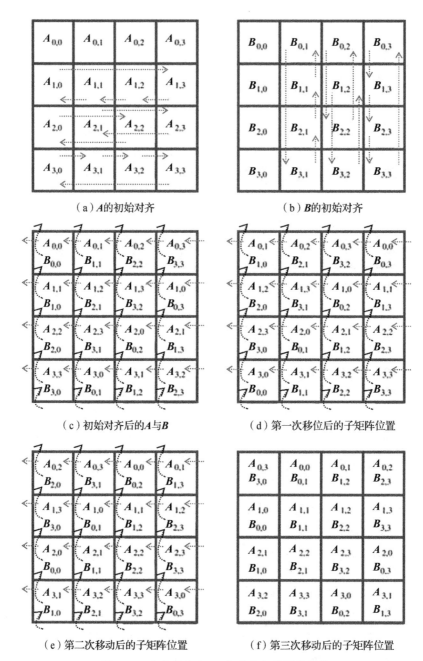

（a）A的初始对齐　　　　　　　　（b）B的初始对齐

（c）初始对齐后的A与B　　　　　（d）第一次移位后的子矩阵位置

（e）第二次移动后的子矩阵位置　（f）第三次移动后的子矩阵位置

图 9-17　卡农算法在 16 个进程上的通信步骤

一行和列中的循环移位操作，它们给进程 $P_{i,j}$ 留下子矩阵 $A_{i,(j+i)\bmod\sqrt{p}}$ 和 $B_{(j+i)\bmod\sqrt{p},j}$。图 9-17（c）显示了初始对齐后的 A 和 B 的块，每个进程都准备好进行第一个子矩阵乘法。在一个子矩阵乘法步骤之后，A 的每个块向左移动一步，B 的每个块向上移动一步（再次使用回绕），如图 9-17（d）所示。$\sqrt{p}$ 个这样的子矩阵乘法和单步移位的序列在 $P_{i,j}$ 处的 k（$0\leqslant k<\sqrt{p}$）对每个 $A_{i,k}$ 和 $B_{k,j}$ 配对。这样就完成了矩阵 A 和 B 的相乘。

下面进行性能分析。这两个矩阵的初始对齐[图 9-17（a）和图 9-17（b）]包括一个行状和一个柱状的圆形位移。在这些移位中,块移位的最大距离是 $\sqrt{p}-1$。两个移位操作总共需要时间 $2(t_s+t_w n^2/p)$。该算法的计算和移位阶段的 $\sqrt{p}$ 个单步移位中的每一个都需要时间 $t_s+t_w n^2/p$。因此,算法的这个阶段的总通信时间(对于两个矩阵)是 $2(t_s+t_w n^2/p)\sqrt{p}$。对于具有足够带宽的网络上足够大的 p,与计算和移位阶段的通信时间相比,初始对齐的通信时间可以忽略不计。每个过程执行 $\sqrt{p}$ 个子矩阵的 $(n/\sqrt{p})\times(n/\sqrt{p})$ 次乘法。假设乘法和加法对花费单位时间,则每个过程花费在计算上的总时间为 n^3/p。因此,该算法的近似总体并行运行时间为:

$$T_p = \frac{n^3}{p} + 2\sqrt{p}\,t_s + 2t_w\frac{n^2}{\sqrt{p}} \tag{9.16}$$

卡农算法的最优性条件与 9.3.1 节中提出的简单算法相同。与简单算法一样,卡农算法的等效率函数是 $\Theta(p^{3/2})$。

9.3.3　DNS 算法

目前,提出的矩阵乘法算法采用输入矩阵和输出矩阵的块二维划分,对 $n\times n$ 大小矩阵使用最大 n^2 个进程。由于在串行算法中有 $\Theta(n^3)$ 操作,这些算法的并行运行时间为 $\Omega(n)$。现在提出一种基于对中间数据进行分区的并行算法,该算法最多可以使用 n^3 个进程,并通过使用 $\Omega(n^3/\log n)$ 进程在时间 $\Theta(\log n)$ 上执行矩阵乘法。这个算法被称为 DNS 算法,因为它是由 Dekel、Nassimi 和 Sahni 共同命名的。

我们先介绍基本思想,不关心进程间通信。假使有 n^3 个进程可用于将两个 $n\times n$ 矩阵相乘。这些进程被安排在一个三维 $n\times n\times n$ 逻辑数组。由于矩阵乘法算法执行 n^3 标量乘法,n^3 个进程中的每一个都被分配一个标量乘法。根据进程在数组中的位置进行标记,并将乘法 $A[i,k]\times B[k,j]$ 被分配给进程 $P_{i,j,k}$($0\leqslant i,j,k<n$)。每个进程进行一次乘法后,将 $P_{i,j,0}$,$P_{i,j,1}$,$\cdots$,$P_{i,j,n-1}$ 的内容相加得到 $C[i,j]$。添加的内容对于所有 $C[i,j]$ 可以同时执行 $\log n$ 步骤。因此,它需要一步相乘和 $\log n$ 步相加,也就是说,用这种算法对 $n\times n$ 矩阵进行乘法运算需要时间 $\Theta(\log n)$。

我们现在描述基于这个想法的矩阵乘法的实际并行实现。如图 9-18 所示,进程排列可以可视化为 $n\times n$ 进程的 n 个平面。每个平面对应一个不同的 k 值。最初,如图 9-18(a) 所示,矩阵分布在对应于 $k=0$ 的平面的 n^2 个进程中的三维进程数组。进程 $P_{i,j,0}$ 最初拥有 $A[i,j]$ 和 $B[i,j]$。

进程 $P_{i,j,*}$ 的垂直列计算 $A[i,*]$ 行和 $B[*,j]$ 列的点积。因此,需要适当移动 A 的行和 B 的列,以便每个垂直进程 $P_{i,j,*}$ 的列具有 $A[i,*]$ 行和 $B[*,j]$ 列。更准确地说,进程 $P_{i,j,k}$ 应该有 $A[i,k]$ 和 $B[k,j]$。

在进程之间分配矩阵 A 的元素的通信模式如图 9-18(a)、9-18(b) 和 9-18(c) 所示。首先,A 的每一列都移动到不同的平面,使第 j 列在对应 $k=j$ 的平面上占据的位置与最初在对应 $k=0$ 的平面上占据的位置相同。将 $A[i,j]$ 从 $P_{i,j,0}$ 移动到 $P_{i,j,j}$ 后 A 的分布如图 9.18(b) 所示。A 的所有列通过沿 j 轴平行一对多广播在各自的平面上复制 n 次,此步骤的结果显示在图 9.18(c),其中 n 个进程 $P_{i,0,j}$,$P_{i,1,j}$,$\cdots$,$P_{i,n-1,j}$ 从 $P_{i,j,j}$ 接收 $A[i,j]$ 的副本。此时,进程 $P_{i,j,*}$

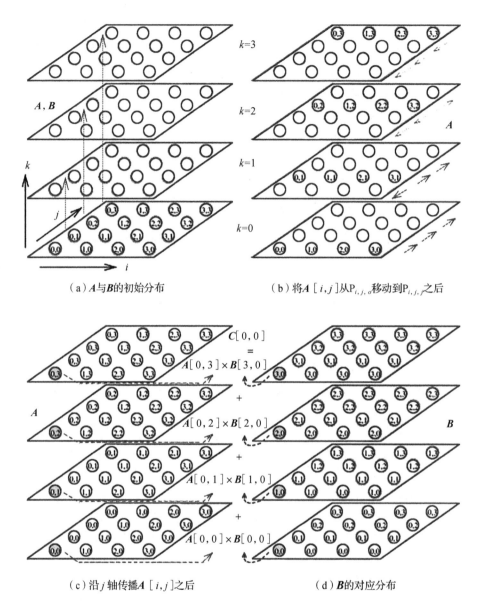

（a）A与B的初始分布　　　　　　（b）将$A[i,j]$从$\mathrm{P}_{i,j,0}$移动到$\mathrm{P}_{i,j,j}$之后

（c）沿j轴传播$A[i,j]$之后　　　　　　（d）B的对应分布

图 9-18　当乘以 64 个进程上的 4×4 大小矩阵 A 和 B 时，DNS 算法中的通信步骤

（c）部分中的着色处理存储 A 的第一行的元素，而（d）部分中的着色处理存储 B 的第一列的元素。

的每个垂直列都有 $A[i,*]$ 行。更准确地说，处理 $\mathrm{P}_{i,j,k}$ 有 $A[i,k]$。

对于矩阵 B，通信步骤类似，但 i 和 j 在进程下标中的作用被切换。在第一个一对一通信步骤中，$B[i,j]$ 从 $\mathrm{P}_{i,j,0}$ 移动到 $\mathrm{P}_{i,j,i}$。然后从 $\mathrm{P}_{0,j,i}$，$\mathrm{P}_{1,j,i}$，$\cdots$，$\mathrm{P}_{n-1,j,i}$ 中的 $\mathrm{P}_{i,j,i}$ 广播。图 9.18（d）显示了 B 沿 i 轴进行一对多广播后的分布。此时，每一纵列进程 $\mathrm{P}_{i,j,*}$ 具有列 $B[*,j]$。现在进程 $\mathrm{P}_{i,j,k}$ 除了 $A[i,k]$ 之外还有 $B[k,j]$。

在这些通信步骤之后，$A[i,k]$ 和 $B[k,j]$ 在 $\mathrm{P}_{i,j,k}$ 处相乘。现在乘积矩阵的每个元素 $C[i,j]$ 都是通过沿 k 轴的一对一归约得到的。在这步骤中，进程 $\mathrm{P}_{i,j,0}$ 累积了来自进程 $\mathrm{P}_{i,j,1}$，$\cdots$，$\mathrm{P}_{i,j,n-1}$ 的乘法结果。图 9.18 显示了 $C[0,0]$ 的这个步骤。

DNS 算法有 3 个主要的通信步骤：①移动 A 的列和 B 的行到他们各自的平面；②A 沿 j 轴进行一对多广播，B 沿 i 轴进行一对多广播；③沿 k 轴进行多对一的归约。所有这些操作都是在 n 个进程的组中执行的，并且花费的时间为 $\Theta(\log n)$。因此，在 n^3 个进程上使用 DNS 算法将两个 $n \times n$ 矩阵相乘的并行运行时间为 $\Theta(\log n)$。

考虑具有小于 n^3 个进程的 DNS 算法。DNS 算法对于 n^3 个进程不是成本最优的，因为它的进程时间乘积是 $\Theta(n^3 \log n)$，超过矩阵乘法的 $\Theta(n^3)$ 顺序复杂度。我们现在提出这个算法的成本最优版本，它使用少于 n^3 个进程。

假设对于某些 $q < n$，进程数 p 等于 q^3。为了实现 DNS 算法，将这两个矩阵划分为大小为 $(n/q) \times (n/q)$ 的块。每个矩阵可以看作一个 $q \times q$ 二维方阵块。这个的实施 q^3 个进程的算法与 n^3 个进程的算法非常相似。唯一不同的是现在我们对块而不是单个元素进行操作。从 $1 \leqslant q \leqslant n$ 开始，进程的数量可以在 1 到 n^3 之间变化。

下面进行性能分析。对 A 和 B 都执行第一个一对一的通信步骤，对每个矩阵需要时间 $t_s + t_w(n/q)^2$。对多交互广播的第二步也对两个矩阵执行，并为每个矩阵取时间 $t_s \log q + t_w(n/q)^2 \log q$。最终的多对一归约只执行一次（对于矩阵 C），并且需要时间 $t_s \log q + t_w(n/q)^2 \log q$。每个过程的 $(n/q) \times (n/q)$ 子矩阵的乘法需要时间 $(n/q)^3$。我们可以忽略第一个一对一通信步骤的通信时间，因为它比多交互广播和多对一归约的通信时间要小得多。我们也可以忽略在最后的归约阶段进行加法的计算时间，因为它比相乘子矩阵的计算时间要小一个数量级。通过这些假设，我们得到了以下 DNS 算法并行运行时间的近似表达式：

$$T_p \approx \left(\frac{n}{p}\right)^3 + 3t_s \log q + 3t_w \left(\frac{n}{q}\right)^2 \log q \qquad (9.17)$$

因为 $q = p^{1/3}$，我们得到了：

$$T_p = \frac{n^3}{p} + t_s \log p + t_w \frac{n^2}{p^{2/3}} \log p \qquad (9.18)$$

该并行算法的总成本为 $n^3 + t_s\, p\, \log p + t_w n^2 p^{1/3} \log p$，等效率函数为 $\Theta[p(\log p)^3]$。该算法对 $n^3 = \Omega[p(\log p)^3]$ 或 $p = O[n^3/(\log n)^3]$ 是成本最优的。

思 考 题

1. 以快速排序为例，解释递归分解并发方式的核心思想。
2. 以矩阵乘法为例，解释数据分解并发方式的思路。
3. 试实现两个 $n \times n$ 大小矩阵乘法的块二维划分。
4. 试述 DNS 算法的基本思想。
5. 使用卡农算法将矩阵 A 和矩阵 B 划分为 p 个方块，分析该算法的近似总体并行运行时间。

第 10 章　线性方程组求解

本章讨论求解如下形式的线性方程组的问题。

$$
\begin{array}{ccccccccc}
a_{0,0}x_0 & + & a_{0,1}x_1 & + & \cdots & + & a_{0,n-1}x_{n-1} & = & b_0 \\
a_{1,0}x_0 & + & a_{1,1}x_1 & + & \cdots & + & a_{1,n-1}x_{n-1} & = & b_1 \\
\vdots & & \vdots & & & & \vdots & & \vdots \\
a_{n-1,0}x_0 & + & a_{n-1,1}x_1 & + & \cdots & + & a_{n-1,n-1}x_{n-1} & = & b_{n-1}
\end{array}
$$

在矩阵表示法中,该系统写为 $Ax=b$。这里 A 是一个密集的 $n \times n$ 系数矩阵,使 $A[i,j]=a_{i,j}$,b 是一个 $n \times 1$ 向量 $[b_0,b_1,\cdots,b_{n-1}]^T$,并且 x 是所需的解向量 $[x_0,x_1,\cdots,x_{n-1}]^T$。以下程序代码中我们用 $A[i,j]$ 代表上述公式里的 $a_{i,j}$,用 $x[i]$ 代表 x_i。

一个方程组 $Ax=b$ 通常分两个阶段求解。首先,通过一系列的代数操作,将原始的方程组简化为一个上三角形式的系统:

$$
\begin{array}{ccccccccccc}
x_0 & + & u_{0,1}x_1 & + & u_{0,2}x_2 & + & \cdots & + & u_{0,n-1}x_{n-1} & = & y_0 \\
& & x_1 & + & u_{1,2}x_2 & + & \cdots & + & u_{1,n-1}x_{n-1} & = & y_1 \\
& & & & & & & & \vdots & & \vdots \\
& & & & & & & & x_{n-1} & = & y_{n-1}
\end{array}
$$

我们将其写为 $Ux=y$,其中 U 一个单位上三角矩阵,其中所有次对角项都是 0,所有主对角项都等于 1。形式上,$U[i,j]=0$,如果 $i>j$,否则 $U[i,j]=u_{i,j}$。此外,对于 $0 \leqslant i < n$,$U[i,i]=1$。在求解线性方程组的第二阶段中,对从 $x[n-1]$ 到 $x[0]$ 的倒序变量进行上三角方程组的求解,其过程称为反向替换(第 10.3 节)。

我们将在 10.1 节和 10.2 节中讨论关于上三角形化的经典高斯消去法的并行方式。在 10.1 节中,我们描述一个直接的高斯消去法,假设系数矩阵是非奇异的,它的行和列的排列方式使算法是数值稳定的。10.2 节讨论在执行高斯消去法的过程中,方程组的数值稳定解需要排列矩阵的列的情况。

虽然我们在上三角化的背景下讨论高斯消去法,但用类似的方法可以将矩阵 A 分解为一个下三角矩阵 L 和一个单位上三角矩阵 U 的乘积,从而使 $A=LU$。这种因式分解通常被称为 LU 因式分解。如果需要求解具有相同左侧 Ax 的多个方程组,则执行 LU 分解(而不是上三角化)特别有用。

10.1　高斯消去法

串行高斯消去法有 3 个嵌套循环。根据循环的排列顺序,该算法存在几种不同的方式。

算法 10.1 显示了高斯消去法的一个变化，我们将在本节采用它来进行并行实现。该程序将线性方程组 $Ax = b$ 转换为单位上三角系统 $Ux = y$。我们假设矩阵 U 与 A 共享存储，并且覆盖 A 的上三角部分。在算法 10.1 的第 4 行计算出的元素 $A[k,j]$ 实际上是 $U[k,j]$。类似地，在第 7 行中等于 1 的元素 $A[k,k]$ 是 $U[k,k]$。算法 10.1 假设将 $A[k,k] \neq 0$ 作为第 4 行和第 6 行的除数。

算法 10.1　一种串行高斯消去法，可转换线性方程组 $Ax = b$ 到一个单位上三角系统 $Ux = y$。矩阵 U 占据了 A 的上三角形位置。该算法的第 4 行和第 6 行的除数 $A[k,k] \neq 0$。

```
procedure GAUSSIAN_ELIMINATION(A,b,y,n)
    for k := 0 to n - 1 do          /* 外循环 */
        for j := k + 1 to n - 1 do
            A[k,j] := A[k,j]/A[k,k];         /* 除法步骤 */
        end for
        y[k] := b[k]/A[k,k];
        A[k,k] := 1;
        for i := k + 1 to n - 1 do
            for j := k + 1 to n - 1 do
                A[i,j] := A[i,j] - A[i,k] * A[k,j];         /* 消除步骤 */
            end for
            b[i] := b[i] - A[i,k] * y[k];
            A[i,k] := 0;
        end for
    end for
end procedure GAUSSIAN_ELIMINATION
```

在本节中，我们将只关注算法 10.1 中对矩阵 A 的操作。在程序的第 6 行和第 12 行上对向量 b 的操作很容易实现。因此，在本节的其余部分中，我们将忽略这些步骤。如果没有执行第 6、第 7、第 12 和第 13 行上的步骤，则算法 10.1 导致 A 的 LU 分解为乘积 $L \times U$。程序结束后，L 存储在 A 的下三角部分，U 占据主对角线上方的位置。

对于从 0 到 $n-1$ 变化的 k，高斯消去过程系统地将变量 x 从 $k+1$ 到 $n-1$ 中消除变量 $x[k]$，使得系数矩阵变为上三角形。如算法 10-1 所示，在外环的第 k 次迭代中（从第 2 行开始），从每个方程 $k+1$ 到 $n-1$（循环从第 8 行开始）中减去第 k 个方程的适当倍数。选择第 k 个方程（或矩阵 A 的第 k 行）的倍数，使方程 $k+1$ 到 $n-1$ 中的第 k 个系数为零，从这些方程中消除 $x[k]$。外环第 k 次迭代中高斯消去过程的典型计算方法如图 10-1 所示。外循环的第 k 次迭代没有涉及对第 1 到第 $k-1$ 行或第 1 到第 $k-1$ 列的任何计算。因此，在这个阶段，只有 A 的右下角 $(n-k) \times (n-k)$ 子矩阵（图 10-1 中的阴影部分）在计算上是有效的。

高斯消去法包括大约 $n^2/2$ 的除法（第 4 行）和大约 $(n^3/3) - (n^2/2)$ 的减法和乘法（第 10 行）。在本节中，我们假设每个标量算术运算都需要单位时间。在此假设下，该过程的顺序运

行时间约为 $2n^3/3$(对于大 n),也就是说:

$$W = \frac{2}{3}n^3$$

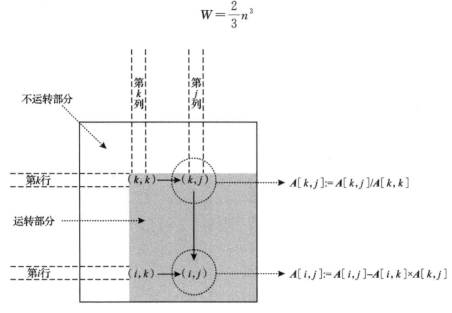

图 10-1　高斯典型消去计算

10.1.1　一维分区的并行实现

我们现在考虑算法 10.1 的一个并行实现,其中系数矩阵是在过程之间按行一维划分的。该算法与列一维分区的并行实现非常相似,其细节可以基于行一维分区的实现。

我们首先考虑为每个进程分配一行的情况,$n \times n$ 系数矩阵 A 沿着标记为 P_0 到 P_{n-1} 的 n 个进程之间的行划分。在这个映射中,进程 P_i 最初存储 $0 \leqslant j < n$ 的元素 $A[i,j]$。图 10-2 说明了矩阵与 $n=8$ 进程的映射,同时还说明了 $k=3$ 时外环迭代中发生的计算和通信。

算法 10.1 和图 10-1 显示,在第 k 次迭代开始时,$A[k,k+1]$、$A[k,k+2]$、$\cdots$、$A[k,n-1]$ 除以 $A[k,k]$(第 4 行)。所有参与此操作的所有矩阵元素[如图 10-2(a)中矩阵的阴影部分所示]都属于同一个进程。所以这一步不需要任何通信。在算法的第二计算步骤(第 10 行的消除步骤)中,第 k 行的修改(除后)元素被矩阵的运转部分的所有其他行使用。如图 10-2(b)所示,这需要将第 k 行的运转部分向存储行 $k+1$ 到 $n-1$ 的进程进行一对多的广播。最后,计算 $A[i,j] := A[i,j] - A[i,k] \times A[k,j]$ 发生在矩阵的剩余运转部分,如图 10-2(c)所示。

在第 k 次迭代中,图 10-2(a)对应的计算步骤需要在进程 P_k 处进行 $n-k-1$ 次划分。类似地,图 10-2(c)的计算步骤在所有进程 P_i 的第 k 次迭代中涉及 $n-k-1$ 的乘法和减法,使得 $k < i < n$。假设单个算术运算需要单位时间,在第 k 次迭代中,计算所花费的总时间为 $3(n-k-1)$。注意,当 P_k 执行划分时,剩余的 $p-1$ 进程是空闲的,并且当进程 P_{k+1}、$\cdots$、P_{n-1} 执行消除步骤时,进程 P_0、$\cdots$、P_k 是空闲的。因此,在这个高斯消除的并行实现中,图 10-2(a)和 10-2(c)所示的计算步骤中所花费的总时间为 $3\sum\limits_{k=0}^{n-1}(n-k-1)$,它等于 $3n(n-1)/2$。

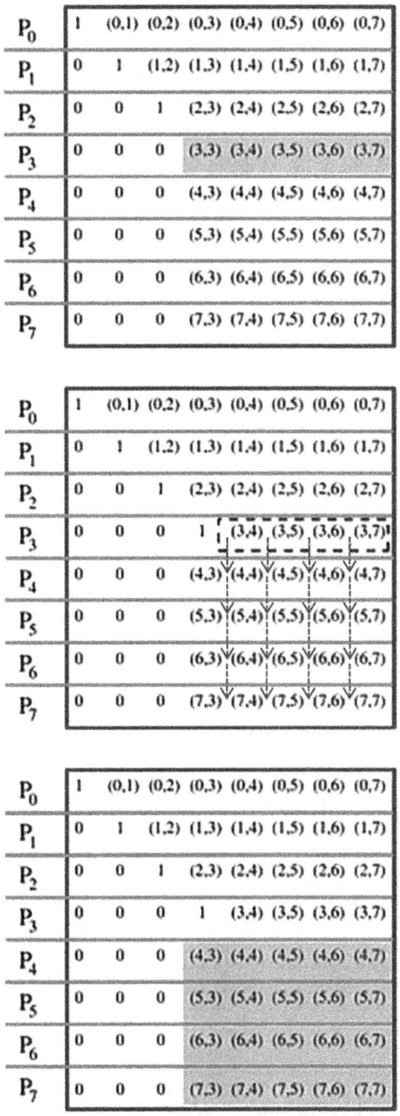

P_0	1	(0,1)	(0,2)	(0,3)	(0,4)	(0,5)	(0,6)	(0,7)
P_1	0	1	(1,2)	(1,3)	(1,4)	(1,5)	(1,6)	(1,7)
P_2	0	0	1	(2,3)	(2,4)	(2,5)	(2,6)	(2,7)
P_3	0	0	0	(3,3)	(3,4)	(3,5)	(3,6)	(3,7)
P_4	0	0	0	(4,3)	(4,4)	(4,5)	(4,6)	(4,7)
P_5	0	0	0	(5,3)	(5,4)	(5,5)	(5,6)	(5,7)
P_6	0	0	0	(6,3)	(6,4)	(6,5)	(6,6)	(6,7)
P_7	0	0	0	(7,3)	(7,4)	(7,5)	(7,6)	(7,7)

（a）计算：
（ⅰ）$A[k,j]:=A[k,j]/A[k,k]$ for $k<j<n$
（ⅱ）$A[k,k]:=1$

P_0	1	(0,1)	(0,2)	(0,3)	(0,4)	(0,5)	(0,6)	(0,7)
P_1	0	1	(1,2)	(1,3)	(1,4)	(1,5)	(1,6)	(1,7)
P_2	0	0	1	(2,3)	(2,4)	(2,5)	(2,6)	(2,7)
P_3	0	0	0	1	(3,4)	(3,5)	(3,6)	(3,7)
P_4	0	0	0	(4,3)	(4,4)	(4,5)	(4,6)	(4,7)
P_5	0	0	0	(5,3)	(5,4)	(5,5)	(5,6)	(5,7)
P_6	0	0	0	(6,3)	(6,4)	(6,5)	(6,6)	(6,7)
P_7	0	0	0	(7,3)	(7,4)	(7,5)	(7,6)	(7,7)

（b）通信：
$A[k,*]$行一对多广播

P_0	1	(0,1)	(0,2)	(0,3)	(0,4)	(0,5)	(0,6)	(0,7)
P_1	0	1	(1,2)	(1,3)	(1,4)	(1,5)	(1,6)	(1,7)
P_2	0	0	1	(2,3)	(2,4)	(2,5)	(2,6)	(2,7)
P_3	0	0	0	1	(3,4)	(3,5)	(3,6)	(3,7)
P_4	0	0	0	(4,3)	(4,4)	(4,5)	(4,6)	(4,7)
P_5	0	0	0	(5,3)	(5,4)	(5,5)	(5,6)	(5,7)
P_6	0	0	0	(6,3)	(6,4)	(6,5)	(6,6)	(6,7)
P_7	0	0	0	(7,3)	(7,4)	(7,5)	(7,6)	(7,7)

（c）计算：
（ⅰ）$A[i,j]:=A[i,j]-A[i,k]\times A[k,j]$
　　　for $k<i<n$ and $k<j<n$
（ⅱ）$A[i,k]:=0$ for $k<i<n$

图 10-2　对于 8 个过程中的 8×8 矩阵，对应 $k=3$ 的高斯消去法步骤

图 10-2(b)的通信步骤需要时间$[t_s+t_w(n-k-1)]\log n$。因此，所有迭代的总通信时间$\sum_{k=0}^{n-1}[t_s+t_w(n-k-1)]\log n$，它等于$t_s n\log n+t_w[n(n-1)/2]\log n$。该算法的总体并行运行时间为：

$$T_p=\frac{3}{2}n(n-1)+t_s n\log n+\frac{1}{2}t_w n(n-1)\log n$$

由于进程的数量是 n，成本或过程时间乘积是 $\Theta(n^3\log n)$，这是上式中与 t_w 相关的项。这个代价渐近高于该算法的顺序运行时间。因此，这种并行实现并不是成本最优的。

1. 流水线通信和计算

我们现在提出了一个并行实现的高斯消除法，这是 n 个进程上成本最优的。在刚才提出的并行高斯消去算法中,算法10.1的外环的 n 次迭代依次执行。在任何给定的时间内,所有的进程都在同一个迭代上工作。第 $(k+1)$ 次迭代只有在第 k 次迭代的所有计算和通信完成后才会开始。如果进程异步工作,算法的性能可以得到显著提高;也就是说,在其他进程开始下一个迭代之前,没有进程等待其他进程完成迭代。我们称之为高斯消去法的异步或流水线版本。图10-3说明了流水线算法10.1,它将一个 5×5 的矩阵沿着行划分到一个包含5个进程的逻辑线性阵列上。

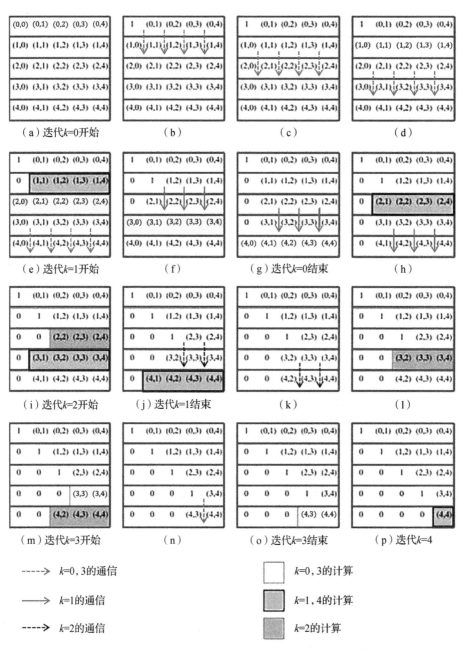

图 10-3 在一个 5×5 矩阵上的流水线高斯消去法,每个进程划分为一行

在算法 10.1 的第 k 次迭代中,进程 P_k 将矩阵的第 k 行部分传播到进程 $P_{k+1}, \cdots, P_{n-1}$[图 10-2(b)]。假设进程形成一个逻辑线性数组,并且 P_{k+1} 是从进程 P_k 接收第 k 行的第一个进程。然后进程 P_{k+1} 必须将此数据转发到 P_{k+2}。但是,在将第 k 行转发到 P_{k+2} 之后,进程 P_{k+1} 无须等待执行消除步骤(第 10 行),直到 P_{n-1} 的所有进程接收到第 k 行。类似地,P_{k+2} 可以在将第 k 行转发到 P_{k+3} 之后就开始计算,依此类推。同时,在完成第 k 次迭代的计算后,P_{k+1} 可以执行除法步骤(第 4 行),并通过发送到 P_{k+2} 行开始 $(k+1)$ 行的传播。

在流水线高斯消去过程中,每个进程独立地重复执行以下动作序列,直到所有 n 次迭代完成。为了简单起见,我们假设步骤(1)和步骤(2)花费的时间相同(此假设不影响分析)。

(1)如果一个进程有任何面向其他进程的数据,它会将这些数据发送到适当的进程当中;

(2)如果进程可以使用它所拥有的数据来执行一些计算,那么它就会如此执行;

(3)否则,该进程将等待接收要用于上述操作之一的数据。

图 10-3 显示了对一个沿着 5 个进程之间的行划分的 5×5 矩阵的流水线并行执行高斯消去法的 16 个步骤。如图 10-3(a)所示,第一步是在进程 P_0 处对第 0 行执行划分。然后将修改后的第 0 行发送到 P_1[图 10-3(b)],并将其转发到 P_2[图 10-3(c)]。现在 P_1 可以自由地使用第 0 行执行消去步骤[图 10-3(d)]。在下一步[图 10-3(e)]中,P_2 使用第 0 行执行消去步骤。在同一步骤中,P_1 在完成了从 0 开始迭代的计算后,开始了从 1 起始迭代的除法步骤。在任何给定的时间内,同一迭代的不同阶段都可以在不同的进程上活动。例如,在图 10-3(h)中,进程 P_2 执行从 1 开始迭代的消去步骤,而进程 P_3 和 P_4 为同一迭代进行通信。此外,在不同的进程上可以同时激活多个迭代。例如,在图 10.3(i)中,进程 P_2 正在执行从 2 开始迭代的分割步骤,而进程 P_3 正在执行从 1 开始迭代的消去步骤。

不同于同步算法,其中所有的进程在同一时间进行相同的迭代,流水线或异步版本的高斯消去法是成本最优的。如图 10-3 所示,算法 10.1 的外环的连续迭代的启动由一个恒定的步骤数分隔。总共启动了 n 次这样的迭代,最后一次迭代只修改了系数矩阵的右下角元素,因此,它在启动后的一个恒定的时间内完成,整个流水线过程中的总步数为 $\Theta(n)$。在任何步骤中,要么 $O(n)$ 元素在直接连接的进程之间进行通信,或者对行的 $O(n)$ 元素执行除法步骤,或者对行的 $O(n)$ 元素执行消去步骤。这些操作中的每一个都需要 $O(n)$ 时间。因此,整个过程由 $O(n)$ 步组成,每个 $\Theta(n)$ 步,其并行运行时间为 $O(n^2)$。由于使用了 n 个进程,代价为 $O(n^3)$,与高斯消去的序列顺序复杂度相同。因此,通过对系数矩阵进行一维划分的并行高斯消去的流水线版本是代价最优的。

2. 少于 n 个进程的块一维分区

并行高斯消去法的实现可以很容易地适用于 $n > p$ 的情况。考虑一个 $n \times n$ 个矩阵在 p 个进程($p < n$)之间被划分,这样每个进程都被分配给矩阵的 n/p 个连续行。图 10-4 说明了一个通信步骤具有这种映射的典型高斯消去法迭代,该算法的第 k 次迭代要求将第 k 行的运转部分发送到存储第 $k+1, k+2, \cdots, n-1$ 行的进程。

图 10-5(a)显示,在一维块划分中,在矩阵的运转部分中,所有行的进程执行 $(n-k-1)n/p$ 乘法和减法。请注意,在最后一次 $(n/p)-1$ 次迭代中,没有一个进程具有所有的运转行,但我们忽略了这个异常。如果使用算法的流水线版本,那么在第 k 次迭代[$2(n-k-1)n/p$]中最大加载进程的算术运算数远远高于同一迭代中进程所传达的字数 $(n-k-1)$。因此,对于 n 相对于 p 的足够大的值,计算在每次迭代中占主导通信。假设每个标量乘减法对都需

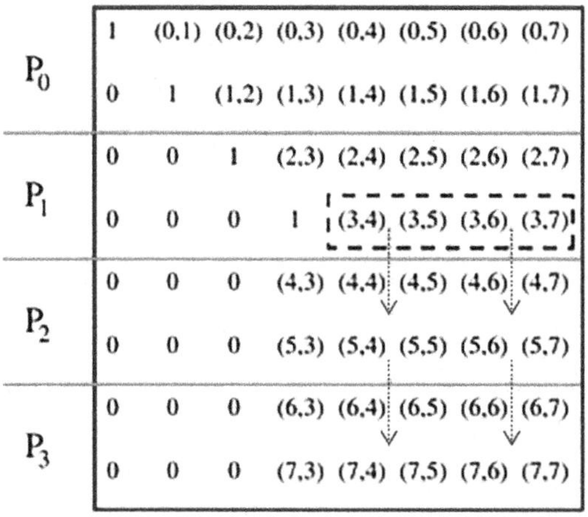

图 10-4　采用块一维划分的 8×8 矩阵的 $k=3$ 对应的高斯消去法迭代中的通信

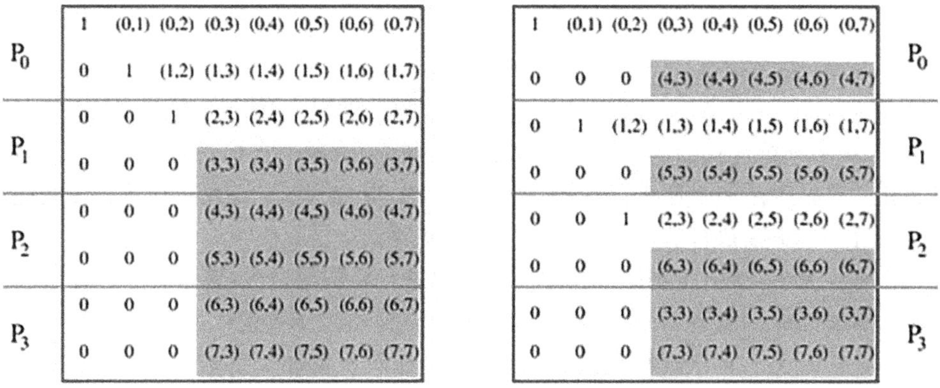

（a）块一维映射　　　　　　　　　　（b）循环一维映射

图 10-5　在 $k=3$ 对应的高斯消去法迭代中，8×8 矩阵的块和循环一维划分的计算负荷

要单位时间，则该算法的总并行运行时间（忽略通信开销）为 $2(n/p)\sum_{k=0}^{n-1}(n-k-1)$，近似等于 n^3/p。

　　该算法即使忽略了通信成本，其处理时间乘积也为 n^3。因此，并行算法的成本比顺序运行时间高出 3/2 倍。这种采用块一维分割的高斯消除的低效率是由于负载分布不均匀导致的进程空速。如图 10-5（a）所示，对于一个 8×8 矩阵和 4 个进程，在与 $k=3$ 对应的迭代过程中（在算法 10.1 的外环中），一个进程完全空闲，一个进程部分加载，只有两个进程是完全运转的。当外部循环的一半迭代结束时，只有一半的进程是运转的。剩余的空闲进程使并行算法比顺序算法成本更高。

　　如果使用循环一维映射将矩阵在进程之间进行划分，如图 10-5（b）所示，就可以缓解这个问题。对于循环一维划分，在任何迭代中，最大负载的进程和最小负载的进程的计算负荷之间的差异最多为一行［即 $O(n)$ 算术运算］。由于有 n 次迭代，与块映射的 $\Theta(n^3)$ 相比，进程空闲导致的累积开销只有 $O(n^2p)$。

10.1.2　二维分区的并行实现

我们现在描述算法 10.1 的一个并行实现,其中 $n \times n$ 的矩阵 A 被映射到一个 $n \times n$ 的进程网格上,这样的进程 $P_{i,j}$ 最初存储在 $A[i,j]$。$n=8$ 对应于 $k=3$ 的外环迭代中的通信和计算步骤,如图 10.6 所示。算法 10.1 以及图 10-1 和图 10-6 显示,在第 k 次外环迭代中,进程 $P_{k,k+1},P_{k,k+2},\cdots,P_{k,n-1}$ 分别需要 $A[k,k]$ 来划分 $A[k,k+1],A[k,k+2],\cdots,A[k,n-1]$。在第 4 行上的除法后,第 k 行的修改元素用于执行矩阵的运转部分中的所有其他行的消去步骤。第 k 行的修改后(在第 4 行划分之后)元素被矩阵的运转部分的所有其他行使用。类似地,第 k 列的元素被矩阵的活动部分的所有其他列用于消去步骤。如图 10-6 所示,对于 $k \leqslant i < n$ 第 k 次迭代中的通信需要沿 $A[i,k]$ 第 i 行[图 10-6(a)]交互式广播,以及对于 $k < j < n$ 需要沿 $A[k,j]$ 第 j 列的[图 10-6(c)]交互式广播。就像一维划分的情况一样,如果这些广播是在所有进程上同步执行的,则会产生非成本最优并行方式的结果。

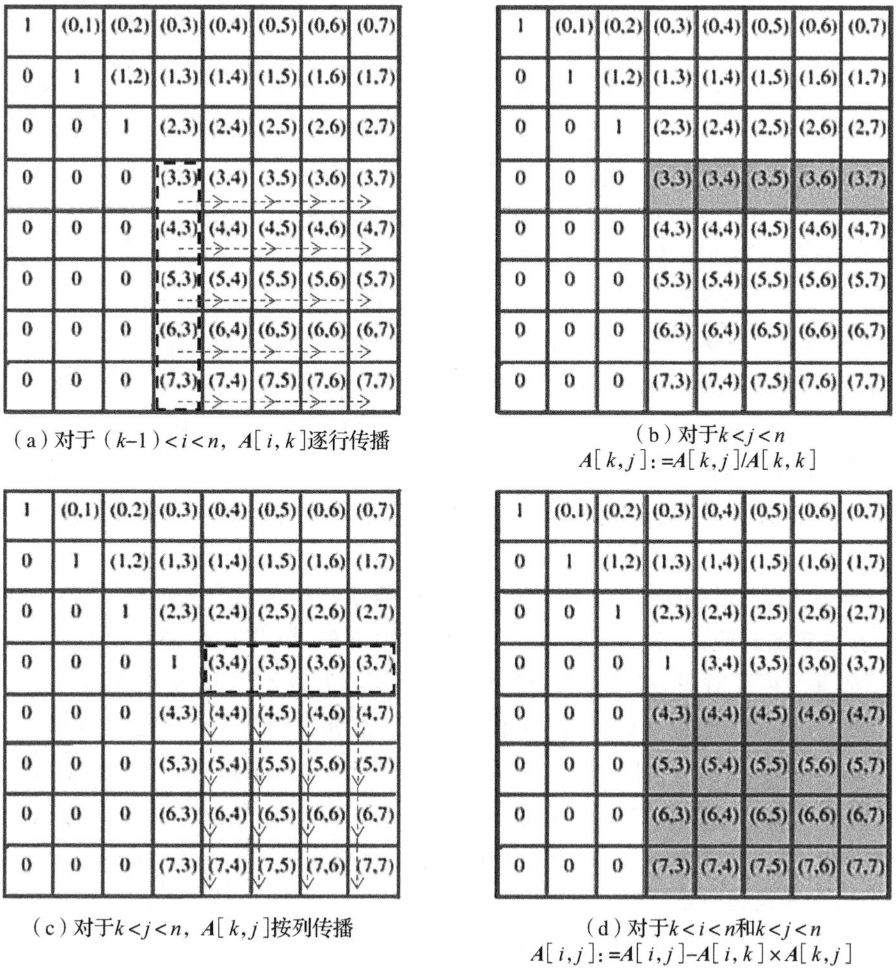

(a) 对于 $(k-1) < i < n$, $A[i,k]$ 逐行传播

(b) 对于 $k < j < n$
$A[k,j] := A[k,j]/A[k,k]$

(c) 对于 $k < j < n$, $A[k,j]$ 按列传播

(d) 对于 $k < i < n$ 和 $k < j < n$
$A[i,j] := A[i,j] - A[i,k] \times A[k,j]$

图 10-6　在一个逻辑二维网格中排列的 64 个进程上的 8×8 矩阵的
$k=3$ 对应的高斯消去法迭代中的各个步骤

1. 流水线通信和计算

基于利用系数矩阵一维划分高斯消去法的经验,我们开发了一个使用二维划分的流水线版本。

如图 10-6 所示,在外环的第 k 次迭代中(算法 10.1 的第 2~15 行),$A[k,k]$ 从 $P_{k,k}$ 到 $P_{k,k+1}$ 到 $P_{k,k+2}$,依此类推,直到到达 $P_{k,n-1}$。进程 $P_{k,k+1}$ 一旦从 $P_{k,k}$ 接收到 $A[k,k]$,就执行 $A[k,k+1]$ 的除法。它不必等待 $A[k,k]$ 到达 $P_{k,n-1}$ 之后再进行局部计算。类似地,第 k 行的任何后续进程 $P_{k,j}$ 在接收到 $A[k,k]$ 时就可以执行其除法。执行除法后,$A[k,j]$ 可以在第 j 列中向下传递。当 $A[k,j]$ 向下移动时,它通过的每个进程都可以自由地使用它进行计算。第 j 列中的进程不需要等到 $A[k,j]$ 到达该列的最后一个进程。因此,一旦 $A[i,k]$ 和 $A[k,j]$ 可用,$P_{i,j}$ 就会执行消除步骤 $A[i,j]:=A[i,j]-A[i,k]*A[k,j]$。由于某些进程比其他进程更早地执行给定迭代的计算,因此他们会更早地开始处理后续迭代。

通信和计算可以通过几种方式进行流水线化。我们在图 10-7 中展示了一个这样的方案。在图 10-7(a) 中,$k=0$ 的外环迭代从进程 $P_{0,0}$ 开始,当 $P_{0,0}$ 将 $A[0,0]$ 发送到 $P_{0,1}$ 时,在接收到 $A[0,0]$ 后,$P_{0,1}$ 计算 $A[0,1]:=A[0,1]/A[0,0]$[图 10-7(b)]。现在 $P_{0,1}$ 将 $A[0,0]$ 转发到 $P_{0,2}$,并将更新后的 $A[0,1]$ 向下发送到 $P_{1,1}$[图 10-7(c)]。同时,$P_{1,0}$ 向 $P_{1,1}$ 发送 $A[1,0]$。接收到 $A[0,1]$ 和 $A[1,0]$ 后,$P_{1,1}$ 执行消除步骤 $A[1,1]:=A[1,1]-A[1,0]*A[0,1]$,接收到 $A[0,0]$ 后,$P_{0,2}$ 执行除法步骤 $A[0,2]:=A[0,2]/A[0,0]$[图 10-7(d)]。在此计算步骤之后,另一组进程(即进程 $P_{0,2}$,$P_{1,1}$ 和 $P_{2,0}$)已准备好启动通信[图 10-7(e)]。

在特定迭代中执行通信或计算的所有进程都沿左下角到右上角的对角线,例如,图 10-7(e) 中 $P_{0,2}$,$P_{1,1}$ 和 $P_{2,0}$ 执行通信,图 10-7(f) 中 $P_{0,3}$,$P_{1,2}$ 和 $P_{2,1}$ 执行计算。随着并行算法的发展,这个对角线向逻辑二维网格的右下角移动。因此,每次迭代的计算和通信都作为一个“正面”通过网格从左上角移动到右下角。在对应于某个迭代的前端通过一个进程后,该进程可以自由地执行后续的迭代。例如,在图 10-7(g) 中,在 $k=0$ 的前端通过了 $P_{1,1}$ 之后,它通过向 $P_{1,2}$ 发送一个 $A[1,1]$ 来启动 $k=1$ 的迭代。这就为 $k=1$ 启动了一个前端,它紧跟着 $k=0$ 的前端。类似地,$k=2$ 的第三个前沿开始于 $P_{2,2}$[图 10-7(m)]。因此,对应于不同迭代的多个前沿同时是运转的。

一个迭代的每一步,如除法、消去或将一个值传递给相邻的进程,都是一个恒定时间的操作。因此,在恒定的时间内,前一步会更靠近矩阵的右下角(相当于图 10-7 中的通信和计算两步)。$k=0$ 的前端需要时间 $\Theta(n)$ 才能达到 $P_{n-1,n-1}$。该算法为外环的 n 次迭代启动 n 个前沿。每一个前沿都落后于前一步。因此,最后一个前端通过矩阵 $\Theta(n)$ 之后的右下角。第一个前端从 $P_{0,0}$ 开始到最后一个结束之间的总时间是 $\Theta(n)$。在最后一个前沿通过矩阵的右下角后,该进程将完成;因此,总的并行运行时间为 $\Theta(n)$。由于使用了 n^2 个进程,流水线版本的高斯消去法的时间代价为 $\Theta(n^3)$,这与算法的顺序运行时间相同。因此,采用二维划分的流水线式高斯消去方法是代价最优的。

2. 少于 n^2 个进程的二维分区

考虑使用 p 个进程的情况,使 $p<n^2$ 和矩阵通过使用块二维分区映射到 $\sqrt{p}\times\sqrt{p}$ 个网格上。图 10-8 说明了一个典型的并行高斯迭代包含 $n/\sqrt{p}$ 个值的行状和柱状通信。图 10-9(a) 显示了 $n=8$ 和 $p=16$ 的二维映射块中的负荷分布。

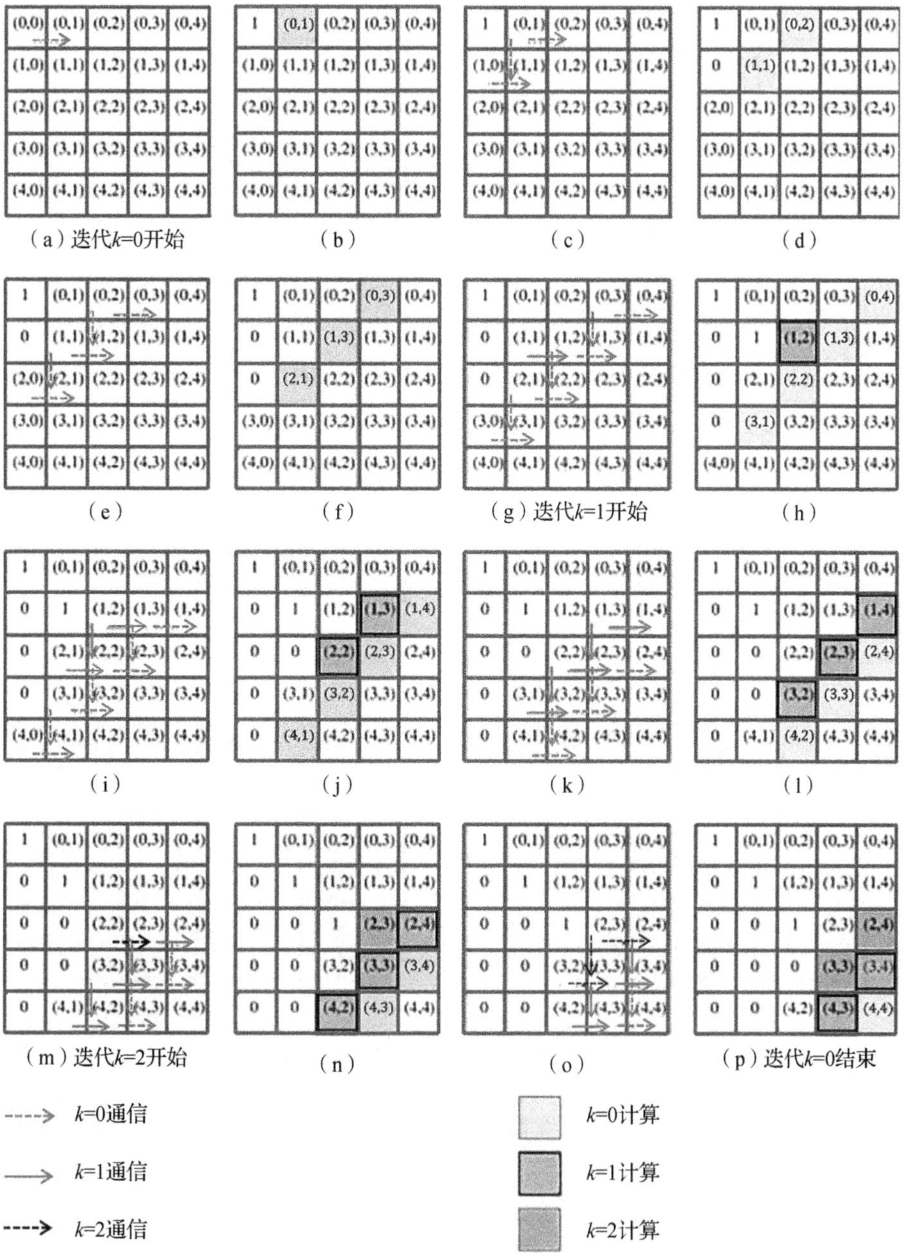

（a）迭代k=0开始　　（b）　　（c）　　（d）

（e）　　（f）　　（g）迭代k=1开始　　（h）

（i）　　（j）　　（k）　　（l）

（m）迭代k=2开始　　（n）　　（o）　　（p）迭代k=0结束

----> k=0通信　　　　　　□ k=0计算

——> k=1通信　　　　　　■ k=1计算

----> k=2通信　　　　　　■ k=2计算

图 10-7　对一个有 25 个进程的 5×5 矩阵的流水线高斯消去法流程

图 10-8 和 10-9（a）显示了包含矩阵的完全运转部分的过程执行 n^2/p 乘法和减法，并向其行和列传播 $n/\sqrt{p}$ 个字［忽略了以下事实，在最后（$n/\sqrt{p}$）-1 次迭代中，预处理矩阵剩余代运算部分变得小于块的大小，并且没有进程包含预处理矩阵的全部矩阵元］。如果使用流水线版本的算法，则算术数每个进程的操作数（$2n^2/p$）比每次迭代中每个进程中通信的数据量（$n/\sqrt{p}$）高一个数量级。因此，对于 p 来说足够大的 n^2 值的情况，每次迭代中的通信都由计算主导。忽略通信成本并假设每个标量算术运算花费单位时间，则该算法的总并行运行时间为

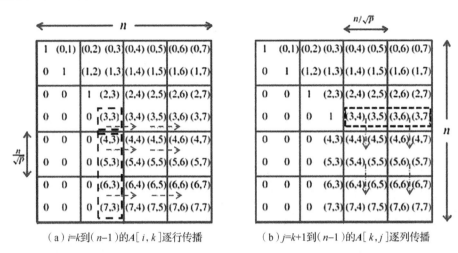

（a）i=k到（n-1）的A[i,k]逐行传播　　　　　　（b）j=k+1到（n-1）的A[k,j]逐列传播

图 10-8　在一个二维网格的 16 个进程上,与一个 8×8 矩阵的 k=3 相对应的高斯消去迭代中的通信步骤

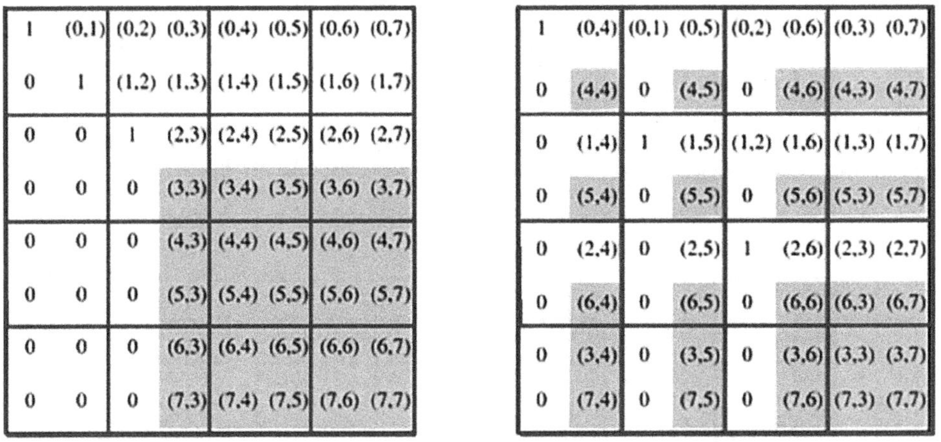

（a）块棋盘映射　　　　　　　　　　　　（b）循环棋盘映射

图 10-9　在 k=3 对应的高斯消去迭代中,8×8 矩阵的块和循环二维映射的不同过程的计算负荷

$(2n^2/p) \times n$,等于 $2n^3/p$。处理时间乘积为 $2n^3$,是串行算法成本的 3 倍。因此,并行算法的效率的上限是串行算法的 1/3。

　　在一个一维块映射的情况下,矩阵的二维块划分的高斯消去效率低下是由于负载分布不均匀导致的进程空速。图 10-9(a)显示了 k=3 的外环迭代中 8×8 的系数矩阵的运转部分。如图所示,16 个进程中有 7 个是完全空闲的,5 个是部分加载的,只有 4 个是完全运转的。当外部循环的一半迭代已经完成时,只有其中一个进程是运转的。剩余的空闲进程使并行算法比顺序算法成本高得多。

　　如果将矩阵以如图 10-9(b)所示的二维循环方式进行划分,就可以缓解这个问题。对于循环二维分区,在任何迭代中,任意两个进程之间的计算负荷的最大差异是一行和一列更新。例如,在图 10-9(b)中,n^2/p 矩阵元素在右下角的进程中是运转的,而 $(n-1)^2/p$ 矩阵元素在左上角的进程中是运转的。在任何迭代中,任意两个进程之间的工作负载差异最多是 $\Theta(n/\sqrt{p})$,这使得有 $\Theta(n/\sqrt{p})$ 导致开销函数。由于有 n 次迭代,与块映射的 $\Theta(n^3)$ 相比,循环映射进程空闲导致的累积开销只有 $\Theta(n^2/\sqrt{p})$。在高斯消去和 LU 因子分解的实际并行实现中,使用块循环映射来减少与纯循环映射相关联的消息启动时间造成的开销,并通过执行块矩阵操作来获得更好的串行 CPU 利用率。

从本节的讨论中,我们得出结论,在一维和二维划分方案下,$n\times n$ 大小的矩阵的流水线并行高斯消去需要时间 $\Theta(n^3/p)$。对于 $n\times n$ 大小的系数矩阵,二维划分 $O(n^2)$ 比一维划分 $O(n)$ 使用更多的进程。因此,具有二维分区的实现更具可扩展性。

10.2 带有部分旋转的高斯消去法

如果系数矩阵的任何一个对角线项 $A[k,k]$ 接近于或等于零,则算法 10.1 中的高斯消去算法将失效。为了避免这个问题,并保证算法的数值稳定性,采用了一种称为部分旋转的技术。在第 k 次迭代的外环开始时,该方法选择一个列 i(称为轴心列),这样 $A[k,i]$ 是所有 $A[k,j]$ 中最大的($k\leqslant j<n$)。然后,它在开始迭代之前交换第 k 列和第 i 列。这些列可以通过物理移动到彼此的位置来显式交换,也可以通过简单地维护一个 $n\times 1$ 排列向量来隐式交换,以跟踪 A 列的新索引。如果通过隐式的列指数交换进行部分旋转,则因子 L 和 U 不是完全的三角矩阵,而是三角矩阵的列排列。

假设列被显式交换,在算法 10.1 的第 k 行(交换 k 和 i 列之后)的值大于或等于在第 k 次迭代中除的任何 $A[k,j]$。算法 10.1 中的部分旋转得到一个单位上三角矩阵,其中主对角线上的所有元素的绝对值都小于 1。

10.2.1 一维分区

如 10.1 节所述,通过向行划分执行部分旋转很简单。在第 k 次迭代中执行除法操作之前,存储第 k 行的进程会对这一行的运转部分进行比较,并选择绝对值最大的元素作为除数。此元素确定轴心列,并且所有进程都必须知道该列的索引。这些信息可以与第 k 行的修改后(除法后)元素一起传递给其他进程。在第 k 次迭代中,结合枢轴搜索和除法步骤需要时间 $\Theta(n-k-1)$,就像没有旋转的高斯消除的情况一样。因此,如果系数矩阵沿着行进行划分,则部分旋转对算法 10.1 的性能没有显著影响。

现在考虑一个系数矩阵的列状一维划分。在没有旋转的情况下,带行和列一维划分的高斯消除的并行实现几乎是相同的。然而,如果进行部分旋转,这两者会有显著的不同。

第一个区别是,与行分区不同,轴搜索是以列分区分布的。如果矩阵大小为 $n\times n$,进程数为 p,那么柱状划分中的轴心搜索涉及两个步骤。在第 k 次迭代的枢轴搜索过程中,首先每个进程确定它存储的第 k 行的 n/p(或更少)个元素的最大值。下一步是找到得到的 p(或更少)值的最大值,并在所有进程之间分配最大值。每个枢轴搜索需要时间 $\Theta(n/p)+\Theta(\log p)$。对于相对于 p 的足够大的 n 值,这小于使用向行分区执行枢轴搜索所需的时间 $\Theta(n)$。这似乎表明,列分区对于部分旋转比行分区更好。然而,以下因素有利于行向划分。

图 10-3 显示了在高斯消去的流水线版本的划分中,通信和计算的"前沿"如何从上到下移动。同样地,在列状一维分区中,通信和计算前沿从左向右移动。这意味着$(k+1)$行还没有准备好进行对$(k+1)$次迭代的枢轴搜索(也就是说,它没有完全更新),直到第 k 次迭代对应的前端到达最右边的过程。因此,$(k+1)$次迭代直到整个第 k 次迭代完成后才能开始。这有

效地消除了流水线化,因此我们被迫使用效率较低的同步版本。

在执行部分旋转时,系数矩阵的列可以明确交换。在任何一种情况下,算法 10.1 的性能都会受到列式一维分区的不利影响。回想一下,循环或块循环映射比块映射产生更好的负载平衡。循环映射保证了矩阵的运转部分在高斯消去的每个阶段几乎均匀地分布在进程中。如果没有显式地交换枢轴列,则此条件可能会停止保持。使用枢轴柱后,它不再停留在矩阵的运转部分。由于没有显式交换的旋转,列被任意地从矩阵的不同进程的运转部分中移除。这种随机性可能会干扰运转部分的均匀分布。另一方面,如果显式属于不同进程的列显式交换,那么这种交换需要进程之间的通信。逐行的一维分区不需要通信来交换列,如果不显式地交换列,它也不会失去负载平衡。

10.2.2 二维分区

在系数矩阵的二维划分情况下,部分旋转虽然严重限制了流水线化,但并没有完全消除它。回想一下,在具有二维划分的流水线版高斯消去法中,对应于各种迭代的前沿从左上移动到右下。当第 k 次迭代对应的前端越过运转矩阵的右上角和右下角的对角时,就可以开始对 $(k+1)$ 迭代的轴搜索。

因此,部分旋转可能导致二维分区并行高斯消去法相当大的性能下降。如果数值考虑允许,就有可能减少由于部分旋转而造成的性能损失。我们可以在第 k 次迭代中对轴的搜索限制在 q 列的波段(而不是所有的 $n-k$ 列)。在这种情况下,如果 $A[k,i]$ 是第 i 行运转部分的 q 个元素带中的最大的元素,则在第 k 次迭代中选择第 i 列作为轴心。这种受限的部分旋转不仅降低了通信成本,而且允许有限的流水线。通过将数据透视搜索的列数限制为 q,迭代可以在上一个迭代更新了第一个 $q+1$ 列后立即开始。

另一种方式是由于二维分区高斯消去部分旋转导致的流水线传递损失来使用快速算法进行交互式广播。通过对 p 个进程上的 $n\times n$ 系数矩阵进行二维划分,一个进程在流水线式高斯消去法的每次迭代中都花费时间 $\Theta(n/\sqrt{p})$ 进行通信。忽略消息启动时间 t_s,执行显式交互式广播的非流水线版本在每次迭代中花费时间 $\Theta[(n/\sqrt{p})\log p]$ 来通信。这个通信时间比流水线版本的通信时间要高。交互式广播算法在每次迭代中花费的时间为 $\Theta(n/\sqrt{p})$(不考虑启动时间)。这个时间渐近等于流水线算法的迭代通信时间。因此,使用智能算法进行一对多的广播,甚至非流水线的并行高斯消去法也可以达到与流水线算法相当的性能。然而,交互式的广播算法将消息拆分为更小的部分,并分别地进行路由。为了使这些算法有效,消息的大小应该足够大;也就是说,n 应该比 p 大。

虽然流水线和旋转在高斯消去法与二维分区中不能同时进行,但本节中关于二维分区的讨论仍然很有用。经过一些修改,它适用于 Cholesky 分解算法,它不需要旋转。条件分解只适用于对称的正定矩阵。对于任何 $n\times 1$ 非零的实向量 x,如果 $x^\mathrm{T}Ax>0$,则一个实 $n\times n$ 矩阵 A 是正定的。Cholesky 分解的通信模式与高斯消去法非常相似,只是由于矩阵中对称的下、上三角半部分,Cholesky 分解只使用矩阵的一个三角形一半。

10.3 反向替换

现在我们简要讨论求解线性方程组的第二阶段。在将完整的矩阵 A 简化为一个沿主对

角线的上三角矩阵 U 后,我们进行反向替换来确定向量 x。算法 10.2 给出了求解上三角方程组 $Ux = y$ 的顺序后置算法。

从最后一个方程开始,算法 10.2 的主循环(第 2～第 7 行)的每次迭代都计算一个变量的值,并将该变量的值替换回剩余的方程中。该程序执行大约 $n^2/2$ 个的乘法和减法。注意,反向替换的算术运算的数量比高斯消去法少 $\Theta(n)$。因此,如果将代换法与高斯消去法相结合使用,则最好使用对并行高斯消去法最有效的矩阵划分方案。

算法 10.2　一种用于反向替换的串行算法。U 是一个上三角矩阵,主对角线的所有项都等于 1,所有的次对角线项都等于零。

```
procedure BACK_SUBSTITUTION(U,x,y,n)
    for k := n - 1 downto 0 do          / * 主循环 * /
        x[k] := y[k];
        for i := k - 1 downto 0 do
            y[i] := y[i] - x[k] * U[i,k];
        end for
    end for
end procedure BACK_SUBSTITUTION
```

考虑 $n \times n$ 矩阵 U 到 p 进程的行块一维映射。让向量 y 在所有的过程中均匀分布。在主循环(第 2 行)的典型迭代中求解的变量的值必须发送到所有包含该变量的方程的进程。此通信可以通过流水线传输。如果是这样,执行迭代计算的时间主导了进程在迭代中通信花费的时间。在流水线实现的每次迭代中,一个进程接收(或生成)一个变量的值,并将该值发送给另一个进程。使用在当前迭代中求解的变量的值,一个进程还可以执行高达 n/p 次的乘法和减法(第 4 行和第 5 行)。因此,流水线实现的每一步都需要恒定的通信时间,计算的时间为 $\Theta(n/p)$。算法终止于 $\Theta(n)$ 步,整个算法的并行运行时间为 $\Theta(n^2/p)$。

如果矩阵在 $\sqrt{p} \times \sqrt{p}$ 个进程的逻辑网格上进行二维划分,并且向量的元素沿着进程网格的一列分布,那么只有包含该向量的 $\sqrt{p}$ 个进程进行任何计算。使用流水线将 U 的适当元素通信到包含替换步骤的对应 y 元素的进程(第 5 行),该算法可以在时间 $\Theta(n^2/\sqrt{p})$ 中执行。因此,使用二维映射进行并行反向替换的代价是 $\Theta(n^2/\sqrt{p})$。该算法不是成本最优的,因为它的序列成本只有 $\Theta(n^2)$。然而,求解线性系统的整个过程,包括使用高斯消去的上三角化,对于 $\sqrt{p} = O(n)$ 仍然是代价最优的,因为整个过程的序列复杂度是 $\Theta(n^3)$。

10.4　线性方程组求解中的考虑

对 $Ax = b$ 形式的线性方程组进行求解,将 A 表示为下三角矩阵 L 和单位上三角矩阵 U 的乘积。然后将该方程组改写为 $LU\,x = b$,分两步求解。首先,求解 y 的下三角系统 $Ly = b$。其次,求解 x 的上三角系统 $Ux = y$。

算法 10.1 中给出的高斯消去算法有效地将 A 分解为 L 和 U。然而,它也通过在第 6 行和第 12 行上的步骤动态地解决了下三角系统 $Ly = b$。算法 10.1 给出了一种所谓的面向行的高斯消去算法。在该算法中,从其他行中减去行的倍数。如果如 10.2 节所述的部分旋转被纳入该算法,则得到的上三角矩阵 U 的所有元素都小于或等于 1。下三角矩阵 L,无论是隐式的还是显式的,都可能具有较大数值的元素。在求解系统 $Ax = b$ 时,首先求解三角系统 $Ly = b$。如果 L 包含较大的元素,则由于计算机中浮点数的精度有限,在求解 y 时可能会出现舍入误差。y 中的这些错误通过对 $Ux = y$ 的求解而被传播。

高斯消去的另一种形式是面向列的形式,它可以从算法 10.1 中通过反转行和列的角色而得到。在面向列的算法中,从其他列中减去列的倍数,沿列进行轴搜索,如果需要,通过行交换来保证数值稳定性。由面向列的算法生成的下三角矩阵 L 的所有元素的大小都小于或等于 1。这使其在求解 $Ly = b$ 时的数值误差最小化,并导致其在总体求解中的误差明显小于最优算法。

从实际的角度来看,面向列的高斯消去算法比面向行的算法更有用。我们选择在本章中详细介绍面向行的算法,因为它更直观。很容易看出,将一个线性方程的倍数与其他方程的倍数进行减法所得到的线性方程组与原系统是等价的。本节中介绍的关于算法 10.1 中面向行的算法的整个讨论都适用于将行和列的角色颠倒的面向列的算法。例如,对于具有部分旋转的面向列的算法,向列的一维划分更适合于向行的一维划分。

思 考 题

1. 运用高斯消去算法转换线性方程组 $Ax = b$ 到一个单位上三角系统 $Ux = y$。
2. 简述求解上三角方程组 $Ux = y$ 的顺序后置算法。
3. 带有部分旋转的高斯消去法中如何实现部分旋转?
4. 在执行高斯消去算法的过程中,分析方程组的数值稳定解需要排列矩阵的列的情况。
5. 举例说明在一个 5×5 矩阵上的流水线高斯消去法。

第 11 章　快速傅里叶变换

离散傅里叶变换(Discrete Fourier Transform,DFT)在许多科学和技术应用中发挥着重要的作用,包括时间序列和波形分析、线性偏微分方程的解、卷积、数字信号处理和图像滤波。DFT 是一种线性变换,它将一个周期信号的周期,如正弦波,映射到代表信号频谱的等数量的点上。1965 年,Cooley 和 Tukey 设计了一种算法来计算 $\Theta(n \log n)$ 运算中的 n 点级数的DFT。他们的新算法是对之前已知的计算 DFT 的方法的一个重大改进,因为 DFT 需要 $\Theta(n^2)$ 操作。Cooley 和 Tukey 的革命性算法及其变化被称为快速傅里叶变换(Fast Fourier Transform,FFT)。由于 FFT 在科学和工程领域的广泛应用,人们对在并行计算机上实现FFT 非常感兴趣。

FFT 算法存在几种不同的形式。本章讨论它最简单的形式,一维、无序的 radix-2 FFT。高半径和多维 FFT 的并行方式类似于本章中讨论的简单算法,因为所有顺序 FFT 算法背后的基本思想都是相同的。通过对无序 FFT 的输出序列执行位反转来获得有序 FFT。位反转并不影响 FFT 并行实现的整体复杂性。

在本章中,我们讨论基本算法的两个并行方式:二元交换算法和转置算法。根据输入 n 的大小、进程的数量 p 以及内存或网络带宽,其中一个可能比另一个运行得更快。

11.1　串行算法

考虑一个序列 $X=<X[0],X[1],\cdots,X[n-1]>$。序列 X 的离散傅里叶变换是序列 $Y=<Y[0],Y[1],\cdots,Y[n-1]>$,其中:

$$Y[i] = \sum_{k=0}^{n-1} X[k]\omega^{ki} \quad (0 \leqslant i < n) \tag{11.1}$$

在上式中,ω 是复平面上统一的原始的 n 次单位根;也就是说,$\omega = e^{2\pi\sqrt{-1}/n}$,其中 e 是自然对数的基。更一般地说,方程中 ω 的幂可以看作模为 n 的整数的有限交换环的元素。在 FFT 计算中使用的 ω 的幂也被称为旋转因子。

根据该公式计算每个 $Y[i]$ 需要 n 个复乘法。因此,计算长度为 n 的整个序列 Y 的序列复杂度为 $\Theta(n^2)$。下面描述的快速傅里叶变换算法将这个复杂度降低到 $\Theta(n \log n)$。

假设 n 是 2 的幂次。FFT 算法基于以下步骤,允许将 n 点 DFT 计算分成两个 $(n/2)$ 点DFT 计算:

$$Y[i] = \sum_{k=0}^{(n/2)-1} X[2k]\omega^{2ki} + \sum_{k=0}^{(n/2)-1} X[2k+1]\omega^{(2k+1)i}$$

$$= \sum_{k=0}^{(n/2)-1} \boldsymbol{X}[2k]e^{2(2\pi\sqrt{-1}/n)ki} + \sum_{k=0}^{(n/2)-1} \boldsymbol{X}[2k+1]\omega^i e^{2(2\pi\sqrt{-1}/n)ki} \tag{11.2}$$

$$= \sum_{k=0}^{(n/2)-1} \boldsymbol{X}[2k]e^{2\pi\sqrt{-1}ki/(n-2)} + \omega^i \sum_{k=0}^{(n/2)-1} \boldsymbol{X}[2k+1]e^{2\pi\sqrt{-1}ki/(n-2)}$$

让 $\widetilde{\omega} = e^{2\pi\sqrt{-1}/(n/2)} = \omega^2$，也就是说，$\widetilde{\omega}$ 是归一的原始第 $(n/2)$ 根。然后，我们可以将上式重写如下：

$$\boldsymbol{Y}[i] = \sum_{k=0}^{(n/2)-1} \boldsymbol{X}[2k]\widetilde{\omega}^{ki} + \omega^i \sum_{k=0}^{(n/2)-1} \boldsymbol{X}[2k+1]\widetilde{\omega}^{ki} \tag{11.3}$$

该式右侧的两个求和中的每个都是一个 $(n/2)$ 点 DFT 计算。如果 n 是 2 的幂次，那么每个 DFT 计算都可以以递归的方式类似地划分为更小的计算。这就形成了算法 11.1 中给出的递归 FFT 算法。这种 FFT 算法被称为 radix-2 算法，因为在每个递归级别上，输入序列被分成两个相等的部分。

算法 11.1 递归，一维，无序，radix-2 FFT 算法。这里 $\omega = e^{2\pi\sqrt{-1}/n}$。

```
Procedure R_FFT(X,Y,n,w)
if(n = = 1) then
    Y(1) = X(1)
  else
    complex * 8,dimension(n/2) :: Q,T
    complex * 8 :: w2
    integer :: i
    w2 = w * w
    call R_FFT(X(1:n - 2:2),Q,n/2,w2)
    call R_FFT(X(2:n - 1:2),T,n/2,w2)
    do i = 1,n
      Y(i) = Q(mod(i - 1,n/2) + 1) + w * * (i - 1) * T(mod(i - 1,n/2) + 1)
    end do
  end if
endProcedure R_FFT
```

图 11-1 说明了递归算法如何在 8 点序列上工作。算法 11.1 的第 12 行对应的第一组计算发生在递归的最深处。在这个级别上，在计算中使用了指数相差 $n/2$ 的序列元素。在随后的每一级中，在计算中一起使用的元素的索引之间的差值减小了两倍。图中还显示了在每次计算中使用的 ω 的幂次。

在每个递归级别上，递归计算一个 FFT 的输入序列的大小都减少了 2 倍（算法 11.1 的第 9 行和第 10 行）。因此，对于长度为 n 的初始序列，递归的最大级别数为 $\log n$。在递归的第 m 个层次，计算大小为 $n/2^m$ 的 2^m 个 FFTs。因此，每个层级的算术运算总数（第 12 行）为 $\Theta(n)$，算法 11.1 的总体序列复杂度为 $\Theta(n \log n)$。

串行 FFT 算法也可以转换为迭代形式。迭代形式的并行实现更容易说明。在描述并行 FFT 算法之前，我们给出了串行算法的迭代形式。迭代 FFT 算法是通过将每个递归层次转

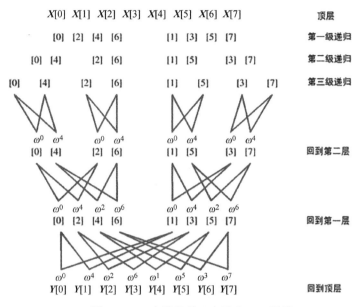

图 11-1　一个递归的 8 点无序 FFT 计算

换为迭代。算法 11.2 给出了 n 点、一维、无序、radix-2 FFT 的经典迭代 Cooley-Tukey 算法。该程序从第 3 行开始执行外环的 $\log n$ 次迭代。该算法的迭代版本中的循环索引 m 的值对应于递归版本中的($\log n$-m)第一个递归级别(图 11-1)。就像在每个递归级别中一样,每次迭代执行 n 个复杂的乘法和加法。

算法 11-2 有两个主要循环。对于 n 点 FFT,从第 3 行开始的外环执行 $\log n$ 次,在该外环的每次迭代中,从第 8 行开始的内环执行 n 次。内环的所有操作都是恒定时间的算术运算。因此,该算法的顺序时间复杂度为 $\Theta(n \log n)$。在外环的每次迭代中,该序列 R 使用在上一次迭代中存储在序列 S 中的元素进行更新。在第一次迭代中,输入序列 X 作为初始序列 R。从最终迭代中更新的序列 X 是所需的傅里叶变换,并被复制到输出序列 Y 中。

算法 11.2　一维、无序、radix-2 FFT 的 Cooley-Tukey 算法。这里 $\omega = e^{2\pi\sqrt{-1}/n}$。

```
procedure ITERATIVE_FFT(X,Y,n)
    r : = log(n);
    for i : = 0 to n − 1 do
        R[i] : = X[i];
    end for
    for m : = 0 to r − 1 do        / * 外循环 * /
        for i : = 0 to n − 1 do
            S[i] : = R[i];
        end for
        for i : = 0 to n − 1 do       / * 内循环 * /
            / * Let(b0b1··· br − 1) be the binary representation of i * /
            j : = (b0···bm − 10bm + 1···br − 1);
            k : = (b0···bm − 11bm + 1···br − 1);
```

$$R[i] := S[j] + S[k] \times \omega^{\wedge}((b\_m \ b\_(m-1\cdots) \ b\_0));$$

      end for;   / * 内循环 * /

    end for;   / * 外循环 * /

    for i := 0 to n − 1 do

      Y[i] := R[i];

    end for

   end procedure ITERATIVE_FFT

  算法 11.2 中的第 14 行执行了 FFT 算法中的一个关键步骤。这一步通过使用 $S[j]$ 和 $S[k]$ 来更新 R。指标 j 和 k 由指数 i 导出如下。假设 $n=2^r$,由于 $0 \leqslant i < n$,i 的二进制表示包含 r 位。设 $(b_0 b_1 \cdots b_{r-1})$ 是索引 i 的二进制表示形式。在外环的第 m 次迭代($0 \leqslant m < r$)中,索引 j 是通过强制 i(即 b_m)的第 m 个最重要的位为零而导出的。指数 k 是通过强制 b_m 为 1 得到的。因此,j 和 k 的二进制表示只在它们的第 m 个最重要的位上有所不同。在 i 的二进制表示中,b_m 要么是 0,要么是 1。因此,在两个指标 j 和 k 中,有一个与指标 i 相同,这取决于 $b_m=0$ 还是 $b_m=1$。在外环的第 m 次迭代中,对于 0 和 $n-1$ 之间的每个 i,$R[i]$ 是通过对 $S[i]$ 和 S 的另一个元素执行算法 11.2 的第 14 行生成的,这些元素的索引与 i 仅在最重要的第 m 位不同。图 11-2 显示了在 $n=16$ 的情况下,这些元素配对的模式。

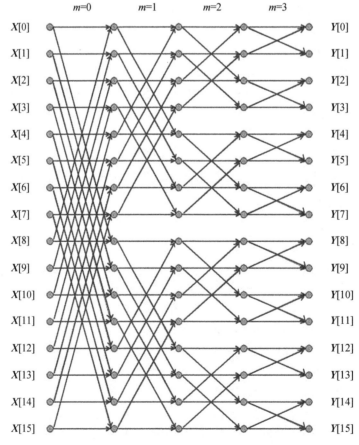

图 11-2 在 16 点无序 FFT 计算过程中,输入元素和中间序列元素的组合模式

11.2 二元交换算法

本节讨论在并行计算机上执行 FFT 的二元交换算法。首先,通过对输入或输出向量进行分割来进行分解。因此,每个任务从输入向量的一个元素开始,并计算输出的相应元素。如果每个任务被分配与其输入或输出元素的索引相同的标签,那么在算法的每一次 $\log n$ 迭代中,交换数据发生在标签在一位位置不同的任务对之间。

11.2.1 全带宽网络

这里我们描述二元交换算法在一个并行计算机上的实现,在该并行计算机上,$\Theta(p)$ 的二等分宽度可用于 p 个并行进程。由于并行 FFT 的任务之间的交互模式与超立方体网络的交互模式相匹配,我们描述一个互连网络的算法。然而,性能和可扩展性分析将适用于任何一个总体同时数据传输能力为 $O(p)$ 的并行计算机。

1. 每个进程一个任务

我们首先考虑一个简单的映射,其中为每个进程分配一个任务。图 11-3 说明了由 $n=16$ 的二进制交换算法的映射所引起的交互模式。如图所示,进程 $i(0 \leqslant i < n)$ 最初存储 $X[i]$,最后生成 $Y[i]$。在外环的每一次 $\log n$ 迭代中,进程 P_i 通过执行算法 11.2 的第 14 行来更新

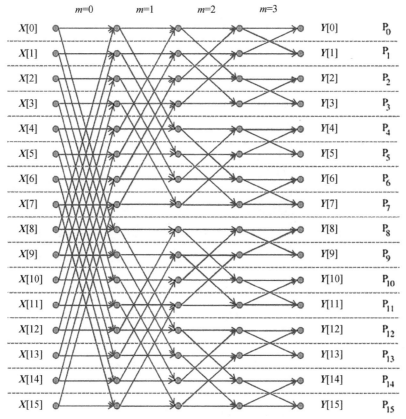

图 11-3 在 16 个进程上的一个 16 点的无序 FFT

(P_i 表示标记为 i 的进程)

$R[i]$ 的值。所有的 n 个更新都是并行执行的。

为了执行更新,进程 P_i 需要一个进程的 S 元素,该进程的标签与 i 略有不同。回想一下,在一个超立方体中,一个节点连接到所有这些节点,这些节点的标签仅在一个位置上与它自己的标签不同。因此,并行 FFT 计算自然映射到超立方体,进程一对一映射到节点。在外环的第一次迭代中,每对通信进程的标签只在其最重要的位上有所不同。例如,进程 P_0 到 P_7 分别与 P_8 到 P_{15} 进行通信。类似地,在第二次迭代中,相互通信的进程的标签在第二重要位有所不同,依此类推。

在该算法的每一次 $\log n$ 迭代中,每个进程都执行一个复数乘法和加法,并与另一个进程交换一个复数。因此,每次迭代的工作量都是恒定的。因此,通过使用具有 n 个节点的超立方体并行执行算法需要时间 $\Theta(\log n)$。FFT 的超立方体公式是成本最优的,因为它的过程时间乘积是 $\Theta(n \log n)$,与串行 n 点 FFT 的复杂性相同。

2. 每个进程多个任务

我们现在考虑一个映射,其中一个 n 点 FFT 的 n 个任务被映射到 p 个进程上,其中 $n > p$。为了简单起见,让我们假设 n 和 p 都是 2 的幂,即 $n = 2^r$ 和 $p = 2^d$。如图 11-4 所示,我们将序列划分为 n/p 个连续元素的块,并为每个进程分配一个块。

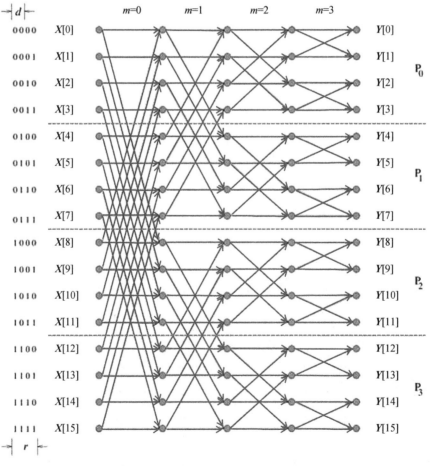

图 11-4 4 个进程上的一个 16 点 FFT

(P_i 表示标记为 i 的进程,一般来说,进程数为 $p = 2^d$,输入序列的长度为 $n = 2^r$)

图 11-4 所示的映射的一个有趣的特性是,如果 $(b_0 b_1 \cdots b_{r-1})$ 是任意 i 的二进制表示,例如 $0 \leqslant i < n$,那么 $R[i]$ 和 $S[i]$ 被映射到标记为 $(b_0 \cdots b_{d-1})$ 的进程上。也就是说,序列中任何元素的索引中最重要的 d 个位是该元素所属的进程的标签的二进制表示。映射的这一特性在确定 FFT 算法并行执行期间所执行的通信量方面起着重要的作用。

图 11-4 显示了在其 $d(=2)$ 最重要位处索引不同的元素被映射到不同的进程上。然而,所有具有相同的最重要位的元素都被映射到相同的进程上。从上一节回想一下,n 点 FFT 需要 $r = \log n$ 次迭代。在循环的第 m 次迭代中,在第 m 次最重要位中索引不同的元素被组合起来。因此,在第一次 d 次迭代中组合的元素属于不同的进程,而在最后一次 $(r-d)$ 次迭代中组合的元素对属于相同的进程。因此,这个并行的 FFT 算法只在 $\log n$ 迭代的第一个 $d = \log p$ 期间需要进程间交互。在最后一次 $r-d$ 迭代中没有交互。此外,在第一个 d 迭代的第 i 次中,一个进程所需要的所有元素都恰好来自另一个进程——一个标签在最重要的第 i 位不同的进程。每个交互操作交换 n/p 个数据字。因此,在整个算法中,花费在通信上的时间是 $t_s \log p + t_w (n/p) \log p$。在每次 $\log n$ 迭代中,一个过程更新 R 的 n/p 元素。如果复乘法和加法对需要时间 t_c,则在 p 节点超立方体网络上 n 点 FFT 的二值交换算法的并行运行时间为

$$T_p = t_c \frac{n}{p} \log n + t_s \log p + t_w \frac{n}{p} \log p \tag{11.4}$$

过程时间乘积是 $t_c n \log n + t_s p \log p + t_w n \log p$。对于成本最优的并行系统,该乘积应为 $O(n \log n)$——FFT 的顺序时间复杂度算法。这对 $p < n$ 也成立。加速比和效率的表达式由以下等式给出:

$$
\begin{aligned}
S &= \frac{t_c n \log n}{T_p} \\
&= \frac{p n \log n}{n \log n + (t_s / t_c) p \log p + (t_w / t_c) n \log p} \\
E &= \frac{1}{1 + (t_s p \log p)/(t_c n \log n) + (t_w \log p)/(t_c \log n)}
\end{aligned}
\tag{11.5}
$$

3. 可扩展性分析

从 11.1 节中,我们知道 n 点 FFT 的问题大小 W 是:

$$W = n \log n \tag{11.6}$$

如图 11-3 所示,由于 n 点 FFT 可以利用最大 n 个进程,$n \geqslant p$ 或 $n \log n \geqslant p \log p$ 以保持 p 个进程繁忙。因此,由于并行性,这种并行 FFT 算法的等效率函数为 $\Omega(p \log p)$。由于不同的通信相关项,我们现在推导出二进制交换算法的等效率函数。我们可以把式 11.5 重写为:

$$\frac{t_s p \log p}{t_c n \log n} + \frac{t_w \log p}{t_c \log n} = \frac{1 - E}{E} \tag{11.7}$$

为了保持固定的效率 E,表达式 $(t_s p \log p)/(t_c n \log n) + (t_w \log p)/(t_c \log n)$ 应等于常数 $1/K$,其中 $K = E/(1-E)$。我们使用一个近似值来得到等效率函数的表达式。首先确定问题大小相对于 p 的增长率,这将使由于 t_s 而导致的项保持不变。为此,我们假设 $t_w = 0$。现在保持恒定效率 E 的条件如下:

$$\frac{t_s p \log p}{t_c n \log n} = \frac{1}{K}$$

$$n \log n = K \frac{t_s}{t_p} p \log p \tag{11.8}$$

$$W = K \frac{t_s}{t_p} p \log p$$

式 11.8 给出了由于交互延迟或消息启动时间导致的开销的等效率函数。同样地，由于 t_w 所产生的开销，我们推导出了等效率函数。我们假设 $t_s = 0$，因此，一个固定的效率 E 要求保持以下关系：

$$\frac{t_w p \log p}{t_c n \log n} = \frac{1}{K}$$

$$\log n = K \frac{t_w}{t_c} \log p$$

$$n = p^{K t_w / t_c} \tag{11.9}$$

$$n \log n = K \frac{t_w}{t_c} p^{K t_w / t_c} \log p$$

$$W = K \frac{t_w}{t_c} p^{K t_w / t_c} \log p$$

如果 $K t_w / t_c$ 项小于 1，则式 11.9 所要求的问题大小的增长率小于 $\Theta(p \log p)$。在这种情况下，式 11.8 确定了该并行系统的整体等效率函数。但是，如果 $K t_w / t_c$ 超过 1，则式 11.9 确定了总的等效率函数，它现在大于式 11.8 给出的 $\Theta(p \log p)$ 的等效率函数。

对于该算法，渐近等效率函数依赖于 K、t_w 和 t_c 的相对值。在这里，K 是待维持效率 E 的递增函数，t_w 取决于并行计算机的通信带宽，而 t_c 取决于处理器的计算速度。FFT 算法的独特之处在于，等效率函数的顺序取决于期望的效率和硬件相关的参数。事实上，$K t_w / t_c = 1$（即 $1/(1-E) = t_c / t_w$ 或 $E = t_c / (t_c + t_w)$）对应的效率作为一种阈值。对于一个固定的 t_c 和 t_w，可以很容易地获得达到阈值的效率。对于 $E \leqslant t_c / (t_c + t_w)$，渐近等效率函数为 $\Theta(p \log p)$。只有在问题规模非常大时，才能获得远高于阈值 $t_c / (t_c + t_w)$ 的效率。原因是对于这些效率，渐近等效率函数是 $\Theta(p^{K t_w / t_c} \log p)$。下面的例子说明了 $K t_w / t_c$ 值对等效率函数的影响。

例 11.1 二元交换算法中的阈值效应

考虑一个假设的超立方体，其硬件参数的相对值由 $t_c = 2$、$t_w = 4$ 和 $t_s = 25$ 给出。有了这些值，阈值效率 $t_c / (t_c + t_w)$ 为 0.33。

现在我们研究在超立方体上的二元交换算法的等效率函数，以保持效率低于和高于阈值。由于并发性，该算法的等效率函数为 $p \log p$。从式 11.7 和式 11.8 可知，由开销函数中的 t_s 项和 t_w 项引起的等效率函数分别为 $K(t_s / t_c) p \log p$ 和 $\log p$。为了保持给定的效率 E（即对于给定的 K），总体等效率函数给定为：

$$W = \max \left\{ p \log p, K \frac{t_s}{t_c} p \log p, K \frac{t_w}{t_c} p^{K t_w / t_c} \log p \right\}$$

图 11-5 显示了该函数对 $E = 0.20$、0.25、0.30、0.35、0.40 和 0.45 的等效率曲线。注意，

对于效率,各种等效率曲线间隔阈值。然而,保持效率高于阈值所需的问题规模要大得多。E 为 0.20、0.25 和 0.30 的渐近等效率函数为 $\Theta(p\ \log p)$。$E = 0.40$ 的等效率函数为 $\Theta(p^{1.33}\log p)$,而 $E = 0.45$ 的等效率函数为 $\Theta(p^{1.64}\log p)$。

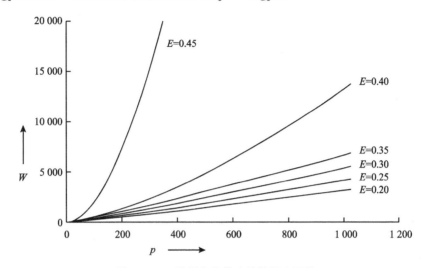

图 11-5 二进制交换算法的等效率函数

($t_c = 2, t_w = 4, t_s = 25$ 的超立方体上的算法,E 取各种值)

图 11-6 显示了具有相同硬件参数的 256 节点超立方体上 n 点 FFT 的效率曲线。当 p 等于 256 时,用式 11.5 的不同 n 值计算效率 E。从图中可以看出,效率最初随着问题的大小而迅速提高,但效率曲线在阈值以上趋平。

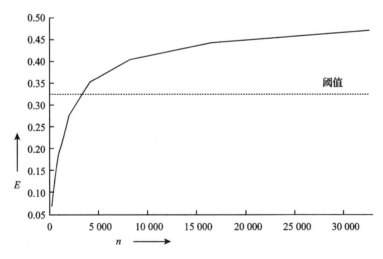

图 11-6 在具有 $t_c = 2$、$t_w = 4$ 和 $t_s = 25$ 的 256 节点超立方体上,二进制交换算法作为 n 的函数的效率

例 11.1 表明,对于合理的问题大小可以获得的效率存在限制,并且该限制是由所使用的并行计算机的 CPU 速度和通信带宽之间的比率决定的。这个限制可以通过增加通信信道的带宽来提高。然而,在不增加通信带宽的情况下提高 CPU 的速度会降低限制。因此,二元交换算法在通信和计算速度不平衡的并行计算机上表现不佳。如果硬件在通信和计算速度方面是平衡的,那么二元交换算法是相当可扩展的,并且在以 $\Theta(p\,\log p)$ 的速度增加问题大小时,可以保持合理的效率。

11.2.2 有限带宽网络

现在,我们考虑在一个横截面带宽小于 $\Theta(p)$ 的并行计算机上实现二元交换算法。我们选择了一个网状互联网络来说明该算法及其性能特点。假设 n 个任务被映射到 p 个运行在一个 $\sqrt{p}$ 行和 $\sqrt{p}$ 列的网格上的进程上,并且 $\sqrt{p}$ 是 2 的幂。令 $n=2^r$ 和 $p=2^d$。还假设进程以行主方式标记,数据与超立方体的分布方式相同,也就是说,一个具有索引 $(b_0 b_1 \cdots b_{r-1})$ 的元素映射到标记为 $(b_0 \cdots b_{d-1})$ 的进程上。

与超立方体的情况一样,通信只在一个位的标签不同的进程之间的第一次 $\log p$ 迭代中进行。但是,与超立方体不同的是,通信过程不会直接链接在网格中。因此,消息通过多个链接传播,并且共享相同链接的消息之间存在重叠。图 11-7 显示了在一个有 64 个节点的网格上进行 FFT 计算期间,进程 0 和进程 37 发送和接收的消息。如图 11-7 所示,进程 0 与进程 1、进程 2、进程 4、进程 8、进程 16 和进程 32 进行通信。请注意,所有这些进程都与进程 0 位于网格的同一行或列中。进程 1、进程 2 和进程 4 分别与进程 0 在同一行中,其距离分别为 1、2 和 4 个链接。进程 8、进程 16 和进程 32 位于同一列,距离为 1、2 和 4 个链接。更准确地说,在需要通信的 $\log \sqrt{p}$ 步骤中的 $\log n$ 中,正在通信的进程在同一行,并且在剩余的 $\log n$ 个步骤中,它们在同一列。共享至少一个链接的消息数等于每条消息经过的链接的数量,因为在给定的 FFT 迭代期间,所有成对的节点交换遍历相同数量链接的消息。

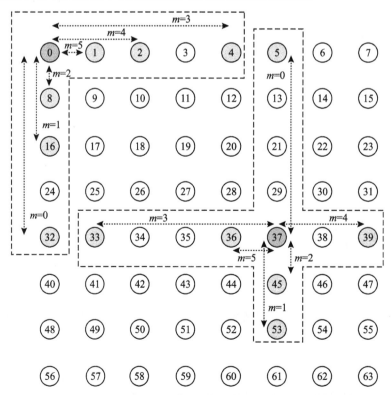

图 11-7 在一个包含 64 个进程的逻辑方块网格上进行 FFT 计算期间的数据通信

(图中显示了标记为 0 和 37 的进程交换数据的所有进程)

一行或一列中的通信进程之间的距离从一个链接增长到 $\sqrt{p}/2$ 链接,在每个 $\log\sqrt{p}$ 迭代中加倍。对于网格中的任何进程都是如此,如图 11-7 所示的进程 37。因此,按执行行通信所花费的总时间为 $\sum_{m=0}^{d/2-1}[t_s+t_w(n/p)2^m]$。在列通信中花费等量的时间。回想一下,我们假设一个复乘法和加法对需要时间 t_c。由于一个进程在每次 $\log n$ 迭代中执行 n/p 这样的计算,因此总体并行运行时间由下式给出:

$$
\begin{aligned}
T_p &= t_c\,\frac{n}{p}\log n + 2\sum_{m=0}^{d/2-1}\left(t_s+t_w\,\frac{n}{p}2^m\right) \\
&= t_c\,\frac{n}{p}\log n + 2\left[t_s\log\sqrt{p}+t_w\,\frac{n}{p}(\sqrt{p}-1)\right] \\
&\approx t_c\,\frac{n}{p}\log n + t_s\log p + 2t_w\,\frac{n}{\sqrt{p}}
\end{aligned}
\tag{11.10}
$$

加速比和效率的计算公式如下:

$$
\begin{aligned}
S &= \frac{t_c n\log n}{T_p} \\
&= \frac{pn\log n}{n\log n+(t_s/t_c)p\log p+2(t_w/t_c)n\sqrt{p}} \\
E &= \frac{1}{1+(t_s p\log p)/(t_c n\log n)+2(t_w\sqrt{p})/(t_c\log n)}
\end{aligned}
\tag{11.11}
$$

该并行系统的处理时间乘积为 $t_c n\log n + t_s p\log p + 2nt_w\sqrt{p}$。为了成本最优,过程时间乘积应该是 $O(n\log n)$,这是在 $\sqrt{p}=O(\log n)$ 时获得的,或 $p=O(\log^2 n)$。由于式 11.9 中由 t_s 引起的通信项与超立方体相同,相应的等效率函数又是 $\Theta(p\log p)$,如式 11.7 所示。通过按照与 11.2.1 节相同的方式执行等效率分析,我们可以得出 t_w 项引起的等效率函数为 $2K(t_w/t_c)2^{2K(t_w/t_c)\sqrt{p}}\sqrt{p}$。给定这个等效率函数,问题的大小必须随着进程的数量呈指数增长,以保持恒定的效率。因此,二元交换法的 FFT 算法在网格上并不是很容易扩展的。

二元交换算法在网格上的通信开销不能通过使用序列到进程的不同映射来减少。在任何映射中,都有至少一次迭代,其中相互通信的进程对至少有 $\sqrt{p}/2$ 对链接分开。该算法本质上需要 $\Theta(p)$ 对分带宽在 p 节点上,以及在具有 $\Theta(\sqrt{p})$ 对分带宽的二维网格等架构上,如所讨论的,通信时间不能渐进地优于 $t_s\log p+2(n/\sqrt{p})t_w$。

11.2.3 并行 FFT 中的额外计算

到目前为止,我们已经描述了一个在超立方体和网格上的 FFT 算法的并行方式,并讨论了它在两种架构上存在通信开销时的性能和可扩展性。在本节中,我们将讨论在并行 FFT 实现中可能出现的另一个开销来源。

回想一下算法 11.2,第 14 行的计算步骤将 ω 的幂次(旋转因子)与 S 的元素相加。对于 n 点 FFT,第 14 行执行 $n\log n$ 次。然而,在整个算法中只使用了 n 个 ω 的不同幂(即 $\omega^0,\omega^1,\omega^2,\cdots,\omega^{n-1}$)。所以一些旋转因子被重复使用。在串行实现中,在启动主算法之前,预先计算和存储所有 n 个旋转因子是很有用的。这样,旋转因子的计算只需要 $\Theta(n)$ 复杂操作,而不是在第 14 行的每次迭代中计算所有旋转因子所需的 $\Theta(n \log n)$ 操作。

在并行实现中,计算旋转因子所需的总工作量不能减少为 $\Theta(n)$。原因是,即使某个旋转因子被多次使用,它也可能在不同的时间被用于不同的进程。如果在相同数量的进程上计算相同大小的 FFT,那么每个进程的每次计算都需要一组相同的旋转因子。在这种情况下,可以预先计算和存储旋转因子,并且它们的计算成本可以在执行相同大小的 FFT 的所有实例上进行摊销。但是,如果我们只考虑 FFT 的一个实例,那么旋转因子计算会在并行实现中带来额外的开销,因为它比顺序实现执行更多的整体操作。

作为一个例子,考虑在一个 8 点 FFT 的 3 次迭代中使用的 ω 的各种幂。在从算法的第 6 行开始的循环的第 m 次迭代中,ω^l 是为所有 $i(0 \leqslant i < n)$,使得 l 是将 $m+1$ 最高位倒序得到的整数 i 的位,然后用 $\log n - (m+1)$ 个零向右填充他们(参见图 11-1 和算法 11-2,看看 l 是如何得出的)。表 11-1 显示了一个 8 点 FFT 的所有 i 和 m 值所需的 ω 的幂的二进制表示。

表 11-1　在一个 8 点 FFT 的不同迭代中计算出的 ω 的不同幂的二进制表示
(m 的值为外环的迭代次数,i 为算法 11.2 的内环的索引)

	$i=0$	1	2	3	4	5	6	7
$m=0$	000	000	000	000	100	100	100	100
$m=1$	000	000	100	100	010	010	110	110
$m=2$	000	100	010	110	001	101	011	111

如果使用了 8 个进程,则每个进程将计算并使用表 11-1 中的一列。进程 0 对其所有的迭代只计算 1 个旋转因子,但是有些进程(在本例中,所有其他进程 2~7)在 3 个迭代中的每一次都计算 1 个新的旋转因子。如果 $p=n/2=4$,则每个进程计算表的连续两列。在这种情况下,最后一个进程将计算表的最后两列中的旋转因子。因此,最后一个进程总共计算了 4 种不同的幂——一个用于 $m=0(100)$ 和 $m=1(110)$,两个用于 $m=2(011$ 和 $111)$。尽管不同的进程可能计算出不同数量的旋转因子,但由于额外工作而造成的总开销与任何单个进程计算出的最大旋转因子数量的 p 倍成正比。设 $h(n,p)$ 是在 n 点 FFT 中任何 p 过程计算的旋转因子的最大数量。表 11-2 显示了 $p=1$、2、4 和 8 的 $h(8,p)$ 值。该表还显示了任何单个进程在每次迭代中计算出的新的旋转因子的最大数量。

表 11-2　在一个 8 点 FFT 计算的每次迭代中,任何进程所使用的 ω 的最大新幂数

	$p=1$	$p=2$	$p=4$	$p=8$
$m=0$	2	1	1	1
$m=1$	2	1	1	1
$m=2$	4	2	2	1
Total$=h(8,p)$	8	7	4	3

函数 h 由以下递归关系定义:

$$h(n,1) = n$$
$$h(p,p) = \log p \qquad (p \neq 1)$$
$$h(n,p) = h(n,2p) + n/p - 1 \qquad (p \neq 1, n > p)$$

$p>1$ 和 $n \geqslant p$ 的递归关系的解是：

$$h(n,p) = 2\left(\frac{n}{p} - 1\right) + \log p$$

因此,如果计算一个旋转因子需要时间,那么至少有一个进程花费时间 $t'_c 2(n/p - 1) +$ $t'_c \log p \log p$ 计算旋转因子。旋转因子的总成本对所有进程求和的计算是 $2t'_c(n-p) +$ $t'_c p \log p \log p$。由于即使是串行实现也会产生计算旋转因子的成本,因此由于额外工作 ($T_o^{\text{extra\_work}}$)而导致的总并行开销由如下式给出：

$$\begin{aligned}
T_o^{\text{extra\_work}} &= [2t'_c(n-p) + t'_c p \log p] - t'_c n \\
&= t'_c[n + p(\log p - 2)] \\
&= \Theta(n) + \Theta(p \log p)
\end{aligned}$$

这种开销独立于用于 FFT 计算的并行计算机的体系结构。由 $T_o^{\text{extra\_work}}$ 引起的等效率函数是 $\Theta(p \log p)$。由于消息启动时间和并发性,该项与等效率项的顺序相同,因此额外的计算不会影响并行 FFT 的整体可扩展性。

11.3　转置算法

该二元交换算法与 CPU 的处理速度相比,在具有足够高的通信带宽的并行计算机上具有良好的性能。随着进程数量的增加,可以以适度的速度增加问题大小,同时保持在某一阈值以下的效率。但是,如果并行计算机的通信带宽比其处理器的速度要低,那么这个阈值就非常低。在本节中,我们将描述 FFT 的一个不同的并行方式,它以一些效率换取更一致的并行性能水平。这种并行算法涉及矩阵的转置,因此被称为转置算法。

当效率低于阈值时,转置算法的性能比二元交换算法要差。然而,使用转置算法更容易获得超过二元交换算法的阈值的效率。因此,当通信带宽与 CPU 速度的比值较低且需要较高的效率时,转置算法特别有用。在具有 $\Theta(p)$ 二分宽度的超立方体或 p 节点网络上,转置算法具有固定的渐近等效率函数 $\Theta(p^2 \log p)$。也就是说,这个等效率函数的阶数与点对点通信的速度与计算速度之比无关。

11.3.1　二维转置算法

最简单的转置算法需要在一个二维数组上进行单次转置操作,因此,我们称该算法为二维转置算法。

假设 $\sqrt{n}$ 为 2 的幂,算法 11.2 中使用的大小为 n 的序列排列为 $\sqrt{n} \times \sqrt{n}$ 个二维正方形阵列。回想一下,计算一个 n 个点序列的 FFT 需要对算法 11.2 的外环进行 $\log n$ 次迭代。如果数据按图 11-8 所示排列,那么每个列中的 FFT 计算可以独立进行 $\log \sqrt{n}$ 次迭代,而不需要来自任何其他列的数据。类似地,在剩余的 $\log \sqrt{n}$ 次迭代中,计算在每行中独立进行,而不需要来自任何其他行的数据。如果大小为 n 的数据排列在 $\sqrt{n} \times \sqrt{n}$ 数组中,则 n 点 FFT 计算相当于数组列中独立的 $\sqrt{n}$ 点 FFT 计算,然后是行中独立的 $\sqrt{n}$ 点 FFT 计算。图 11-8 显示了 16 点 FFT 的元素组合模式。

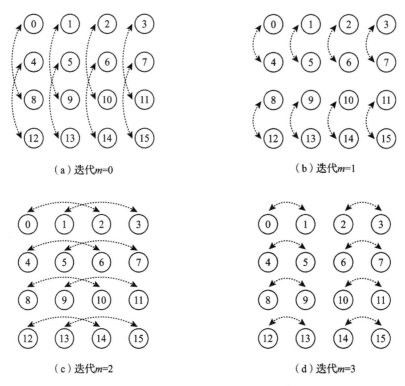

（a）迭代$m=0$　　　　　　　　　　　　　（b）迭代$m=1$

（c）迭代$m=2$　　　　　　　　　　　　　（d）迭代$m=3$

图 11-8　当数据排列在 4×4 二维方阵中时，16 点 FFT 中元素的组合模式

　　如果在计算 n 个点列 FFT 后对 $\sqrt{n} \times \sqrt{n}$ 个数据数组进行转置，那么问题的剩余部分是计算转置矩阵的 $\sqrt{n}$ 个点列 FFT。转置算法使用这个属性来并行计算 FFT，通过使用一个列状条带分区来在进程之间分布 $\sqrt{n} \times \sqrt{n}$ 个数据数组。例如，考虑图 11-9 中所示的 16 点 FFT 的计算，其中 4×4 的数据数组分布在 4 个进程之间，这样每个进程存储数组的一列。一般来说，二维转置算法分 3 个阶段进行。在第一阶段，为每一列计算一个 $\sqrt{n}$ 点 FFT。第二阶段，数据数组被转置。第三阶段也是最后阶段与第一阶段相同，涉及为转置数组的每一列计算 $\sqrt{n}$ 点 FFT。图 11-9 表明算法的第一和第三阶段不需要任何进程间通信。在这两个阶段，每个列式 FFT 计算的所有 $\sqrt{n}$ 个点都可以在同样的进程。只有第二阶段需要通信以转置 $\sqrt{n} \times \sqrt{n}$ 大小的矩阵。

　　在图 11-9 所示的转置算法中，数据数组的一列被分配给一个进程。在进一步分析转置算法之前，考虑更一般的使用 p 进程和 $1 \leqslant p \leqslant n$。$n \times n$ 大小数据数组被划分成块，并为每个进程分配一个 $\sqrt{n}/p$ 行的块。在算法的第一和第三阶段，每个进程计算 $\sqrt{n}$ 个大小为 $\sqrt{n}/p$ 的 FFT。第二步转置 $\sqrt{n} \times \sqrt{n}$ 矩阵，它分布在具有一维划分的 p 个进程中。这种转置需要一个所有对所有的个性化通信。

　　现在我们推导了二维转置算法并行运行时间的表达式。该算法中唯一的进程间交互发生在沿着列或行划分并映射到 p 个进程上的 $\sqrt{n} \times \sqrt{n}$ 大小的数据数组被转置时。根据对所有个性化通信的表达式中，将消息大小 m 替换为 n/p——每个进程拥有的数据量，得到

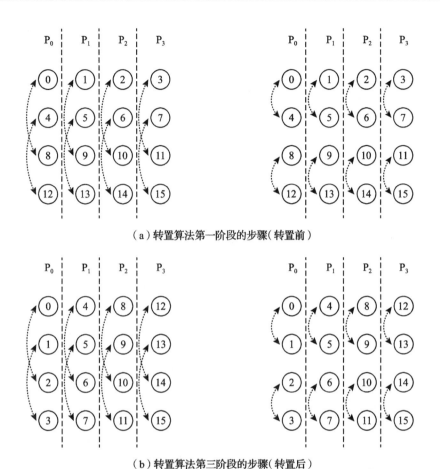

（a）转置算法第一阶段的步骤（转置前）

（b）转置算法第三阶段的步骤（转置后）

图 11-9　4 个过程上的 16 点 FFT 的二维转置算法

$t_s(p-1)+t_w n/p$ 作为算法第二阶段所花费的时间。第一阶段和第三阶段各需时间 $t_c \times \sqrt{n}/p \times \sqrt{n}\log\sqrt{n}$。因此，转置算法在超立方体或任何 $\Theta(p)$ 二分宽度网络上的并行运行时间由下式给出：

$$T_p = 2t_c\frac{\sqrt{n}}{p}\sqrt{n}\log\sqrt{n}+t_s(p-1)+t_w\frac{n}{p} \tag{11.12}$$

$$= t_c\frac{n}{p}\log n+t_s(p-1)+t_w\frac{n}{p}$$

加速比和效率的表达式如下：

$$S \approx \frac{pn\log n}{n\log n+(t_s/t_c)p^2+(t_w/t_c)n} \tag{11.13}$$

$$E \approx \frac{1}{1+(t_s p^2)/(t_c n\log n)+t_w/(t_c\log n)}$$

这个并行系统的过程时间乘积是 $t_c n\log n+t_s p^2+t_w n$。如果是 $n\log n=\Omega(p^2\log p)$，则这个并行系统是成本最优的。

请注意,式 11.12 中的效率表达式中与 t_w 相关的项与进程的数量无关。该算法的并发程度要求 $\sqrt{n}=\Omega(p)$,因为最多 $\sqrt{n}$ 个进程可以用来以条带的方式划分 $\sqrt{n}\times\sqrt{n}$ 大小的数据数组。因此,$n=\Omega(p^2)$,或 $n\log n=\Omega(p^2\log p)$。问题的大小必须至少以与 $\Theta(p^2\log p)$ 一样快的速度增长。在二维的超立方体或另一个宽度为 $\Theta(p)$ 的互联网络上,该算法的总体等效率函数为 $\Theta(p^2\log p)$。这个等效率函数与点对点通信的 t_w 和 t_c 的比率无关。在 p 节点的横截面带宽 b 小于 $\Theta(p)$ 的网络上,t_w 项必须乘以 $\Theta(p/b)$ 的适当表达式,才能推导出 T_p, S, E 和等效率函数。

下面将二维转置算法与二元交换算法进行比较。式 11.4 和式 11.12 的比较表明,由于消息启动时间 t_s,转置算法的开销比二元交换算法高得多,但由于信息的传输时间 t_w,它的开销更低。因此,根据 t_s 和 t_w 的相对值,这两种算法中的任何一种都可能更快。如果延迟 t_s 很低,那么转置算法可能是可供选择的算法。另一方面,二元交换算法可能在具有高通信带宽但有大量启动时间的并行计算机上表现得更好。

回想 11.2.1 节,如果效率为 $Kt_w/t_c\leqslant 1$,则可以实现 $\Theta(p\log p)$ 的整体等效率函数,其中 $K=E/(1-E)$。如果期望的效率是 $Kt_w/t_c=2$,那么二元交换算法和二维转置算法的整体等效率函数均为 $\Theta(p^2\log p)$。当 $Kt_w/t_c>2$ 时,二维转置算法比二元交换算法更具可扩展性,因此,前者应该是所选择的算法,前提是 $n\geqslant p^2$。但是,请注意的是,只有当目标架构对 p 节点的横截面带宽为 $\Theta(p)$ 时,转置算法才会比二元交换算法产生性能优势。

11.3.2　广义转置算法

在二维转置算法中,大小为 n 的输入被排列在一个 $\sqrt{n}\times\sqrt{n}$ 的二维数组中,该数组在 p 个进程上沿着一维进行划分。这些进程,不管并行计算机的底层架构如何,都可以被看作安排在一个逻辑的一维线性阵列中。作为该方案的扩展,考虑 n 个数据点排列在一个 $n^{1/3}\times n^{1/3}\times n^{1/3}$ 三维阵列映射到一个 $\sqrt{p}\times\sqrt{p}$ 的逻辑二维过程网格。图 11-10 说明了这种映射。为了简化算法描述,我们将三维数据数组的三个轴标记为 x,y 和 z。在这种映射中,数组的 x-y 平面被棋盘格化成 $\sqrt{p}\times\sqrt{p}$ 个部分。如图所示,每个进程存储 $(n^{1/3}/\sqrt{p})\times(n^{1/3}/\sqrt{p})$ 列数据,每列的长度(沿 z 轴)为 $n^{1/3}$。因此,每个进程都有 $(n^{1/3}/\sqrt{p})\times(n^{1/3}/\sqrt{p})\times n^{1/3}=n/p$ 个数据元素。

回想 11.3.1 节,通过首先计算所有数据列的 $\sqrt{n}$ 点一维 FFT,然后计算所有行的 $\sqrt{n}$ 点一维 FFT,可以计算出大小为 $\sqrt{n}\times\sqrt{n}$ 的二维排列输入的 FFT。如果数据排列在一个 $n^{1/3}\times n^{1/3}\times n^{1/3}$ 三维阵列中,则可以类似地计算整个 n 点 FFT。在这种情况下,$n^{1/3}$ 点 FFT 在所有三维数组列的元素上计算,一次选择一个维。我们称这个算法为三维转置算法。该算法可分为以下 5 个阶段:

第一阶段,在沿 z 轴的所有行上计算 $n^{1/3}$ 点 FFT;

第二阶段,所有沿 y-z 平面的尺寸为 $n^{1/3}\times n^{1/3}$ 的 $n^{1/3}$ 的横截面都被转置;

第三阶段,在沿 z 轴的所有行上计算 $n^{1/3}$ 点 FFT;

第四阶段,沿 x-z 平面的 $n^{1/3}\times n^{1/3}$ 的截面被转置;

第五阶段,再次计算沿 z 轴的所有行的 $n^{1/3}$ 点 FFT。

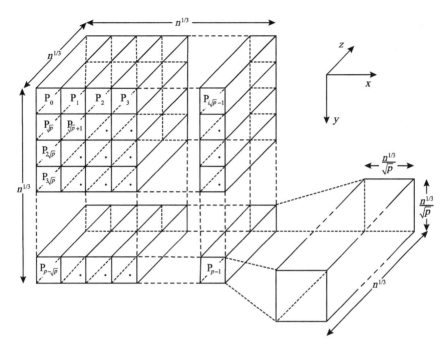

图 11-10 在 p 进程上的 n 点 FFT 的三维转置算法中的数据分布 $(\sqrt{p} \leqslant n^{1/3})$

对于图 11-10 所示的数据分布,在算法的第一、第三和第五阶段,所有进程都执行 $(n^{1/3}/\sqrt{p}) \times (n^{1/3}/\sqrt{p})$ 个 FFT 计算,每个计算的大小为 $n^{1/3}$。由于用于执行这些计算的所有数据在每个进程上都在本地可用,因此这三个奇数阶段不涉及进程间通信。一个进程在每个阶段所花费的时间是 $t_c n^{1/3} \log(n^{1/3}) \times (n^{1/3}/\sqrt{p}) \times (n^{1/3}/\sqrt{p})$。因此,一个进程在计算中花费的总时间是 $t_c(n/p) \log n$。

图 11-11 说明了三维转置算法的第二和第四阶段。如图 11-11(a)所示,该算法的第二阶段要求沿 y-z 平面置换大小为 $n^{1/3} \times n^{1/3}$ 的正方形截面。$\sqrt{p}$ 进程的每一列执行 $(n^{1/3}/\sqrt{p})$ 这样的横截面的转置。这种转置涉及大小为 $n/p^{3/2}$ 的 p 进程组之间的所有到所有的个性化通信。如果使用具有等分宽度 $\Theta(p)$ 的 p 节点网络,那么这个阶段需要时间 $t_s(\sqrt{p}-1) + t_w n/p$。第四个阶段也是类似,如图 11-11(b)所示。在这里,每一行 $\sqrt{p}$ 个过程沿着 x-z 平面执行 $(n^{1/3}/\sqrt{p})$ 个横截面的转置。同样,每个横截面由 $n^{1/3} \times n^{1/3}$ 个数据元素组成。该阶段的通信时间与第二阶段相同。对于 n 点 FFT 的三维转置算法的总并行运行时间为:

$$T_p = t_c \frac{n}{p} \log n + 2t_s(\sqrt{p}-1) + 2t_w \frac{n}{p} \tag{11.14}$$

在研究了二维和三维转置算法后,我们可以推导出一个更一般 q 维转置算法。让 n 点输入排列成一个大小为 $n^{1/q} \times n^{1/q} \times \cdots \times n^{1/q}$ 的逻辑 q 维数组(共 q 项)。现在整个 n 点 FFT 计算可以看作是 q 子计算。沿着不同维度的每个 q 子计算由 $n^{1/q}$ 个数据点上的 $n^{(q-1)/q}$ 个 FFTs 组成。我们将数据数组映射到 p 进程的逻辑 $(q-1)$ 维数组上,其中 $p \leqslant n^{(q-1)/q}$,对于某个整数 s,$p = 2^{(q-1)s}$。整个数据的 FFT 现在在 $(2q-1)$ 阶段中计算(回想一下,在二维转置算法

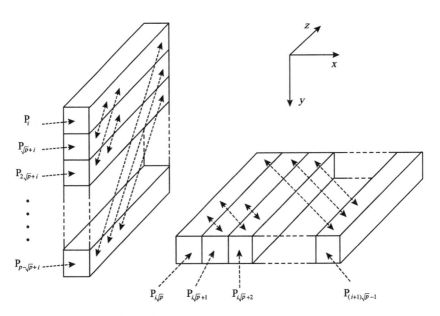

(a) 在第二阶段转置处理器的第 i 列　　　(b) 在第四阶段转置处理器第 i 行

图 11-11　p 过程上 n 点 FFT 的三维转置算法中的通信(换位)阶段

中有 3 个阶段,在三维转置算法中有 5 个阶段)。在 q 奇数阶段,每个过程执行 $n^{(q-1)/q}/p$ 所需的 $n^{1/q}$ 点 FFT。所有 q 计算阶段中每个过程的总计算时间是 q(计算阶段的数量)、$n^{(q-1)/q}/p$(每个过程在每个计算阶段计算的 $n^{1/q}$ 点 FFT 的数量)和 $t_c n^{1/q} \log(n^{1/q})$(计算单个 $n^{1/q}$ 点 FFT 的时间)的乘积。将这些项相乘得到的总计算时间为 $t_c(n/p)\log n$。

在每个 $(q-1)$ 偶数阶段中,大小为 $n^{1/q} \times n^{1/q}$ 的子数组被转置到 q 维进程逻辑数组的行上。每一行这样的行包含 $p^{1/(q-1)}$ 进程。在每个 $(q-1)$ 通信阶段中,沿着 $(q-1)$ 维过程阵列的每个维度执行一个这样的转置。在每次换位中所花费的通信时间为 $t_s[p^{1/(q-1)}-1]+t_w n/p$。因此,在具有等分宽度 $\Theta(p)$ 的 p 节点网络上,n 点 FFT 的 q 维转置算法的总并行运行时间为

$$T_p = t_c \frac{n}{p} \log n + (q-1)t_s[p^{1/(q-1)}-1] + (q-1)t_w \frac{n}{p} \tag{11.15}$$

式 11.15 可以通过用 2 和 3 代替 q 来验证,并分别与式 11.12 和式 11.14 进行比较。

对式 11.12、式 11.14 和式 11.15 的比较显示了一个有趣的趋势。随着转置算法的维数 q 的增加,t_w 引起的通信开销增加,而 t_s 引起的通信开销减小。二元交换算法和二维转置算法可以看作是两个极端。前者减少了来自 t_s 的开销,但来自 t_w 的开销最大。后者最小化了来自 t_w 造成的开销,但来自 t_s 造成的开销最大。$2<q<\log p$ 的转置算法的变化位于这两个极端之间。对于给定的并行计算机,t_c、t_s 和 t_w 的特定值决定了哪一种算法具有最优的并行运行时间。

请注意,从实际的角度来看,只有二元交换算法、二维转置算法和三维转置算法是可行的。高维转置算法编码起来非常复杂。此外,对 n 和 p 的要求限制了他们的适用性。q 维转置算法的这些限制是 n 必须是 2 的幂,是 q 的倍数;p 必须是 2 的幂,是 $(q-1)$ 的倍数。换句话说,

$n=2^{qr}$ 和 $p=2^{(q-1)s}$，其中 q、r 和 s 是整数。

例 11.2 二元交换、二维转置和三维转置算法的比较

这个例子表明，二元交换算法或任何转置算法都可能是给定并行计算机的选择算法，这取决于 FFT 的大小。考虑例 11.1 中描述的一个 64 个节点版本的超立方体，其中包含 $t_c=2$、$t_s=25$ 和 $t_w=4$。图 11-12 显示了二元交换算法、二维转置算法和三维转置算法在不同问题大小下所获得的加速效果。加速分别基于式 11.4、式 11.12 和式 11.14 给出的并行运行时间。图中显示，对于不同的 n 范围，不同的算法为 n 点 FFT 提供了最高的加速。对于给定的硬件参数值，二元交换算法最适合非常低粒度的 FFT 计算，二维转置算法最适合非常高粒度的计算，三维转置算法的加速对中间粒度最大。

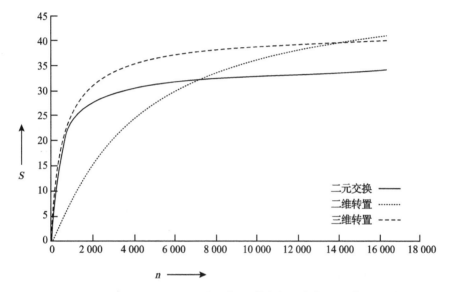

图 11-12 用 $t_c=2$、$t_w=4$ 和 $t_s=25$ 在 64 节点超立方体上通过二元交换、二维转置和三维转置算法获得的加速效果的比较

1. 试计算下列序列的 DFT：

(1)(13,17,19,23)

(2)(2,1,3,7,5,4,0,6)

2. 简述一维、无序、radix-2 FFT 的 Cooley-Tukey 算法。

3. 为何说二元交换算法在通信和计算速度不平衡的并行计算机上表现不佳？

4. 展示在一个包含 64 个进程的逻辑方块网格上进行 FFT 计算期间的数据通信过程。

5. 分析在一个 8 点 FFT 的 3 次迭代中使用的 ω 的各种幂。

第 12 章　并行程序设计基础

为了提高计算机的运行效率和系统的处理能力,我们在程序设计中也引进了并行操作技术,使得程序的各组成部分同时运行,从而达到提高程序运行效率的目的。从程序设计的角度来看,并行性包括两种含义:一为平行性,又可以称作同时性,指的是两个或多个事件在同一时刻发生;二为并发性,指两个或多个事件在同一时间间隔内发生。

并发和并行尽管看起来十分相似,但这两个术语还是存在着一定的差别。"并发"一词通常在操作系统中有更为广泛的使用,"并行"一词通常在体系结构和超级计算社区中流行,用于描述物理上的同时执行。

并行程序有多种模型,包括共享存储、分布存储(消息传递)和数据并行等。与并行程序设计相适应的硬件也有不同类型,如多处理机、向量机、大规模并行机和机群系统等,相应有不同的并行程序设计方法,具体解题效率还与并行算法有关。而对于并行化串行程序,常用的并行化步骤是:①划分(Partitioning),按照计算部分的要求把需要执行的命令和相关数据拆分为多个不同的小任务。完成这项工作的关键一环是得出允许并行执行的任务。②通信(Communication),根据拆分而得的各个小任务确定需要执行的通信工作。③凝聚或聚合(Agglomeration or Aggregation),将划分后的任务和通信结合起来,形成更大的任务。④分配(Mapping),为保证各个进程或线程所得到的工作量基本均衡,需要最小化通信量,再将凝聚好的任务分配到进程或线程当中。

12.1　进程和线程

在现代操作系统中,操作系统为用户分配现有计算资源的基本单位叫作进程。而操作系统中可以独立运行和进行调度的基本单位叫作线程。在并行计算机系统中,并行程序都是作为多进程或多线程执行的。

对于一个具有独立功能的程序,其关于某个数据集合的一次运行活动被称为进程。而线程是进程中的一条执行路径或是进程中的一个可调度实体。进程是并行程序的基本单位,是拥有私有地址空间的线程,进程间的互相通信需要借助消息传递,消息传递的并行程序设计或非共享存储器并行程序设计一般定义为用进程进行程序设计。CPU 调度和分配的基本单位是线程,逻辑上由一个程序计数器,一个调用堆栈以及适量的线程专用数据(包括一组通用寄存器)和程序代码组成。线程本身不能独立于进程之外存在,它必须属于某个进程。线程共享对文件系统的访问,因此基于线程的并行程序设计称为线程间程序设计,又称为共享存储器并行程序设计。

程序执行时创建进程,程序使用两组变量,数据变量保持数值,由程序员定义,控制变量保持控制流信息,不需显式说明。进程的状态是不定的,在任意时候它会处在某一状态。在任何时刻,程序的状态根据所有成对的程序变量集合所定义。开始时进程处于非存在(Nonexistent)状态;它可由其父进程生成就绪(Ready)状态,然后被调度进入运行(Running)状态;当无法继续执行时,它就转入中止(Suspended)状态,以后待机被唤醒可再次进入就绪状态;进程运行中也可被别人抢先或因超时而停止运行,或者就正常结束,或者因异常退出而被废弃。

当用户运行一个程序的时候,操作系统会创建一个进程,一个进程包括以下元素:

(1)可执行的机器语言程序;

(2)一块内存空间,包括可执行代码,一个用来跟踪执行函数的调用栈,一个堆,以及一些其他的内存区域;

(3)操作系统分配给进程的进程状态信息;

(4)资源描述符;

(5)安全信息。

线程和进程实体结构上是大致相同的,线程相对于进程而言是"轻量级"的,线程包含于进程中,线程将程序分为多个大致独立的任务,当某个任务需要等待某个资源,例如需要等待从外部的存储器当中读取数据时可以执行其他任务。此外,在大多数系统当中,线程间可以使用相同的可执行代码并且共享相同的内存以及 I/O 设备,这样有利于充分利用计算机资源。对于线程和进程,它们最大的区别就是各自需要一个私有的程序计数器和函数调用栈,使它们能够独立地运行。

线程和进程都能执行任何应用代码和系统调用。一个进程的诸线程可共享进程的地址空间,包括它的代码、它的大多数数据和大多数进程描述符信息。各个线程可以彼此异步、独立地执行,当其中一个线程被阻塞时,其他线程可以照常执行,并且一个进程的若干个线程可以在若干个处理器上同时执行。因为线程在用户空间中由线程库执行,且进程中的线程无须分开地址空间,所以线程操作执行代价比进程低。又由于线程操作(如生成、结束、同步等)均是在同一用户空间中完成,无须进入核状态,所以因复制、现场切换、边界交叉保护等进程操作而引起的开销亦将大大降低。

我们假设进程为程序执行的主线程,其他的所有子线程的开始与停止都跟随主线程运行,那么我们可以得出子线程和主线程的关系如下,当一个线程开始时,它从进程中派生出来;当一个线程结束,它合并到进程之中。因为进程比线程拥有更加多的相关状态,所以创建或者销毁线程的开销要比创建或者销毁进程的开销小得多。所以进程的运行周期较长,而线程则会在计算的过程中因状态的变化而不断地动态派生或销毁。

12.2　同步和通信

为了使并行程序的各个执行单元可以以一定的规则完成期望的执行动作,各个执行单元之间需要进行某种通信和同步操作。

同步为一种强行限制线程执行顺序的机制。但是在众多系统当中,各执行单元之间不会自动地同步,而是每个执行单元在自己的空间中工作。为了保证工作的同步,我们可以在程序中自定义一个函数,在数据初始化和开始计算之间添加一个同步点,令每一个执行单元都在该函数处等待,直到所有的执行单元都进入该函数才进行下一步的计算部分,在并行处理中还有许多的同步实现手段。所有在共享存储的机器(DSM、PVP、SMP 等)上的同步一般采用原语实现;而在分布存储的机器(机群和 MPP 等)上面的同步一般采用消息传递的原语实现。

互斥和条件同步是两种广泛使用的同步操作。互斥意味着同一时刻只能有一个执行单元进入临界区。如果一个执行单元在临界区执行代码,其他执行单元必须在临界区外等待。条件同步指的是一个执行单元进入了阻塞状态,一直到指定的条件被满足后才被其他的执行单元唤醒。在并行程序当中,常用的同步操作有路障和临界区等。

1. 临界区(Critical Section)

临界区是一段被互斥执行的代码。为了保证在所有时刻临界区都只被一个执行单元所访问,我们需要采用合适的同步技术。在并行程序的执行过程当中,各个执行单元需要通过互斥的方式来访问某些共享资源,从而保证可以得到正确的运行结果,所以在实际的操作当中,将包含了对共享资源进行访问的代码设置为临界区。

2. 同步路障(Barrier)

同步路障是设置在并行程序中的一个逻辑等待点,当一个执行单元到达该点时,必须停止当前工作并等待其他的执行单元,只有当全部的执行单元都到达该点之后,方可继续执行后面的程序。

在并行程序计算中,除各个执行单元独立工作的情况外,他们之间常常需要协调工作。进程之间的协同工作必然会产生通信,即一个或多个执行单元将自己的部分和结果发送给其他的单元,通信可以通过共享变量和消息传递的办法来达到。通信协议的不同结构如图 12.1 所示,通信库(如 PVM 和 MPI)可以实现在套接字(Socket)之上。在发送端,消息下传至套接字层、TCP/IP(或 UDP/IP)层直到驱动器和网络硬件层;在接收端,以相反次序重复上述过程。套接字可以直接在低级基本通信层 BCL(Base Communication Layer)上实现而旁路掉 TCP/IP;PVM/MPI 也可执行在 BCL 之上而旁路掉 TCP/IP 层。BCL 的主要目的是尽可能多地展示原始硬件性能,而为了评价通信系统的性能,PVM、MPI 和套接字的性能比 BCL 的性能更为重要。

除此之外,协调工作也需要负载平衡,我们希望在协调工作时,每个执行单元分配的数据量是大致相同的,因为如果某个单元需要计算大部分数据,那么剩余的则一定会出现早完成任务的情况。这样,部分执行单元的计算资源就会被浪费掉,这是我们不希望的。

12.3　单核多线程与多核多线程

单核多线程是指单核 CPU 通过给每个线程分配 CPU 时间片来轮流执行若干个线程,只是这个时间片非常的短(几十毫秒),因此用户感觉到的是多个线程同时执行。就好似一个人同时在多条流水线上工作一样,达到多线程的效果。因此,单核多线程只能是并发。

多核多线程可以给不同的核心分配多线程进行处理,而其他的线程继续等待,相当于若干个线程并行地执行。

单核多线程与多核多线程的根本区别在于,单核中 CPU 仅有 1 个独立的 CPU 核心单元,运行的线程数少,执行速度慢,不利于同一时间内运行多个程序。而多核 CPU 则有多个独立的 CPU 核心单元,运行的线程数多,相对于单核而言更有利于同时运行多个程序,执行速度更快。而无论是并发还是并行,从使用者的角度来看,看到的都是多进程和多线程。

12.4　影响多线程性能的常见问题

时延和吞吐率是两个评价程序性能的指标。时延是指完成一个给定工作单位所需的总时间,吞吐率是指每单位时间能完成的总工作量。开发并行程序通常能够改进吞吐率,如一条指令的执行通过流水线化的微处理器分为几个阶段由多条指令执行,就可以在每秒执行更多的指令,这样每单位时间能完成的总工作量大大提高,增加了吞吐率,减少了程序的执行时间。而对于时延而言,我们开发并行性的目的是为了隐藏时延。时延隐藏技术实际上并没有减少时延,它只是隐藏了时延的代价,即由于等待而丧失的执行时间。还需注意的是,这种技术依赖于有足够多的可用并行性(独立的任务),以使处理器在等待长时延事件时仍能处于繁忙状态。所需的并行性数通常随我们试图隐藏时延的增长而增加。

需要说明的一点是,尽管我们期待使用 N 个处理器能使计算加速 N 倍,但在实际情况中,这是很难实现的。主要有以下几个基本原因:

1. 并行化所需要付出的开销

任何不会出现在串行求解中但出现在并行求解中的代价被定义为是开销。撤销线程与进程,和建立线程与进程来并发执行都存在开销。进程与线程间的通信为开销中的占比较大的部分。因为在顺序计算中,处理器不需要和其他处理器进行通信,所以所有在并行计算中的通信都属于一种开销。除了通信产生的开销,同步开销也存在于某个线程或进程必须等待另一个线程或进程这类事件当中。并且对于并行运算,过程中总会出现一些冗余的计算,这些计算也是额外的开销。除此之外,还有一种不会总影响性能的开销,即存储器的开销,但由于会影响到存储器的容量,所以对于并行计算而言还是非常重要的。

2. 程序中不可并行化的计算部分

有的时候,某些计算本质上是顺序的(即不可能并行化),这时使用再多的处理器也无法改进性能,即导致了性能的无法提升。

3. 处理器闲置

理想情况下所有处理器的所有时间都在工作,但实际上却并非如此。有时进程或线程在等待计算机资源或外部数据时会暂停执行,导致性能下降。如当在一个并行计算机中,其他的处理器都处于闲置状态,而一个顺序运算都集中运行在某个处理器上,这时处理器负载分布不均匀,也就是常说的负载不平衡导致性能降低。

4. 对资源的竞争

系统性能衰减的原因也包括因争夺共享资源而引起的竞争。竞争属于开销的一种特别情况,由于竞争的影响经常会降低系统的性能,导致有时多处理器甚至比单处理器的性能还要差,因此竞争值得我们特别关注。例如,因为锁的竞争而使得存储器负载过度,最后导致系统性能的降低。尤其是,倘若锁实现为自旋锁,这个时候一个等待的线程将会反复检查锁的可用性,而总线的通信量将由于这种等待锁的操作而大大增加。它影响着全部想要访问此共享总线的线程,虽然有些线程并不竞争这同一个锁。

1. 简述单核多线程与多核多线程的根本区别。

2. 对于串行程序的并行化,常用的步骤如何?

3. 为何说二元交换算法在通信和计算速度不平衡的并行计算机上表现不佳?

4. 当用户运行一个程序的时候,操作系统会创建一个进程,一个进程包括哪些元素?

第 13 章　并行程序设计模型和共享存储系统编程

并行程序设计模型和共享存储系统编程是并行计算的重要基础。并行计算需要允许程序在多个处理器或计算单元上同时执行,不同的并行程序设计模型具有不同的特点和适用范围,需要根据具体的应用场景选择合适的模型。在多处理器系统中,多个处理器可以共享同一个物理内存,共享存储系统编程则需要采用一系列同步机制来保证并发访问的正确性和可靠性。

13.1　并行程序设计模型

并行程序设计模型(Parallel Program Model)是一种对程序运行方式的抽象描述,通过使用这些并行程序设计模型可以为工作站机群、多计算机和多处理机等的协同工作设计并行程序结构。

较为常见的并行程序设计模型包括:数据并行模型、消息传递模型、共享存储模型和隐式并行模型,其中共享存储模型、数据并行模型和消息传递模型属显式并行模型。

1. 数据并行模型

数据并行(DataParallel)模型关键任务是数据选路操作以及局部计算,一般被应用在细粒度问题当中。此模型在 SPMD 计算机和 SIMD 计算机上都可以做到。

进程或线程间的交互频率将决定并行的粒度,交互频率指的是跨越进程或线程边界的相关性频率。由于交互之间的指令数是作为衡量此处相关性频率的指标,所以粗粒度是指进程和线程依赖于其他线程或进程的数据或事件的频度是较低的,而细粒度计算则是那些交互频繁的计算。粒度的概念很重要,因此每次交互必将引入通信或同步,以及它们相应的开销。

数据并行具有以下特点:

(1)单线程　单线程可以理解为工作中仅存在一条流水线,单线程类的程序仅有一个正在执行的进程,其控制线单一。在聚合数据结构上的并行操作:一个单步执行的语句,允许在同一时间内运行在不同的数组元素中的若干个操作上。

(2)隐式数据分配　数据支持分配自动化,不用程序员编写干预。

(3)隐式相互作用　因为每一条语句后面都存在隐式同步操作,因此数据并行程序不用展示同步的语句,通信操作也允许隐式完成。

(4)全局命名空间　数据并行程序中所有变量都存储于单一地址空间内,因而只要满足变量的作用域规则,任何语句可以访问任何变量。

(5)松散同步　每一条语句的后面都存在一个隐含的同步操作。

2. 消息传递模型

在消息传递(Message Passing)模型当中,需要通过网络发送信息来完成不一样的处理器的节点上进程间的通信。此处的信息包括指令、数据和信号等。消息传递模型对比数据并行模型而言,消息传递模型更加灵活,因为它不只可以运行在共享存储式多处理机上,还可以运行在分布存储式多处理机上,同时相对于共享存储式多处理机更加适合以及开发粒度相对大的并行程序。消息传递模型有以下特点:

(1)多进程 在消息传递模型中,程序包含多个进程,且各进程拥有独立的控制线,可以执行不同的程序代码,可以实现控制并行以及数据并行。

(2)异步并行性 在此模型中,各进程异步执行,因此需要用户利用路障和通信等方法显式同步各个进程。

(3)分立的地址空间 各个进程存在于不同的地址空间内,每个进程的变量对于其他进程而言是不可访问的。

(4)显式相互作用 各进程只能在其所拥有的数据上进行计算,通信、同步等相互作用问题需要程序员显式解决。

(5)显式分配 数据和负载需要程序员显式分配给各个进程。

如今,消息传递模型已是 COW 以及 MPP 的主要编程方式,由于标准库 MPI 与 PMV 的使用,消息传递模型的可移植性也得到了增强。在这当中,MPI 由美国国家实验室以及几所大学一齐在 1994 年 5 月开发完成,MPI 实际上是一种消息传递函数库的标准。该标准库如今成为最主流的并行编程环境之一是因为 MPI 具有许多优点:可移植性与易用性;定义详细并且精确;异步通信功能完善,并且在开发中还吸取了许多其他消息传递系统的优点。

3. 共享存储模型

在共享存储(Shared Memory)模型当中,每项进程允许访问公共存储器内的共享变量来完成通信。与消息传递模型做比较,它们相同的地方在于异步和多线程;与数据并行模型做比较,它们相同的地方在于同样有全局的命名空间。由于共享存储模型有系统可用性高和可编程性强的优点,所以其在工程和科学计算当中被大量地使用。

4. 隐式并行模型

隐式并行(Implicit Parallelism)是相对显式并行(Explicit Parallelism)而言的,后者是指程序的并行性由程序员利用专门的语言结构,编译制导或库函数调用等在源代码中给予明显的指定。对于前者,程序员未明确地指定并行性,而让编译器和运行(时)系统自动地实现并行化。

隐式并行模型中最著名的方法是串行程序的自动并行化(Automatic Parallelization)。编译器执行串行源代码程序的相关分析,然后使用一组转换技术将顺序代码转换成并行执行的代码。将串行代码并行化的关键是相关分析,主要包括数据相关和控制相关。在隐式并行中,进程交互对编程者均不可见,转而由编译器和/或运行时系统负责进行交互。

13.2 基于共享变量的共享存储并行编程

多处理器的计算机系统内有着允许被不同的中央处理器访问的大容量内存。因为若干个中央处理器需要迅速地访问存储器,所以需要对存储器实现缓存操作。每个更新后的缓存数据,因为可能其他的处理器也需要进行存取,所以需要立即更新共享内存,不然不同处理器也许无法使用到不相同的数据。在 Unix 下的多进程间的通信方式为共享内存,共享内存一般用于某个程序的多进程间的通信,事实上在多个程序之间也是允许使用共享内存的方法来进行传递信息的。

共享内存即让同一块内存空间允许被多个进程访问,属于速度最快的可用 IPC 形式,旨在解决其他的通信机制运行效率相对较低的问题。一般与其他通信机制结合使用,从而实现进程间的互斥和同步。剩余的进程可以将相同的一段共享内存段"连线至"它们各自的地址空间当中。每个进程都可以访问共享内存内的地址。若某个进程向这一段共享内存填写了数据,所有进行的修改将会马上被有访问同样一段共享内存的其他进程发现。

依据并行系统中存储器的物理分布进行划分,共享存储系统可以分为两类,分别是虚拟共享存储环境和纯共享存储环境。纯共享存储环境对应 SMP 结构,UMA 为其对应的访存模型;虚拟共享存储环境对应 DSM 结构,NUMA 为其对应的访存模型。

1. 纯共享存储环境

纯共享存储环境的主要特征是:①系统不会对不一致的存储访问应用程序提供任何支持;②对于编程者来说系统内集中的存储器是全局统一编写地址的;③系统内存是一个公共、集中的共享存储器。

2. 虚拟共享存储环境

虚拟共享存储环境的主要特征是:①对编程人员来说系统内的虚拟共享存储器是全局可寻址的,即操作系统会向用户将这类物理上分布的局部存储器表现为共享存储视图,已共享的数据空间允许用一般的写、读操作进行访问,并且共享的数据空间也是连续的;②系统的全局共享虚拟存储器是由其分布的局部存储器组成的。

大规模数据处理过程中对于内存的消耗由于共享内存的使用而大幅度降低,但仍会有许多陷阱存在于共享内存的使用之中,一不小心就会程序崩溃。所以接下来介绍两种纯共享存储并行编程标准,分别是通过 POSIX 线程库来实现共享内存的访问和通过 OpenMP 来进行 OpenMP 并行编程。

13.3 POSIX 线程

本节使用的是 POSIX 线程库,经常称为 Pthreads 线程库。POSIX 是一个类 Unix 操作系统(如 Linux、MacOSX)上的标准库。它定义了很多可以运行于这些系统上的功能,尤其是它定义了一套多线程编程的应用程序编程接口。

Pthreads 不是编程语言,它拥有一个可以链接到 C 程序的库。Pthreads 的 API 只支持POSIX 系统(Linux,MacOSx、Solaris,HPUX 等)。广泛使用的多线程编程还有 Java threads、Windows threads、Solaris threads 等。所有的线程库标准都支持一个基本的概念,即一旦学会了如何使用 Pthreads 进行程序的开发,学习其他线程 API 就很容易了。

Pthreads 中基本线程管理原语有 4 种:

(1)pthread_create() 在进程内生成新线程,新线程执行带有变元 arg 的 myroutine,如果 pthread_create()成功生成,则返回 0 并将新线程的 ID 置入 thread_id,否则返回指明错误类型的错误代码;

(2)pthread_exit() 结束调用线程并执行清场处理;

(3)pthread_self() 返回调用线程的 ID;

(4)pthread_join() 等待其他线程结束,用于联合线程。

线程调度 pthread_yield()的功能是使调用者将处理机让位于其他线程;pthread_cancel()的功能是终止指定的线程。Pthread 同步原语如表 13-1 所示。

表 13-1　Pthread 同步原语

原语	功能
pthread_mutex_init()	生成新的互斥变量
pthread_mutex_destroy()	释放互斥变量
pthread_mutex_lock()	锁住互斥变量
pthread_mutex_trylock()	尝试锁住互斥变量
pthread_mutex_unlock()	解锁互斥变量
pthread_cond_init()	生成新的条件变量
pthread_cond_destroy()	释放条件变量
pthread_cond_wait()	等待(阻塞)条件变量(如果没有信号触发,则无限期等待下去)
pthread_cond_timedwait()	等待(阻塞)条件变量(可以设置超时自动唤醒,如果超时或有信号触发,线程唤醒)
pthread_cond_signal()	发送信号给另一个处于阻塞等待状态的线程,解除其阻塞状态
pthread_cond_broadcast()	发送信号,唤醒全部线程

13.4　OpenMP 并行编程

OpenMP 是一个用来针对共享内存并行编程的应用程序编程接口,使用 C、C++ 和 Fortran 语言实现并行编程。OpenMP API 规范由 OpenMP 架构审查委员会创建和发布,该委员会由主要的计算机硬件软件销售商和并行计算用户共同组成。第 1 版是 1997 年 10 月为 Fortran 1.0 发布的 OpenMP 规范。OpenMP 中的"MP"代表"多处理",是一个与共享内存并行编程同义的术语。因此,OpenMP 是专门为了这种系统而发明的,各个进程或线程在系统中都有机会读取任意可访问的内存区域。当采用 OpenMP 语言进行编程时,可以把系统看作一组 CPU 或核的聚合,这个聚合全都可以访问主存。

虽然 Pthreads 与 OpenMP 二者都是针对共享内存编程的应用程序编程接口,但 Pthreads 与 OpenMP 还是有着许多本质上的不一样。OpenMP 有些时候可以让编程者仅仅简单地声明一块应该并行执行的代码,而根据运行时系统与编译器来决定哪一个线程执行哪一项任务;而 Pthreads 则需要编程者显式地确定各个线程的行为。这也说明了 Pthreads 与 OpenMP 的另一个有差异的地方,即 OpenMP 要编译器来完成一些操作,因此有可能会出现 OpenMP 程序无法被编译器编译成并行程序的问题。与之相反,Pthreads 是一个可以被链接至 C 程序的函数库,所以一旦系统有 Pthreads 库,任何 C 编译器就都可以使用 Pthreads 程序了。

这些差异也表明了共享内存编程有两个标准应用程序编程接口的原因。Pthreads 更底层,并且提供虚拟地编写所有可知线程行为的能力。但是这个功能也存在一些缺点:每个线程行为的每一个细节都需要编程人员自行编写。OpenMP 允许运行时系统与编译器来确定线程行为的某些细节,所以编写某些并行程序的时候,用 OpenMP 更为容易,但是缺点是某些底层的线程交互将很难进行编程。

OpenMP 提供"基于指令"的共享内存应用程序编程接口。这说明:在 C 以及 C++当中,存在部分特别的预处理器指令 Pragma,在系统中加入预处理器指令 Pragma 通常是来准许非基本 C 语言规范部分的行为。Pragma 指令显示的语句会被不支持 Pragma 的编译器忽略掉,这样就让使用预处理器指令 Pragma 的程序可以在不支持它们的平台上继续运行。所以在理论上,若程序员认真地编写某个 OpenMP 程序,这个 OpenMP 程序就可以在所有包含 C 编译器的系统上运行以及被编译,并且不管 OpenMP 是否被编译器支持。

在学习 OpenMP 程序之前,我们需要首先对 OpenMP 程序具体的结构有一定的认识。下面分别基于 Fortran 语言的 OpenMP 程序的结构以及基于 C/C++语言的 OpenMP 程序的结构。

(1)基于 Fortran 语言的 OpenMP 程序的结构

```
PROGRAM HELLO
    INTEGER VAR1,VAR2,VAR3
    ...
    !＄OMP PARALLEL PRIVATE(VAR1,VAR2) SHARED(VAR3)
    !在此处添加需要并行执行的操作
    ...
    !＄OMP END PARALLEL
    !在此处添加可能的同步操作或其他必要的步骤
    ...
END PROGRAM HELLO
```

(2)基于 C/C++语言的 OpenMP 程序的结构

```
# include<omp. h>
main()
{
    int var1,var2,var3;
    ...
    #pragma omp parallel private(var1,var2) shared(var3)
{
...
}
...
}
```

在已经了解了 OpenMP 程序的简单结构后,下面给出用 OpenMP(C)编写 Hello World 代码段:

```
# include <omp. h>
```

```
# include <stdio. h>
int main(int argc,char * argv[])
{
    int nthreads,tid;
    int nprocs;
    char buf[32];
    / * Fork a team of threads * /
    # pragma omp parallel private(nthreads,tid)
    {
        / * Obtain and print thread id * /
        tid = omp_get_thread_num();
        printf("Hello World from OMP thread: % d\\n",tid);
            / * Only master thread does this * /
        # pragma omp master
        {
            nthreads = omp_get_num_threads();
            printf("Number of threads is  % d\\n",nthreads);
        }
    }
    return 0;
}
```

经过 OpenMP 编译,该程序的可能运行结果为:

```
Hello World from OMP thread 2
Hello World from OMP thread 0
Number of threads 4
Hello World from OMP thread 3
Hello World from OMP thread 1
```

在下文中,我们将以它们为例子,简单描述 OpenMP 的使用。

下面分别介绍编译制导语句格式和作用域。

(1)语句格式　参看基于 C/C++ 语言的 OpenMP 程序结构,我们可以看到,在并行开始的部分,需要一条语句:

```
# pragma omp parallel private(var1,var2) shared(var3)
```

在"Hello World"例子中,并行部分开始时有语句

```
# pragma omp parallel private(nthreads,tid)
```

进行 Fork,这条语句就是 OpenMP 编译制导语句。具体的编译制导语句格式解释如下:

pragma omp:制导指令前缀。对所有的 OpenMP 语句都需要这样的前缀。

directive_name:OpenMP 制导指令。在制导指令前缀和子句之间必须有一个正确的

OpenMP 制导指令。

［clause,...］：子句。在没有其他约束条件下，子句可以无序，也可以任意地选择。这一部分也可以没有。

newline：换行符，表明这条制导语句的终止。

(2)作用域　编译制导语句的作用域(Scoping)可分为静态范围、孤立制导和动态范围。静态范围(Static Extent)，又称为词法范围(Lexical Extent)，指的是文本代码在一个编译制导语句之后被封装到一个结构块中。一个语句的静态范围并不能用到多个例程或代码文件中。孤立制导(Orphaned Directive)指的是，一个 OpenMP 的编译制导语句并不依赖于其他的语句。它存在于其他的静态范围语句之外，可以作用于所有的例程和可能的文件代码。一个语句的动态范围(Dynamic Extent)包括它的静态(词法)范围和孤立制导范围。

(3)并行域结构　一个并行域就是一个能被多个线程执行的程序块，它是最基本的 OpenMP 并行结构，也就是前面"Hello World"例子中的如下程序段：

```
＃pragma omp parallel private(nthreads,tid)
{
...
}
```

该段被并行域封装起来，其中并行域的具体格式如下：

```
＃pragma omp parallel［if(scalar expression)｜
private(list)｜shared(list)｜default(shared｜none)｜first private(list)｜
reduction(operator:list)｜copyin(list)］newline
```

当一个线程运行到 parallel 这个指令时，线程会生成一个线程列，而其自己会成为主线程。主线程也是这个线程列的一员，并且线程号为 0。当并行域开始时，程序代码就会被复制，每个线程都会执行该代码。到了并行部分结束会有一个路障，且只有主线程能通过这个路障。

共享任务结构把其内封闭的代码段划分给线程队列中的各线程执行。它不产生新的线程，也不存在着进入共享任务结构时有个路障，但在共享任务结构结束时有一个隐含的路障。图 13-1 中给出了 3 种典型的共享任务结构，其中：①DO/for，共享队列中循环代表一种数据并行的类型；②SECTIONS，把任务分割成各部分，每个部分由一个线程执行，可以看成过程并

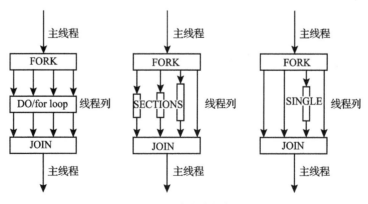

图 13-1　共享任务类型

179

行类型;③SINGLE,由线程序列中的一个线程串行执行。

注意,一个共享任务结构必须在并行域中动态地封装,这是为了能够指示并行执行。共享任务结构必须出现在所有的队列中或一个队列也不出现。队列的所有成员中连续的共享任务结构按同样的次序出现。最后给出 3 个 OpenMP 的计算实例,分别是基于 C/C++语言的使用并行域并行化的程序和使用共享任务结构并行化的程序以及基于 Fortran 语言描述的并行化程序。

```c
// * 用并行域并行化的 OpenMP 计算 π 的代码段 * //
#include <omp.h>
static long num_steps = 100000;
double step;
#define NUM_THREADS 2
int main() {
    int i;
    double pi,sum[NUM_THREADS];
    step = 1.0/(double)num_steps;
    #pragma omp parallel
    {
        double x;
        int id;
        id = omp_get_thread_num();
        for(i = id,sum[id] = 0.0; i<num_steps; i = i + NUM_THREADS) {
            x = (i + 0.5) * step;
            sum[id] + = 4.0/(1.0 + x * x);
        }
    }
    for(i = 0,pi = 0.0; i<NUM_THREADS; i + + ) {
        pi + = sum[i] * step;
    }
    return 0;
}


// * 用共享任务结构并行化的 OpenMP 计算 π 的代码段 * //
#include <omp.h>
static long num_steps = 100000;
double step;
#define NUM_THREADS 2
int main() {
    int i;
    double x,pi,sum[NUM_THREADS];
```

```
      step = 1. 0/(double)num_steps;
      omp_set_num_threads(NUM_THREADS);
      #pragma omp parallel
      {
          double x;
          int id;
          id = omp_get_thread_num();
          sum[id] = 0;
          #pragma omp for reduction( + :pi)
          for(i = 0; i<num_steps; i + + ) {
              x = (i + 0. 5) * step;
              sum[id] + = 4. 0/(1. 0 + x * x);
          }
      }
      for(i = 0,pi = 0. 0; i<NUM_THREADS; i + + ) {
          pi + = sum[i] * step;
      }
      return 0;
}
```

```
// * 用 Fortran90 语言描述的 OpenMP 计算 π 的代码段 * //
program compute_pi
   integer n,i
   real w,x,sum,pi,f,a
   external f
   ! function to integer
   f(a) = 4. d0/(1. d0 + a * a)
   print * ,'Enter number of intervals:'
   read * ,n
   w = 1. d0/n
   sum = 0. 0d0
   do i = 1,n
     x = w * (i + 0. 5d0)
     sum = sum + f(x)
    end do
   pi = w * sum
   print * ,'compute_pi = ',pi
end program compute_pi
```

思 考 题

1. 简述 3 种典型的共享任务结构。
2. 任选一种编程语言完成基于 OpenMP 的 π 计算。
3. 数据并行模型有哪些特点？有哪些应用？
4. 消息传递模型有何特点？

第 14 章　分布存储系统并行编程

分布存储系统并行编程旨在提高数据处理和存储的效率,这种编程模式利用分布存储系统的特性,将数据和计算任务分散到多个节点上并行处理。这使得大量数据可以同时在多个处理器上进行处理,从而显著缩短计算时间并提高性能。

14.1　基于消息传递的并行编程

大多数的并行多指令多数据流计算机,都可以分为共享内存系统和分布式内存系统两种。从编程者的视角来看,网络连接的核-内存对的集合组成一个分布式内存系统,与核相关的内存近则允许通过该核进行访问。在分布式计算机系统中,因为处理机间没有共享内存,所以一般实现处理机间的数据交换采用消息传递的方式。基于消息传递的并行编程,是指用户实现处理器之间的数据交换必须显式地通过接收和发送消息。在这种并行编程当中,各个进程都存在自己单独的地址空间,一个进程不可以直接访问其他进程中的数据,这种远程访问一定要通过消息传递实现。由于消息传递开销较大,因此消息传递一般用来开发大粒度和粗粒度。

在消息传递模型当中,每个并行执行的部分之间通过传递消息来控制执行、协调步伐、交换信息。这类通信允许是同步的,消息发出前接收者必须准备好;或者是异步的,消息可以在接收者准备好之前发出。

消息传递并行性的开发根据问题分解也有两种形式,分别是函数分解形式 MPMD 编程以及域分解形式 SPMD 编程。MPMD 指每个处理器执行不同的代码副本,各自对数据完成不同的运算。SPMD 指同一程序复制到每个处理器上,而不同的处理器上分布不同的数据;这样在系统中每个处理器都运行同样的程序,但是执行操作的数据是不同的。

14.2　MPI 并行编程

在消息传递程序中,一个进程一般指运行在一个核-内存对上的程序。两个进程可以通过调用函数来进行通信:一个进程调用发送函数,而另一个调用接收函数。因此,使用消息传递实现进程直接的通信,叫作消息传递接口(Message-Passing Interface,MPI)。基于 MPI 的并行程序设计模型比较容易实现,是当前应用最为广泛的一种并行编程工具。它使用了分布式存储器程序设计模型,因而具有许多优点,如效率高、移植性好、功能强大等。此外,目前存在许多免费、高效的实现方案,一组进程在该模型中进行通信的方式为发送消息,MPI 在外部进行进程管理。MPI 执行开始时,会创建固定数量的进程,一般各个进程会被分配到不同的处理器。因为创建的各个进程均有它们自己的地址空间,所以在编程过程中,必须确定各个进程的变量范围和运行逻辑,从而使得每一个进程能在分布式数据结构的独立部分上运行。需要注意的是,MPI 不属于一种新的语言。实际上,它是定义了一个可以被 Fortran、C 语言等其他语言调用的函数库。因为并行计算机的厂商均提供了对 MPI 技术的支持,成为实际上的消息传递并行编程标准。

MPI 包含了 129 个函数。在 1997 年修订后的标准中,已包含了超过 200 个函数,被称为 MPI_2,如今常用的函数有将近 30 个。在这其中,有 6 个最基本的函数,使用它们便可以完成一个完整的 MPI 程序。这 6 个基本函数分别是:

(1)MPI_INIT 用于 MPI 计算的启动。该例程必须在所有其他 MPI 例程调用前调用。而且,在一个 MPI 区块中只能调用该例程一次,否则会报错。

(2)MPI_FINALIZE 用于 MPI 计算的结束。在各个 MPI 进程当中,该例程必须是最后一项被调用,它仅可以在所有其他 MPI 例程完成之后被调用。特别要注意的是,所有未完成的通信操作都必须在调用 MPI_FINALIZE 之前完成。

(3)MPI_COMM_SIZE 该例程用于获取一个 MPI 区块中的进程数,进程可以利用这个值来确定自己需执行的任务数量。

(4)MPI_COMM_RANK 该例程用于获取某个进程在 MPI 区块中的编号。每个进程的编号都不相同,因此可以利用这个编号来区分不同的进程,从而实现进程间的并行和合作。

(5)MPI_SEND 该例程用于发送消息到另一个进程。它具有阻塞式语义,指的是例程在知道消息被发送后才会被返回。

(6)MPI_RECV 该例程从其他进程处接收数据。该例程有阻塞式语义,指的是例程在接收到消息后才会返回。

只使用 6 个基本函数中的 4 个即可写出如下所示的一段基于 MPI 的并行 Fortran 程序:

```
PROGRAM main
  INCLUDE 'mpif.h'  !包含 MPI 头文件
  INTEGER :: count,myid,ierr
  CALL MPI_INIT(ierr)  !启动计算
  CALL MPI_COMM_SIZE(MPI_COMM_WORLD,count,ierr)  !找进程数
  CALL MPI_COMM_RANK(MPI_COMM_WORLD,myid,ierr)  !找自己的 id
  WRITE( * , * ) 'I am',myid,'of',count  !打印消息
  CALL MPI_Barrier(MPI_COMM_WORLD,ierr)  !确保所有进程都完成了打印操作
  CALL MPI_FINALIZE(ierr)  !结束计算
END PROGRAM main
```

其中,MPI_COMM_WORLD 是一个缺省的进程组,它指明所有的进程都参与计算。MPI 进程属于单线程、重量级的进程,其标准并不明确说明启动并行计算的方法,应被生成的进程数目由 MPI 通过命令行参数指明,接着按照 MPMD 方法或者 SPMD 方法执行程序。MPI 函数库原本自身是和语言没有关系的,即库函数的描述允许采用 Fortran 语言、C 语言或者其他的语言。如今 MPI 库函数提供了 Fortran 语言和 C 语言描述。Fortran 语言描述中,函数名均冠以 MPI 前缀,并且都必须大写。由一个附加的整数变量表示函数返回代码;MPI_SUCCESS 是成功完成的返回代码;而一组错误代码也会在失败时被定义。编译时的常数都

必须大写并且在文件 mpi. h 中定义,它必须包含在所有需调用 MPI 的程序中。任意句柄都具有 INTEGER 类型。

C 语言描述中,函数名均冠以 MPI 前缀,并且它的首字母必须大写。返回的状态值是整数;MPI_SUCCESS 是成功完成的返回代码;而一组错误代码也会在失败时被定义。编译时的常数都必须大写并且在文件 mpi. h 中定义,mpi. h 必须包含在所有需调用 MPI 的程序中。句柄(Handles)由定义在 mpi. h 中的特殊类型所表示。通过值传送具有类型 IN 的函数参数;通过引用传送具有类型 OUT 以及 INOUT 的函数参数(例如指针)。

14.2.1　群体通信

MPI 并行程序中经常需要一些进程组间的群体通信(Collective Communication),包含:①散播(Scatter),从一个进程散发多条数据给所有的进程;②归约(Reduction),包含求积、求和等;③收集(Gather),从所有进程收集数据到一个进程;④路障(Barrier),同步所有的进程;⑤广播(Broadcast),从一个进程发送一条数据给所有进程。

MPI_ALLREDUCE 与 MPI_REDUCE 都执行归约操作,各个进程中输入缓冲器中的值将由它们进行组合,返回组合后的值于所有进程的输出缓冲器中(MPI_ALLREDUCE)或于单一根进程的输出缓冲器中(MPI_REDUCE)。组合所使用的操作包括:

(1)求和与求积(MPI_SUM 和 MPI_PROD);

(2)最大和最小(MPI_MAX 和 MPI_MIN);

(3)按位与、按位或以及按位异或(MPI_BAND、MPI_BOR 和 MPI_BXOR);

(4)逻辑与、逻辑或以及逻辑异或(MPI_LAND、MPI_LOR 和 MPI_LXOR)。

14.2.2　点到点通信

在 MPI 中,点到点通信由接收和发送两个进程完成。消息中包含一个消息标签,指的是一个由用户自定义的非负整数。标签是用来区分同一对进程间传递的不同的消息。在某些实例中,进程可能无法预知它要与哪些进程进行通信,此时它可以指定 MPI_ANY 作为其源进程或目的进程。

MPI 能确保一个发送进程和接收进程之间传递的消息是顺序进行的,然而当通信所涉及的进程数超过 2 时,消息的顺序性就无法被保证。

MPI 拥有大量的点对点通信模式。为了允许程序员隐藏部分时延,MPI 提供了部分细节的不同版本的发送和接收操作。例如,非阻塞式版本允许一个进程当它在等待消息传递时执行其他一些独立的工作。这种通信与计算的重叠能以增加程序复杂性为代价提高性能。

点对点通信操作有以下一些通信模式:

(1)标准模式　包括阻塞(标准)接收 MPI_RECV、阻塞(标准)发送 MPI_SEND、非阻塞(标准)接收 MPI_IRECV 以及非阻塞(标准)发送 MPI_ISEND。

阻塞式通信指它们是不会在传输没有本地完成前返回的。本地完成指的是消息传输在本地进程中所需执行的传输部分已经完成。全局完成指的是消息的整个传输都已完成。所以只要 MPI_Send()返回,那么发送进程改写缓冲区即为安全的。同样地,只要 MPI_Recv()返回,那么接收进程使用缓冲区中的值即为安全的。

非阻塞式通信一般会通过重叠通信和计算来完成对通信时延的隐藏,所以 MPI 提供了非阻塞式通信。MPI_Irecv()以及 MPI_Isend()就是标准接收和发送的非阻塞式版本[此处 I 是 immediate(立即)模式的缩写]。它们在操作本地完成之前就马上返回。

使用 MPI_Isend(),由于发送进程并不知道何时会真正地将缓冲区中的数据传输到接收进程,因此需要有一种提示表明消息传输已经完成,否则无法安全地改写缓冲区。为了等待非阻塞式操作完成,进程可以调用 MPI_Wait()例程,它能阻塞进程,直至指定操作已全局完成。为了测试一个非阻塞式操作是否已完成,MPI_Test()例程能立即返回,并依据消息传输完成的状态,通过将第 2 个参数值设置为真或伪加以表示。

类似地,对于 MPI_Irecv(),直到操作全局完成,缓冲区中的数据都是无效的。因此 MPI_Wait()和 MPI_Test()对于接收进程而言也是很有用的操作。

(2)缓冲模式　包括非阻塞缓冲发送 MPI_IBSEND 以及阻塞缓冲发送 MPI_BSEND,缓冲发送(MPI_IBsend()以及 MPL_Bsend())准许编程者为消息申请缓冲区空间,这可以让程序防止因为系统缓冲区空间不足而导致的任何问题。和 MPI 实现相关,该模式对于任意时间都有特别大量的消息在传输的程序或者需要用大容量存储器来缓冲消息尤其适用。对于这些例程,MPI_Buffer_attach()和 MPI_Buffer_detach()例程可用来指定已分配的存储器。

(3)同步模式　包括非阻塞同步发送 MPI_ISSEND 以及阻塞同步发送 MPI_SSEND,同步发送(MPI_Ssend()和 MPI_Issend())在语言中提供了类似于 Ada 语言中集结点(rendezvous)的语义:即直到接收进程开始接收消息,发送进程才会返回。

(4)就绪模式　包括非阻塞就绪发送 MPI_IRSEND 和阻塞就绪发送 MPI_RSEND,为了在众多并行计算机上提高性能,MPI_Rsend()和 MPI_Irsend()例程可以在存储器单元直接放置消息,以防止缓冲以及联络的开销。为了使用这种例程,编程人员必须保证接收操作在消息到达之前就已经启动。一旦违反了这类定时假设,那么在执行接收操作时将会标记一个错误。当然,因为这种额外的假设,这种模式非常容易出错。

在标准通信模式中,MPI 根据当前的状况选取用户定义的其他 3 种模式:在就绪模式下,系统默认与其相匹配的接收已经调用;缓冲模式在相匹配的接收未开始的情况下,总是将送出的消息放在缓冲区内,这样发送者就可以迅速地继续计算,然后通过系统处理放在缓冲区中的消息,但是这不仅占用内存,并且还多使用了一次内存拷贝;在同步模式中,MPI 必须确保接收者执行到某一点,这样接收者是必须有确认信息的。

在点到点通信中,发送和接收语句必须是匹配的。为了区分同一进程或者不同进程发送来的不同消息,在这些语句中采用了标志位 tag 以及通信体 comm 来完成成对语句的匹配。对于阻塞的标准通信 MPI_RECV 以及 MPI_SEND 函数,其中接收的含义是从 source 进程接收标志为 tag 和通信体为 comm 的消息,将该消息写入首地址为 buf 的缓冲区,其返回值 status 中包含消息的来源、标志和大小等信息;发送的含义是将包含 count 个 data type 类型的首地址为 buf 的消息发送到 dest 进程,该消息是与通信体 comm 以及标志位 tag 封装在一块的。

MPI_ISEND 和 MPI_IRECV 的含义与 MPI_SEND 和 MPI_RECV 函数基本相同,因为它们都为非阻塞的通信模式,语句结束后真正的消息发送或接收并没有完成,它仅将消息挂入消息队列中,所以用 request 指明返回队列指针。也正是因为非阻塞通信在语句结束后,真正的消息发送或接收并没有完成,所以必须用 MPI_WAIT 和 MPI_TEST 等语句来结束非阻塞通信。其中,MPI_TEST 用来检测非阻塞操作是否真正结束,flag＝1 表示该请求 request 指向的非阻塞通信已完成;MPI_WAIT 则一直要等到非阻塞操作真正完成之后才返回。我们可以认为阻塞通信等于非阻塞通信加上 MPI_WAIT。

在点到点通信中,除上述的函数外还须提供系统询问(Inquiry)和探测(Probe)两个函数:MPI_IPROBE 函数检查未决(Pending)消息的存在而不必接收这些消息,从而允许我们将局部计算与处理将要到来的消息交织在一起编写程序,该调用将设置一个布尔变量 flag,以指明与指定的源、tag 和通信体相匹配的信息是否有效;MPI_PROBE 函数与 MPI_IPROBE 相关,它阻塞一直到指定的源、tag 和通信体有效,然后返回并设置其 status 变量。此外,MPI_GET _COUNT 询问函数得到刚刚收到的消息的长度,其前两个参数分别是由上一个探测或 MPI_RECV 调用设置的状态目标和被接收的元素的数据类型,而第三个参数是一个用以返回所接收的元素数目的整数。

最后,给出一个用 C 语言描述的 MPI 计算 π 的示范程序,以供读者学习理解。

```
#define N 100000
#include "mpi.h"
#include <stdio.h>
#include <stdlib.h>
#include <math.h>
double f(double);
double f(double a) {
  return(4.0/(1.0+a*a));
}
int main(int argc,char **argv) {
    int rank,size;
    double sum=0,pi,w,temp;
    int i;
    MPI_Init(&argc,&argv);

    //检查 MPI 初始化是否成功
    if(MPI_Init(&argc,&argv) != MPI_SUCCESS) {
        //处理初始化失败的情况
        fprintf(stderr,"MPI initialization failed\\n");
        exit(EXIT_FAILURE);
    }
    MPI_Comm_size(MPI_COMM_WORLD,&size);
    MPI_Comm_rank(MPI_COMM_WORLD,&rank);
    w=1.0/N;
    for(i=rank; i<N; i=i+size) {
        temp=(i+0.5)*w;
        sum+=f(temp);
    }
    MPI_Reduce(&sum,&pi,1,MPI_DOUBLE,MPI_SUM,0,MPI_COMM_WORLD);
```

```
        if(rank = = 0)
            printf("pi is: % lf\\n",pi * w);
        MPI_Finalize();
        return 0;
    }
```

MPI 和其他消息传递库最大的优势在于它的普适性。将一块存储器从一个进程传输到另一个进程的能力对并行计算机是至关重要的,而消息传递库就为程序员提供了这些工具。消息传递库必须存在于所有的并行计算机上,这样这些库就能在理论上(也在实践中)运行于任意并行计算机上。这种普适性是消息传递库能够流行并获得成功的最基本因素。同理,MPI 和其他消息传递库最大的缺点是它们抽象的底层化。并行程序设计是困难的,而且正如前几章中曾提及的,它得益于对计算的抽象。而 MPI 对这些抽象仅提供了初步的支持。例如,基本的归约操作仅支持全局组合各个进程中的单项数据,但是组合本地值的任务(即应用归约操作的概念到一个完全分布的数据结构)则必须由程序员自己完成。而且 MPI 只支持了基本归约操作符中一个很小的集合,但对计算的抽象通常能提供更多的功能。

14.3　基于数据并行的并行编程

对于有些问题,往往要对许多数据进行彼此独立的、相同的操作,这些相互独立的操作是允许并行执行的,这就是数据并行名称的来由。数据并行编程的优点是:①容易编程,应用程序中本质上只要求一个程序;②方便扩展,应用问题可以很容易扩大规模。许多数值和非数值计算问题都可实现数据并行化。例如,矩阵相乘就具有这样的特点:当两个 $n \times n$ 的矩阵 A 和 B 相乘而得到矩阵 C,乘积元素 C_{ij} 是 A 的第 i 行与 B 的第 j 列执行点积运算而求得。所以矩阵 C 中的元素 C_{ij} 可以并行地对不同的数据元素集合 A_{ik} 和 B_{kj} 执行运算。如果我们用某种数据并行语言来实现这种计算,就可得到一个数据并行程序。

一个数据并行程序含有一个单一的指令序列,各条指令以锁步方式同步执行且作用于不同的数据项,因此这种程序非常适合于在 SIMD 机器上执行。

14.4　HPF 并行编程

高性能 Fortran(High Performance Fortran, HPF),是一个支持数据并行的并行语言标准。HPF 以 FORTRAN 90 编程语言为基础,通过定义新指令、新语法和库来扩充 FORTRAN 90 标准,形成了 HPF 语言标准。HPF 提供了一个单线程控制以及全局名字空间,用户可以用对准(Alignment)以及分布(Distribution)说明定义所希望的数据布局,通过显式的并行结构表达并行机制。HPF 中因为是在高层进行代码的定义,不存在显式的通信语句以及任务划分,所以具有比较好的移植性,通过具体机器上的编译器即可以得到各类系统平台上的代码。

14.4.1　HPF 编程简介

首先介绍一个简单的 HPF 程序实例,通过分析这个实例进而说明 HPF 的一些基本语法。虽然例程非常简单,但它用来说明 HPF 语言有一定的代表性。

```
PROGRAM EXAMPLE
INTEGER a(1024),b(1024),c(1024)
INTEGER :: result = 0
! DECLARE DISTRIBUTE
!HPF$  DISTRIBUTE a(BLOCK)
!HPF$  DISTRIBUTE b(BLOCK)
!HPF$  DISTRIBUTE c(BLOCK)
!ALIGN VALUES TO DISTRIBUTED VARIABLES
a = 1
b = 2
c = a + b
result = SUM(c)
PRINT * ,"The last element is",c(1024)
PRINT * ,"The sum in all elements is",result
END
```

程序输出结果为:

```
The last element is 3
The sum in all elements is 3072
```

在 HPF 中,变量的声明方式与 FORTRAN 90 中的变量声明是一致的。例如,上例中 INTE-GER :: result=0 声明了一个整型变量 result,并且初始化为 0。数组声明和变量声明类似。例如上例中 INTEGER a(1024),b(1024),c(1024)声明了 3 个大小为 1 024 的整型数组。HPF 通过如下方式扩充了 FORTRAN 90 标准:①定义了一些新指令、新语言的语法,实现了在并行机上支持数据分布以及对准的控制;②通过加入一些新的标准、数据并行结构以及内部函数,提供了许多高级的抽象功能;③加入了一些新指令用于解决一些顺序和存储关联问题。

通过这个 HPF 程序还可以看到 HPF 的另一个基本特征,那就是 HPF 指令是以 FOR-TRAN 90 语言中注释的形式出现的,例如程序中的语句!HPF$ DISTRIBUTE a(BLOCK)是 HPF 语言中数据分布指令 DISTRIBUTE 的应用实例,其作用是指示将数组 a 按块分布方式分配到各处理器上。!HPF$ 为指令前缀,只能被 HPF 编译器识别,作用在于告知 HPF 编译器,其后指令是 HPF 语言中的指令。而对于一般的 FORTRAN 编译器,这条语句会被当作注释而忽略。

HPF 中提供了丰富的数据分布(Data Distribution)描述方法,均使用了指令前缀的形式。其作用是准许编程人员向编译器建议怎样将数组元素指定到处理器存储器中。比如!HPF$ DISTRIBUTE a(BLOCK)指示 *a* 数组按块分布方式分配到各处理器上。假定处理器数为 4,则 3 个数组的分布情况如图 14-1 所示。

HPF 中没有显式指示为分布形式的数组和所有的标量都被称为顺序变量,这些变量在各处理器中都有完整的副本,而不像分布数组那样,每个处理器只拥有其一部分。因此,顺序变量可以看成各处理器的私有变量,而分布数组可以看成分布共享变量。

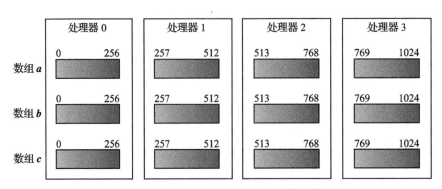

图 14-1 3 个分布数组在 4 个处理器上的分布

14.4.2 分布数组的赋值

数组赋值原意是将某数组的各元素都赋予相应的值,由于没有定义赋值的先后顺序,故具有隐含的并行性。HPF 编译器对可以进行并行的代码根据"属主规则"给每个处理器分配计算。"属主规则"的意思是各个处理器尽量仅读取分配给自己的组段。例如上例中 $a=1$、$b=2$ 含义是各处理器对分布数组 a 中的元素赋值 1,对分布数组 b 中的元素赋值 2。

1. 分布数组之间的运算

上例中,出现的数组运算 $c=a+b$ 的含义是将 a 和 b 中相应元素相加后送给 c 中相应元素。HPF 中数组运算具有潜在的并行性,最终能否并行要看初始被定值的数组是否是分布的。由于被定值的数组 c 是分布的,所以可以并行执行。在包含多个分布数组的语句内,HPF 编译器将选择当中的一个分布数组,依照"属主规则",将运算分配到各处理器上。

2. 分布数组的归约

上例中的语句 result=SUM(c) 是对分布数组归约的一个例子。其含义是将数组 c 中所有元素求和,赋给顺序变量 result。SUM 是 FORTRAN90 的内部函数,即是 HPF 的内部函数。当 HPF 编译器分析发现参加求和的是分布数组时,会依照"属主规则",使得各处理器并行地对属于自己的元素进行"局部求和",接着将调用全局操作"归约并返回",将各处理器的局部和相加,最后广播给所有处理器 result 变量的结果。

3. 打印分布数组元素

HPF 中 I/O 语句在非并行代码段中,在处理器 0 上执行。由于分布数组可以看成分布共享的,它具有共享属性,所以处理器可以访问分布数组中的任意一个元素。例如,上例中语句:PRINT * ,"The last element is",c(1024)。处理器 0 访问了处理器 3 上的分布数组元素。

14.4.3 数据分布伪指令

数据分布指的是将数据(主要是数组)分布到处理器上。HPF 引入了一些指导数据分布的伪指令,指示编译器如何最佳地分布数据于计算节点上。数据映射(分布)要达到的目的是:使处理器间的通信开销最小以及使负载在处理器上分布均匀。

(1)PROCESSORS 伪指令 PROCESSORS 说明抽象的处理器排列结构。例如:!HPF$ PROCESSORSN(4)。

它通知编译器,应用程序希望使用 4 个处理器排成线性阵列的抽象结构。同样,!HPF $ PROCESSORS P(4,5)、!HPF $ PROCESSORS Q(4,5,6)分别指明 20 个处理器排成 4×5 的二维网孔和 120 个处理器排成 4×5×6 的三维网孔。

(2)ALIGN:伪指令 ALIGN 用于描述数组间元素的对准。例如:!HPF $ ALIGN A(I) WITH B(I)表示把 A 的第 I 个元素与 B 的第 I 个元素分配到同一个处理器上。同样,!HPF $ ALIGN A(I) WITH B(I+2)表示把 A 的第 I 个元素与 B 的第 I+2 个元素分配到同一个处理器上。

(3)DISTRIBUTE:伪指令 DISTRIBUTE 用于指明数组如何在计算机存储器间进行划分。数组每一维可按下述方式之一进行分布:

*	无分布
BLOCK(n)	块状分布
CYCLIC(n)	循环分布

对于程序员可使用下述两种 DISTRIBUTE 伪指令:!HPF $ DISTRIBUTE A(BLOCK) ONTO N ;!HPF $ DISTRIBUTE C(CYCLIC) ONTO N。

外部过程 HPF 中增加了具有如下功能的库程序:

(1)计算库功能　它提供求数组中的前缀运算以及最大值等。这些运算使用具有网络特性的库函数比起使用以 FORTRAN 描述的循环效果更好。在 HPF 中提供的库函数有分类函数、前缀及后缀函数、位变换函数、组合-散射函数以及归约函数等。

(2)变换查询功能　它能够给出关于数据的定位、分布方面的信息,包含数据分布状态信息的 HPF DISTRIBUTION 库程序,Template 信息的 HPF TEMPLATE 库程序和数据定位信息的 HPF ALIGNMENT 库程序。

(3)系统查询功能　它可给出有关处理器的信息,包括可用处理器数的处理器构成信息的 NUMBER OF PROCESSOR 库程序以及 PROCESSOR SHAPE 库程序。

14. 4. 4　数据并行结构

数据并行(Data Parallel)结构是 HPF 数据并行模型中的主要特性之一,它与数据分布相结合,构成了 HPF 数据并行模型的核心。数据并行强调有很多细粒度的操作,例如对一个数组中每个元素的计算。数据并行的特点就是:用户不用描述并行的细节,由编译器根据数据分布的情况,将可并行执行的代码分配到多处理器上运行。HPF 语言中有几种开发数据并行的方法,主要包括数组运算(来自 FORTRAN 90)、FORALL 语句、INDEPENDENT 指令、HPF 库和内部函数。

1. 数组运算

数组运算是 FORTRAN 90 的重要特征,其简洁而自然的方式描述了数据的运算。HPF 赋予它并行的属性,HPF 编译器能识别出数组运算,并认为它具"潜在的并行性"。潜在的并行性并不代表一定能并行执行,HPF 编译器要根据其中是否有分布数组参与运算等因素来决定是否真正并行和怎样并行。

(1)数组和数组段　数组段以及全数组都表示一批数据。数组段可以有终步长、起点,例如,$a(1:3,1:2)$表示 $a(1,1),a(2,1),a(3,1),a(1,2),a(2,2),a(3,2)$。数组段有一个重要的形(Shape)属性,即维数和各维的大小,例如 $a(2:3,4:9)$ 的形是(2,6)。

(2)数组表达式　数组段或全数组允许与运算符共同组成数组表达式。数组表左式中数组段以及全数组的形必须相同。例如,$a(2:4)$ 与 $b(1:3)$ 的形都是(3),可以一起运算。数组表达式 $a(2:4)+b(1:3)$ 的含义是一组可并行的运算:$a(2)+b(1)$,$a(3)+b(2)$,$a(4)+b(3)$,其结果也是一个形为(3)数组。

(3)数组赋值　数组赋值必须满足下面两个条件之一:第一,右部是标量表达式;第二,左右表达式的形相同。当将一个标量赋值给一个数组段时,该数组段的所有元素被赋予标量的值,例如 $m(1:1\ 024)=0$ 把元素 $m(1)$,$m(2)$,$\cdots$,$m(1\ 024)$ 的值都赋为 0。数组赋值能否真正并行执行,关键在于左部数组是否是分布的。

(4)WHERE 语句及其结构　WHERE 语句的用途为给满足逻辑条件的那些数组元素赋值,例如下面语句:

```
INTEGER a(100),b(100)
WHERE(a<0)   b = 0
```

作用是:如果数组 a 的某元素为负值,则将数组 b 中对应位置的元素设置为 0。

(5)数组内部函数　数组内部函数是指可以接收数组段或者全数组作为参数的库函数。这些函数可以返回一批数据,也可以返回一个标量。

2. FORALL 语句和 FORALL 结构

前面介绍的数组赋值语句使用起来简单,但由于有左右形一致的限制,有些对数组的赋值不能表示出来。HPF 中新增的 FORALL 语句和 FORALL 结构类似于 FORTRAN 90 的数组赋值语句,只是比 FORTRAN 90 的数组赋值语句更灵活。并且 FORALL 语句能以指定的逻辑表达式对赋值语句进行限定。

FORALL 语句能以指定的逻辑表达式对赋值语句进行限定。例如下述 FORALL 语句:

```
FORALL(i = 2:5,X(i)>0) X(i) = X(i-1) + X(i+1)
```

其中,i 是索引变量;i=2:5 称为 for 三元组,等价于 i=2:5:1,表示 i 取值上界为 5、下界为 2,步长为 1。在上述 FORALL 语句中,假定初始 $X=\{1,-1,2,-2,3,-3\}$,在 i 的有效值范围内,满足 X(i)>0 的索引 i 的活动集合为 $\{3,5\}$,同时计算如下赋值语句:

$$X(3) = X(2) + X(4) = -3$$
$$X(5) = X(4) + X(6) = -5$$

FORALL 语句结束后,$X=\{1,-1,-3,-2,-5,-3\}$。在 FORALL 语句中,可能有不止一个 for 三元组,则用的是组合索引,例如:

```
FORALL(i = 1:2,j = 1:3,Y(i,j)>0) Z(i,j) = 1/Y(i,j)
```

该语句等价于 FORTRAN 90 的如下语句:

```
where(Y(1:2,1:3)>0) Z(1:2,1:3) = 1/Y(1:2,1:3)
```

则组合索引的有效值集合为 $\{(1,1),(1,2),(1,3),(2,1),(2,2),(2,3)\}$,而组合索引的活动值取上述集合中使 Y(i,j)>0 的子集。

有时用户希望在一个 FORALL 语句中包含几个赋值,这可使用 FORALL 结构来实现。

FORALL 结构是对 FORALL 语句的进一步扩充,即在 END FORALL 以及 FORALL 之间可以写多条语句,但是限制 FORALL 结构中仅允许使用 WHRER 语句、WHILE 结构、FORALL 结构、FORALL 语句和赋值语句。例如:

```
FORALL(I = 2:9)
    A(I) = A(I-1) + A(I+1)
    B(I) = A(I)
END FORALL
```

上述代码首先对从 2 到 9 的各个 I 求 A(I−1)＋A(I＋1)之值,并将结果送入 A(2)到 A(9)中;然后将求得的 A(2)到 A(9)之值送入 B(2)到 B(9)中。

3. INDEPENDENT 指令

循环中的并行性与数据相关性有直接联系,如果循环中不含迭代间的相关,该循环是可并行的,用户可以使用 INDEPENDENT 指令提示编译器,以便做并行优化。INDEPENDENT 可以用于 DO 循环和 FORALL 结构。

DO 循环能加入 INDEPENDENT 指令的条件包括:①紧嵌套循环(多重循环的循环头之间没有加入其他语句);②循环内的语句仅允许是 IF 语句以及赋值语句;③循环内的函数仅允许为纯函数;④如果某一层加上 INDEPENDENT,则内层的循环也必须是 INDEPENDENT;⑤循环不含迭代间相关;⑥循环内被定值的非分布量,在循环外不能直接引用。

在 FORALL 结构中加入 INDEPENDENT 指令的条件包括:①循环内被定值的非分布量,在循环外不能直接引用;②不含迭代间相关。

14.4.5　高斯消去法的 HPF 程序

下面给出一个高斯消去法的 HPF 程序,以供参考:

```
PARAMETER n = 32
REAL A(n,n + 1),x(n)
INTEGER i,pivot_location(1)
!HPF$  PROCESSOR Nodes(4)
!HPF$  ALIGN x(i) WITH A(i,j)
!HPF$  DISTRIBUTE A(BLOCK, * ) ONTO Nodes
DO i = 1,n - 1
    !pivoting
    pivot_location = MAXLOC(ABS(A(i:n,i)))
    SWAP(A(i,i:n + 1),A(i - 1 + pivot_location(1),i:n + 1))
    !triangularization
    A(i,i:n + 1) = A(i,i:n + 1)/A(i,i)
    FORALL(j = i + 1:n,k = i + 1:n + 1)
        A(j,k) = A(j,k) - A(j,i) * A(i,k)
END DO
!back substitution
```

```
DO   i = n,1, − 1
     x(i) = A(i,n + 1)
     A(1:i − 1,n + 1) = A(1:i − 1,n + 1) − A(1:i − 1,i) * x(i)
END DO
```

1. MPI 有哪 6 个最基本的函数? 其功能如何?

2. 点对点通信操作有哪些通信模式? 其特点如何?

3. 任选一种编程语言完成基于 MPI 的 π 计算。

4. 在串行程序的并行化过程中,HPF 编程和 MPI 编程各自有何特点?

5. 14.4.5 节中高斯消去法的 HPF 程序实现了什么功能?

第 15 章　GPU 并行算法示例：自旋系统相变的有限时间动力学模拟

在并行程序设计的领域，环境与工具的选择对于开发效率、程序性能和调试便利性至关重要。GPU 拥有数量众多的并行计算单元，因此单精度浮点运算能力远远高于 CPU。此外，由于 GPU 逐渐可编程化，使得大量的科研计算任务从 CPU 移交给 GPU 设备来完成。只是后者无法独立工作，必须受前者的调控，因此这种协作模式也被称为异构计算。作为 GPU 并行算法的示例，本章结合基于蒙特卡罗方法的有限时间动力学（Finite Time Dynamics，FTD）算法实现自旋系统的非平衡态模拟，展示 CPU 和 GPU 异构并行的设计和实现过程。我们将首先阐述 GPU 硬件结构和 CUDA 编程框架的重点信息，其中包括 GPU 计算单元的工作流程和内存资源的分布位置、装载数量以及使用场景，并介绍 CUDA 核函数的线程管理模式和线程同步机制，然后分析 CPU 串行 FTD 算法的并行性，给出 GPU 并行改造方案，最后介绍并行算法中 CPU+GPU 的协作流程，给出详细的程序实现和说明。

15.1　异构编程技术

CPU 是计算机的大脑，控制着所有应用程序的运行，同时还要处理诸如视频、文字、图像、语音等多媒体设备触发的中断请求。因此，为了提升 CPU 的任务管理能力，实现复杂逻辑的分支预判功能，CPU 芯片中装载了大量的控制单元和高级缓存单元，以此来减少内存访问与逻辑判断的时间成本，提升 CPU 的计算吞吐量。而随着计算机图形学的发展，迫切需要一种独立的图形处理芯片来完成逻辑简单但又任务繁重的像素填充工作。1999 年，NVIDIA 公司发布 Geforce 256 图形加速器，开始接替 CPU 完成图像渲染的计算任务。此后，开始专门为高度并行且计算密集的运算而设计 GPU。为了充分发挥 GPU 极高的并行性能，NVIDIA 公司在 2006 年 11 月发布了用于其自家图形处理器的并行编程框架 CUDA，其使用类 C 语言开发并行程序，利于广大程序员学习和掌握。今天，NVIDIA 的 GPU 已经成为业界应用最广泛的图形处理器，是图像处理、虚拟现实、高性能计算、神经网络训练等领域最重要的计算平台。

15.1.1　GPU 硬件结构

GPU 的硬件结构及内部资源的配置情况，是完成 CUDA 并行程序编写和优化的重要参考信息。市面上购买的 NVIDIA 图形显卡，已经将 GPU 芯片嵌入到类似于电脑主板的电路板中，该电路板上配备了大量的 SDRAM 存储颗粒，也就是所谓的显存。通常所说的 GPU 指的是包含芯片和电路板的图像计算设备，芯片提供强大的计算能力，而电路板则装备了大量的存储颗粒。

GPU 芯片内部装载了大量的流处理器（Stream Processor,SP）,当启动并行程序的时候,每一个 SP 都会复制一份并行代码块且独立完成计算任务。SP 是真正的计算单元,也被称为CUDA 核心。另外,GPU 允许并行程序开启的线程数远大于处理器 SP 的数量,因此,当线程在执行读写等高延迟的操作时,可以通过线程调度的方式使 SP 一直处于忙碌的状态,能够有效隐藏计算延迟和访存延迟,提高计算吞吐量。

GPU 使用单指令多线程（Single Instruction Multiple Threads,SIMT）技术来实现并行计算。运行在 GPU 的代码称为核函数,核函数开启的所有线程以一定数量为一组,被流多处理器（Stream Multiprocessor,SM）装载到相同数量的 SP 中,SM 以广播的形式发送指令给同一组中的所有 SP,后者根据接收到的指令分别处理不同的数据。线程调度也是由 SM 实现的,因此 SM 相当于 GPU 的大脑,操纵着其管辖范围内的硬件资源和计算任务。NVIDIA 的工程师将 GPU 芯片内的内存资源和计算资源均匀的划分成很多份,每一份交给一个 SM 来管理。因此,SM 的内部结构也代表着 GPU 的设计架构,不同的 GPU 架构,其 SM 的组成单元自然就不一样,这里以典型的 Fermi 架构为例（图 15-1）,列出每个 SM 内包含的主要组成单元:

（1）SP　内部包含 ALU、FPU 等计算单元。

（2）存储资源　共享内存 Shared Memory、指令缓存 Instruction Cache、一级缓存 L1 Cache、寄存器 Register。

（3）LD/ST　载入/储存单元,实现对内存的读写操作。

（4）SFU　特殊函数单元,用于执行 sin、cos 等函数的计算。

（5）Warp Schedule　控制活跃线程束（Warp）的调度。

（6）IDU　指令发射单元。

（7）Dispatch Unit　派发单元,负责处理器内部管理和调度指令的执行。

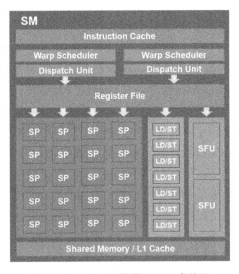

图 15-1　Fermi 架构的 SM 组成单元

由于不同的 GPU 架构,其 SM 的内部组成结构不同,使得 GPU 展现出不一样的计算特性,例如 Kepler 架构添加了双精度计算单元,能够实现精度更高的浮点计算,而 2019 年发布的 Turing 架构增加了 RT 核心,专门用于执行光线追踪操作,使得 3D 游戏的画面渲染更加逼真。对于相同架构不同型号的 GPU 而言,其主要区别在于 SM 的装备量以及每个 SM 内部资源的配备量会有所不同,因此架构相同但型号不同的 GPU 设备会存在性能上的差异。

15.1.2　存储资源

GPU 设备共有两大存储资源,分别是片上内存和板上内存。片上内存位于 GPU 芯片上,并且均匀分配给所有 SM,由于其靠近计算单元,所以访存延迟很低,但此类存储颗粒对制造工艺的要求极高,因此各类片上内存都只装载了几十 kB 的大小。板上内存位于 GPU 电路板上,访问延迟是片上内存的 20～30 倍,但容量较大,目前 Titan RTX 型号的显卡已经装载了 24 GB 大小的全局内存。

另外,内存还分为可编程和不可编程两类,GPU 的可编程内存是并行程序优化的重点对象,主要的可编程内存有 4 种,分别是 2 种片上内存和 2 种板上内存,前者包括寄存器(线程私有,没有明确声明内存类型的变量都存储在寄存器中)和共享内存(同一个线程块内的所有线程共享);后者包括本地内存(所有线程共享,存储寄存器不够用时溢出的数据)和全局内存(所有线程共享,空间最大,延迟最高)。

除此之外,每个 SM 中还有不可编程的片上高速缓存,GPU 电路板上也驻留有二级缓存、常量内存、纹理内存等。所有存储类型中,全局内存是空间最大的存储单元,但因装载在电路板上,导致其具有相当高的访存延迟。相比较而言,寄存器和共享内存装在 GPU 芯片的 SM 中,因此具有低延迟和高带宽的特点。针对实际的计算任务,合理地使用片上内存能够有效提高并行程序的执行效率。

并行程序启动后,所有的 SM 都会以线程块为单位载入线程,并且为每个线程分配片上内存资源,当一个 SM 内部的资源分配完的时候,剩余的线程只能等到活跃线程(指已经载入 SM 的线程)运算结束,才能继续被 SM 载入。SM 内部载入的活跃线程足够多时,就能够利用线程调度的方式提高计算单元的吞吐量。CUDA 使用占用率(Occupancy)来反应 SM 中计算单元的饱和程度,下面是其中的一种计算公式:

$$\text{Occupancy} = \frac{\text{实际载入 SM 的活跃线程数}}{\text{SM 能够载入的最大线程数}} \qquad (15.1)$$

式 15.1 计算的占用率与 CUDA 官方文档介绍的以线程束为单位的计算结果相同。由于 SM 所能载入的最大线程数是固定的,因此活跃线程越多占用率越高,计算单元就越忙碌。而活跃线程的数量主要受到片上内存和线程块大小的限制。一个线程中使用的片上内存越多,SM 载入的活跃线程就越少。而如果 SM 的最后一批内存资源刚好不够分配给一个线程块的线程时,那么这个线程块的所有线程都不能载入 SM,因此线程块越大,这种情况发生时 SM 载入的活跃线程就越少。为此,NVIDIA 官方提供了 SM 占用率的计算工具,图 15-2 给出了该工具的操作界面。针对一个特定的 GPU 设备和并行程序,只需要输入每个线程中片上内存的使用量以及线程块的大小,即可快速得到并行程序的 SM 占用率,为算法的进一步优化提供参考。图 15-2 中相关术语归纳如下:Occupancy Calculator,占有率计算器;Compute Capability,计算能力;Shared Memory Size Config,共享内存大小配置;Resource Usage,资源使用状况;Threads per Block,每个块的线程数,定义了在线程块中同时执行的线程数量;Registers per Block,每个块的寄存器数,表示在一个 CUDA 线程块(Thread Block)中所有线程共享的寄存器资源总量；Shared Memory per Block，每个块的共享内存，指的是 CUDA 线程块内部所有线程可以访问的共享内存资源；Active Threads per Multiprocessor，每个多处理器上的活动线程数，指的是在每个流处理器（或称为多处理器 Multiprocessor）上同时执行的活动线程数量；Active Warps per Multiprocessor，每个多处理器上的活动线程束数；Active Thread Blocks per Multiprocessor，每个多处理器上的活动线程块数。

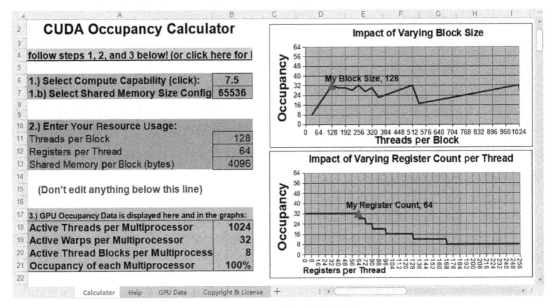

图 15-2　CUDA 占用率计算器

每个线程使用的片上内存越多，SM 实际能载入的线程数就越少，从而导致 SM 占用率降低。因此，即便片上内存具有较低的访存延迟，也要视情况谨慎使用。为了便于管理，CUDA 将 CPU 和 GPU 分别定义为主机端（Host）和设备端（Device），并且主机端不能直接操纵设备端的片上内存，因此主机端和设备端的数据通信只能依靠板上内存来完成。并行程序的一般模式是：由主机端启动程序，并传输必要的数据到设备端的全局内存，然后由设备端执行计算任务，最后将计算结果传回主机端。

15.2　CUDA 并行机制

CUDA 内置了大量操作内存资源的应用程序编程接口（Application Programming Interface，API），并且将 GPU 中运行的线程抽象成多层结构，限定了不同层次的线程对存储资源的使用权限，因此熟悉线程的组织结构对并行编程至关重要。

15.2.1　线程管理

CUDA 并行程序中的函数分为 3 类，其特点如下：

（1）主机函数　用__host__关键字声明，只能在 CPU 中调用和执行。

（2）全局函数　用__global__关键字声明，由 CPU 调用，在 GPU 中执行。

(3)设备函数　用 __device__ 关键字声明,只能在 GPU 中调用和执行。

其中全局函数也称为核函数(Kernel Function),是 CUDA 编程中最重要的角色,在 GPU 中执行的并行代码就编写在核函数中。在 CPU 调用核函数之前,首先要声明核函数开启的线程数量以及线程的组织形式,CUDA 根据逻辑上设定的线程结构来限制线程的访存范围。具体来说,每个核函数启动的所有线程都包含在一个网格(Grid)中,网格内部有很多结构相同的线程块(Block),每个线程块又包含了相同数量的线程(Thread),网格和块的内部结构一般设为二维或者三维。图 15-3 给出了基于 CUDA 的异构计算流程以及核函数中的线程组织形式。

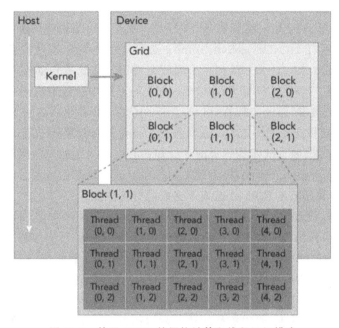

图 15-3　基于 CUDA 的异构计算和线程组织模式

为了标识网格中的每个线程,CUDA 提供了以下内置的三元变量来获取线程的索引信息。

(1)threadIdx　记录当前线程在块内各维度的索引(x,y,z);

(2)blockDim　记录块的各维度大小(D_x,D_y,D_z);

(3)blockIdx　记录当前块在网格中各维度的索引(b_x,b_y,b_z);

(4)gridDim　记录网格的各维度大小(gD_x,gD_y,gD_z)。

网格和块都支持 3 种维度的结构。如果都设置成二维,那么第三维的索引 z 和 b_z 始终为 0,并且第三维的大小 D_z 和 gD_z 始终为 1。对于任何的线程组织结构,都可以通过以下计算方式获得线程的唯一 ID。

$\text{bSize} = D_x * D_y * D_z$　//每个块包含的线程数量

$\text{tId\_in\_block} = x + y * D_x + z * D_x * D_y$　//线程在当前块中的唯一 ID

$\text{bId\_in\_grid} = b_x + b_y * gD_x + b_z * gD_x * gD_y$　//块在网格中的唯一 ID

$\text{tId\_in\_grid} = \text{tId\_in\_block} + \text{bId\_in\_grid} * \text{bSize}$　//线程在网格中的唯一 ID

在核函数启动之后,SM 以块为单位装载线程。而且 CUDA 基于 SIMT 架构,将每 32 个线程列为一组,称为线程束(Warp)。因此 SM 以束为单元来控制线程的执行。从逻辑层面来看,核函数内的所有线程都是并行的,但在硬件层面,真正的最小并行单元是同一束内的 32 个线程。

15.2.2　同步机制

为了实现线程之间的数据通信,CUDA 根据线程的组织结构,设置了多级同步机制,具体如下:

(1)束同步　核函数运行到分支语句时,不同分支的线程出现同步并串行执行。

(2)块同步　使用 syncthreads 函数标记同步点,实现块内线程的同步。

(3)系统同步　使用 cudaDeviceSynchronize 函数设置同步点,实现设备同步。

束同步操作是 SM 依赖 SIMT 架构在出现分支语句的情况下自动实现的,不需要在程序中显式的声明。SIMT 架构与 SIMD 架构类似,都是将一条指令分发给同一束内的所有线程,每个线程负责各自的数据,以此实现并行计算。不同的是,前者比后者更为灵活,在程序逻辑出现分支时,SIMT 架构支持同一束内的线程按照分支情况分批串行执行,所有非当前计算分支的线程处于等待状态,并且这些线程对应的处理核心也会因此处于空闲状态,直到其他分支计算结束后才会被再次激活。因此,核函数中的程序应该尽量避免出现过多的分支语句,否则会严重影响 GPU 计算核心的利用率,造成不必要的资源浪费。

块同步只对块内线程有效,并且这些线程要借助共享内存来实现数据通信。但由于 CUDA 不支持块间线程的同步,因此核函数内所有线程的同步只能依靠核函数的结束来实现。这是因为不同的核函数之间默认是串行执行的,只有在当前核函数运行结束时,GPU 才能执行下一个核函数。还需要注意的是,块同步操作也会导致计算单元出现空闲的情况,但依靠核函数的终止而实现的同步造成计算资源空闲的机会非常少。结合束同步的情况,可以得出这样的结论:同步粒度越小,线程等待的情况就越频繁,使 SP 出现空闲的情况也越多,导致计算资源的利用率越低。

系统同步用于协调 CPU 和 GPU 的数据通信。默认情况下,核函数启动后会立刻将控制权交回 CPU,并允许 CPU 继续执行其他任务而不用理会 GPU 是否运算结束,这种异步性可以用来掩盖 CPU 的计算时间。然而,当 CPU 的计算任务和 GPU 的计算结果存在关联时,就必须使用系统同步让主机端的线程在 cudaDeviceSynchronize 函数设置的同步点处等待设备端核函数的结束。

除了以上 3 种同步机制,CUDA 还支持流同步。默认情况下,CUDA 的每个核函数都是串行执行的,但如果多个核函数之间的关联性较弱时,也可以让多个核函数并行执行,而这时就有可能要使用流同步来设置同步点了。

15.3　GPU 并行有限时间动力学算法的实现

并行技术通过扩展 CPU 和 GPU 的计算单元,结合 MPI、CUDA、OpenCL 等并行编程框架完成串行程序的并行化改造,将关联较弱的计算问题划分成多个小问题,每个小问题的计算分别交给一个处理核心来完成。如第 12 章所述,并行不等于并发,并发指的是计算机的多任务处理能力,计算机在一个时间段内同时管理多个计算任务,但这些计算任务是通过时间片轮询或者设置优先级的方式被轮流执行的。而并行指的是通过扩展更多的处理核心来实现在同一时刻共同完成一个计算需求的技术。显然,被并行执行的计算任务之间不能存在数据关联,否则会造成访存冲突或脏数据等问题。当然,对于数据关联不严重的计算问题,可以通过同步的方式来实现数据交互。总之,并行化改造任何一个串行问题之前,都应该先分析串行程序的并行性,然后才能进一步设计并行方案。因此,本节在介绍 FTD 算法的理论背景之后,深入分析传统串行实现的并行性,然后再详细地论述 GPU 并行方案的设计和程序的实现。

NVIDIA 提供了兼容 Windows 和 Linux 系统的 CUDA 开发包,安装前需要根据显卡驱动的版本选择相应的 CUDA 版本。软件方面,我们基于 Ubuntu 操作系统,使用 5.4.0 版本的 GCC 编译器运行 CPU 串行程序,优化选项设置为-O3,并使用 CUDA 10 作为 GPU 并行程序的开发环境。硬件方面,CPU 型号为 Xeon(R) E5-2687W,主频 3.1 GHz。并且使用了RTX 2080 Ti 和 Titan V 两种图形显卡来运行 GPU 程序,这两种显卡在单、双精度浮点计算能力上存在较大的差别,对于不同精度的计算任务,会表现出明显的性能差异。它们的主要参数如表 15-1 所示。

表 15-1　两种 GPU 设备的主要参数

参数	RTX 2080 Ti	Titan V
核心总数	4 352	5 120
SM 的数量	68	80
单精度浮点计算能力	16.75TFLOPS	15 TFLOPS
双精度浮点计算能力	0.515 TFLOPS	7.5 TFLOPS
全局内存	11 GB DDR6	12 GB HBM2
主频	1.35 GHz	1.2 GHz

15.3.1　有限时间动力学算法

FTD 算法是一种可用于非平衡态模拟的理论方法,据此可通过线性变温的方式来驱动自旋系统的演化,能够有效克服临界慢化现象,减少标度修正和有限尺寸效应带来的影响。为了获得系统的临界指数,FTD 算法要求自旋系统在多个不同的变温速率 R 下开展蒙特卡洛模拟,根据各温度下的系统状态计算能量密度 E,磁化强度 M 和关联函数 G,并通过大量的模拟样本做样本平均得到$<E>$、$<M>$和$<G>$,最后基于样本平均前后的 E 和 M 计算出磁化率 χ、比热 C 和无量纲的 Binder 累积量 U。除此之外,FTD 算法还规定变温速率 R 的倒数 $1/R$ 必须小于平衡态模拟时间,也就是说,当 R 太小时,所做的非平衡态模拟可能会变成平衡态的蒙特卡洛模拟,不再属于有限时间标度范围。在研究过程中,可以通过观察 Binder 累积量的演化曲线是否出现跳跃来判断当前的蒙特卡洛模拟属于平衡态还是非平衡态。

式 15.2 ~式 15.7 列出了自旋系统中能量密度 E、磁化强度 M、关联函数 G、磁化率 χ、比热 C 以及 Binder 累积量 U 的定义,其中 χ 与磁化强度及其二次方的样本平均值[$<M>$和$<M^2>$]相关,描述磁化强度的涨落,U 与磁化强度二次方和四次方的样本平均值[$<M^2>$和$<M^4>$]相关,而 C 则与能量密度及其二次方的样本平均值[$<E>$和$<E^2>$]相关,描述能量密度的涨落。

$$E = \frac{H}{N} \tag{15.2}$$

$$M = \frac{\sum_{i=1}^{N} S_i}{N} \tag{15.3}$$

$$G = \frac{\sum_{<i,j>} S_i S_j}{dN} - <M>^2 \tag{15.4}$$

$$\chi = \frac{L^d}{T}(<M^2> - <M>^2) \tag{15.5}$$

$$C = \frac{L^d}{T^2}(<E^2> - <E>^2) \tag{15.6}$$

$$U = 1 - \frac{<M^4>}{3<M^2>^2} \tag{15.7}$$

其中 H 代表系统模型的哈密顿量，S_i 代表位于格点系统第 i 个位置的自旋状态值，N 为系统中自旋的数量，d 和 T 分别是系统的维度和温度，$< >$ 代表样本平均，$<i,j>$ 代表 S_i 的所有最近邻自旋对。

通过选取多个变温速率 R 下关联函数 G 的峰值所在的温度 T_p，结合 R 的值可以拟合得到相变温度 T_c，拟合公式如下：

$$T_p = T_c + aR^{1/rv} \tag{15.8}$$

式中，a 为拟合系数，r 为速率指数，v 为关联函数指数。

另外，通过有限时间标度公式能够拟合得到磁化强度 M 和磁化率 χ 的临界指数 β 和 γ，标度公式如下：

$$M(T_c, R) \sim R^{\beta/rv} \tag{15.9}$$

$$\chi(T_c, R) \sim R^{-\gamma/rv} \tag{15.10}$$

此即磁化强度和磁极化率的有限时间标度形式。

15.3.2　格点系统的蒙特卡洛模拟

格点模型在理论物理研究中非常重要，对于自旋系统的科学问题，常用的有 Ising、Potts、XY 和 Blume-Capel 等模型。由于二维的 Ising 模型有严格的解析解，因此常被用来验证新算法的正确性。我们以二维正方晶格和三维立方晶格的 Ising 模型为基础，设计 GPU 并行 FTD 算法，展现 CUDA 并行程序的详细实现步骤。

Ising 模型描述的是自然界铁磁物质的自旋粒子系统，系统由 N 个格点组成，规定在第 i ($i=1,2,\cdots,N$) 个格点位置有一个自旋粒子 S_i，每个自旋只有向上和向下两种状态，在数值模拟中分别用 $S_i = +1$ 和 $S_i = -1$ 来表示，并且只考虑最近邻自旋的相互作用。在无外场的情况下，系统哈密顿量 H 的定义如下：

$$H = -J \sum_{(i,j)} S_i S_j \tag{15.11}$$

其中 J 为耦合常数,在数值模拟时通常取为 1,S_i 是位于第 i 个格点位置的自旋状态。

另外,由 Ising 模型推广的 Blume-Capel 模型,其自旋有 $+1$、0 和 -1 三种状态取值,并且还考虑了粒子的各向异性能,即晶场作用 Δ。其哈密顿量如下:

$$H = -J \sum_{\langle i,j \rangle} S_i S_j + \Delta \sum_i S_i^2 \tag{15.12}$$

其中 Δ 代表单个自旋的晶场大小。另外,在周期边界条件下,二维和三维正方晶格系统的每个自旋分别有 4 个和 6 个最近邻自旋,如图 15-4 所示。

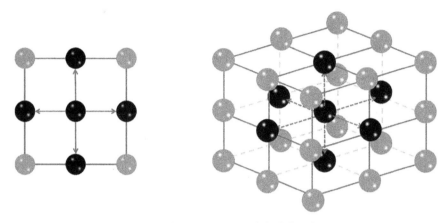

图 15-4　二维和三维格点系统中的最近邻自旋

基于 FTD 算法的蒙特卡洛模拟,首先将格点系统的所有自旋状态置为 $+1$,并且从初始温度 T_0 开始以速率 R 进行演化,直到系统越过临界点。在每个温度下都要对格点系统的自旋进行 Metropolis 更新操作,自旋状态会以一定的概率被更新。此处的 Metropolis 算法在 1953 年被提出,是一种基于马尔可夫链的蒙特卡洛模拟方法,其在系统沿着马尔可夫链演化到稳定的玻尔兹曼分布后再进行重要性采样,主要用于自旋模型的研究。该算法的一般步骤如下:

(1)在格点系统中选择一个自旋粒子;

(2)计算自旋从状态 S_{old} 变为 S_{new} 的能量差 ΔE;

(3)计算状态更新概率 $P = \min[1, \exp(-\Delta E / T)]$;

(4)生成服从均匀分布的随机数 r,$r \in [0,1)$;

(5)若 $r < P$,则将自旋的状态更新为 S_{new},否则保持不变;

(6)重复以上步骤,直到遍历完整个格点系统的所有自旋;

(7)统计格点系统新位型的物理量。

在 FTD 算法中,根据以上步骤对整个格点系统的所有自旋进行更新后,即为完成一个蒙特卡洛步。随后系统的温度更新为 $T' = T + R$,并进入下一个蒙特卡洛步的 Metropolis 操作,直到系统温度越过了临界点。由于二维 Ising 模型的相变温度 T_c 的理论值为 $2.269\,185\,31$,因此在实际模拟中,对 Ising 模型的格点系统仅从温度 $T=1$ 开始,按变温速率 R 线性演化到 $T=4$。另外,FTD 算法需要选取多个变温速率 R,并且在每个变温速率下均模拟足够数量的完整样本,R 越小意味着相同的温度区间内要执行的蒙特卡洛步越多,算法的模拟时间也越长。

15.3.3 串行算法的并行性

由于不同计算设备之间的硬件结构和资源数量存在较大的差异,比如 CPU 设备的特点是核心少、频率高、存储容量大且可扩展,而 GPU 设备的硬件特性是计算核心非常多,但频率较低且存储容量有限,并且不同型号 GPU 的硬件资源也会有很大的差别。因此,为了根据特定的计算设备设计出可行的 GPU 并行化方案,首先要对传统 CPU 串行算法的并行性以及算法对硬件资源的使用情况做详细的分析。这里假定算法模拟的样本数为 SampleSize,每个样本的蒙特卡洛步步数为 MCSize,格点系统中自旋的个数为 N,并以二维 Ising 模型为例分析串行程序的并行性。下面给出串行程序的伪代码:

分配内存空间,用于记录模拟过程中的数据;

```
for s to SampleSize: // 循环 1
    for i to N: // 循环 2
        遍历格点系统,将所有自旋值设为 1,使系统处于铁磁态;
        for m to MCSSize: // 循环 3
            更新系统温度:T = T₀ + R * m;
            for i to N: // 循环 4
                以 Metropolis 算法更新自旋 i 的状态;
            统计第 s 个样本第 m 个 MCS 的物理量 E、M 和 G;
    for m to MCSSize: // 循环 5
```

样本平均得到第 m 个蒙特卡洛步的物理量 $<E>$、$<M>$ 和 $<G>$,并计算 C、χ 和 U;
将循环 5 中统计的物理量输出到外部文件。

可以看到,串行程序的伪代码结构中共有 5 个循环体。每一个循环体执行的计算任务都是重复性的,属于潜在的可被并行化的程序模块,而串行程序的并行化目标就是将这些循环体交给多个线程来处理。

另外,由于计算机模拟过程中要一直维护整个格点系统的自旋状态以及物理量的计算结果,所以在程序开始时首先要从内存中分配出足够的存储空间来记录这些数据。格点系统所能模拟的最大尺寸直接受限于设备存储空间的大小。如果并行程序开启的线程非常多,那么每个线程消耗的存储资源就不能太多,否则会使线程的内存分配失败,程序崩溃。下面列出以上各循环体的时间复杂度:

循环 1:$O(\text{SampleSize})$	$\sim \quad O(n)$
循环 2:$O(\text{SampleSize} * N)$	$\sim \quad O(n^2)$
循环 3:$O(\text{SampleSize} * \text{MCSSize})$	$\sim \quad O(n^2)$
循环 4:$O(\text{SampleSize} * \text{MCSSize} * N)$	$\sim \quad O(n^3)$
循环 5:$O(\text{MCSSize})$	$\sim \quad O(n)$

可以看到,循环 4 的时间复杂度最高,且其嵌套于循环 1 和循环 3 中。因此,仅从模拟效率来看,若并行化 1、3、4 循环体,都能够明显缩短算法的执行时间。下面对这 5 个循环体的并行性进行分析,挖掘出真正可并行化的代码块。

循环 1:每次循环都执行一个完整的模拟样本,虽然不同样本之间没有任何关联,算法逻辑上具备很好的并行条件。但其并行化必须要求每个线程都独立维护一个样本的整个格点系统，因此对内存资源的消耗量非常高。如果用 char 类型的数组来存储尺寸 $L = 1\,024$ 的格点系统，对于这个尺寸下的二维格点模型，一个样本至少需要 1 MB 内存空间，而三维模型则至少要 1 GB 的内存空间。这种情况下 GPU 的内存空间只能开启十几个线程，这显然不能发挥 GPU 几千个计算核心的价值。因此，该循环体不适合做 GPU 并行化的改造。

循环 2：每次循环只处理网格中的一个自旋，将自旋的状态置为 1。整个赋值过程不存在数据关联且资源消耗少，因此可以将这部分的计算交给 GPU 来完成。

循环 3：每次循环都在一个新的温度下执行蒙特卡洛步。每一个蒙特卡洛步的初始位型来自上一个蒙特卡洛步的更新结果，相邻蒙特卡洛步之间有很强的上下游关系，故无法实现并行。

循环 4：每次循环仅对系统的一个自旋进行 Metropolis 更新，由于每一个自旋只与相邻自旋存在相互作用，因此可以根据棋盘算法将所有自旋划分成多个不同的域，从而消除数据关联，同一个域中的所有自旋可以并行地执行更新操作。

循环 5：每次循环输出一次物理量，由于涉及文件操作，因此无法被并行化。

综合以上对时间复杂度和数据关联性的分析，重点考虑将循环 2 的格点初始化操作和循环 4 的格点更新操作做并行化改造。另外，并行化循环 4 之前，要将系统中的所有自旋划分成互不关联的黑、白两类，如图 15-5 所示：

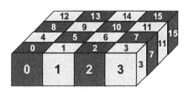

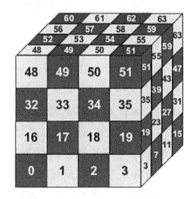

图 15-5　根据棋盘算法划分二维和三维系统的自旋，并对每个自旋进行编号

从图 15-5 可以看到，同一类的自旋互不相邻，因此可以分两次调用核函数来处理黑、白自旋的更新过程。并且为了使核函数的线程能够定位到每一个自旋，还对所有的自旋从 $0 \sim N - 1$ 进行了编号。另外，循环 4 每次执行完翻转操作都要统计所有自旋的物理量，该计算任务对于异构并行程序而言，可以在每次的更新结束后，就将整个系统的新位型传回 CPU，由 CPU 执行物理量的汇总操作。然而这种实现方案要求 CPU 与 GPU 之间频繁地进行数据传输，导致算法的通信成本过高。因此，需要考虑将这部分计算任务也交给 GPU 来完成，而在

并行计算中,用于汇总数据的函数称为规约函数(Reduction Function)。

总的来说,在设计并行方案时要同时考虑到程序之间的数据关联性、时间复杂度和硬件的存储空间等诸多因素。以上对 FTD 算法讨论的并行方案,不仅将时间复杂度最高的循环体并行化,而且整个模拟算法仅在 GPU 完成所有计算任务后才与 CPU 发生通信,将模拟结果传回 CPU,尽可能地减少了数据传输的成本。

15.3.4 并行算法的实现

模拟实验中,自旋系统将依照设定的变温速率从一个低于临界点的起始温度演化到一个高于临界点的终止温度,反映自旋系统从铁磁相到顺磁相的演化过程。系统在每一个温度下都会执行一次完整的 Metropolis 更新操作,刷新整个系统的自旋状态,得到新的位型,完成一次这样的计算过程为一个蒙特卡洛步。另外,为了获取更好的统计平均效果,实际的模拟需要反复执行多次,得到足够的样本。每个模拟样本的不同之处仅在于执行 Metropolis 更新操作时使用的随机数种子。

为了方便后文的阐述和表达,在开始讨论并行算法的程序实现之前,对程序中出现的必要参数做以下定义:数值模拟的样本总数为 SampleSize,每个样本模拟自旋系统在线性变温环境下的一次完整演化过程。系统中的自旋状态存储在 lattic 数组中,该数组的维度和尺寸与自旋系统相同。系统的维度定义为 d,尺寸为 L,包含的自旋总数 $N=L^d$。系统演化的变温速率为 R,起始温度为 Start_T,终止温度为 End_T,因此一个样本执行的蒙特卡洛步总数为 MCSSzie$=($End_T$-$Start_T$)/R$。每个核函数启动的线程数为 tSize。

1. 异构计算的流程

由于 GPU 不能独立运行,所以 CUDA 程序实际上是由 CPU 和 GPU 协作完成的,前者控制算法的主体逻辑,后者负责执行密集型的计算工作。而且在设计并行程序之前,需要考虑两个问题。第一,并行执行的任务之间不能有太强的数据依赖性,否则需要大量的同步操作,这会影响并行算法的执行效率。而网格中的每个自旋都与其最近邻自旋存在相互作用,所以不能同时对整个网格的所有自旋执行 Metropolis 更新操作。为了解决这个问题,运用棋盘算法将系统自旋划分成两种不相关的域,并行以黑、白自旋进行区分,如图 15-5 所示。第二,对于异构编程,应该尽量减少数据通信的次数,特别是 CPU 与 GPU 之间的数据传输,因为这两种处理器只能通过 PCI-e 接口来交换数据,而这种技术的传输带宽非常低。为了解决这两个问题,我们考虑将格点自旋的初始化工作以及状态更新操作(即循环 2 和 4)移交给 GPU 来处理,并且专门设置一个核函数来统计每个蒙特卡洛步执行后系统新位型的物理量。除此之外,使用 CUDA 内置的随机数发生器通过并行方式生成模拟过程所需的随机数。因此,整个并行算法只有在所有样本模拟完毕之后,才将最终的数据从 GPU 传回 CPU,只出现一次数据通信的情况。为了直观地说明并行方案的思路,图 15-6 以二维格点系统为例,给出了 GPU 更新自旋状态以及规约系统物理量的过程。

从图 15-6 中可以看出,GPU 算法的执行流程共有 3 个步骤,其中步骤(a)和步骤(b)分别表示黑色自旋和白色自旋的更新操作。所有的 CUDA 线程在更新完自旋的状态之后,都会及时计算自旋所在位置的相互作用,并记为一个 e,这个 e 存储到一维的单精度浮点数组中。由于步骤(a)和步骤(b)中调用的核函数每次只需要启动 $N/2$ 个线程即可更新一类自旋,因此一维数组的长度也被设置成 $N/2$。并且在步骤(a)计算的 e 可以直接赋值到数组中,而步骤(b)

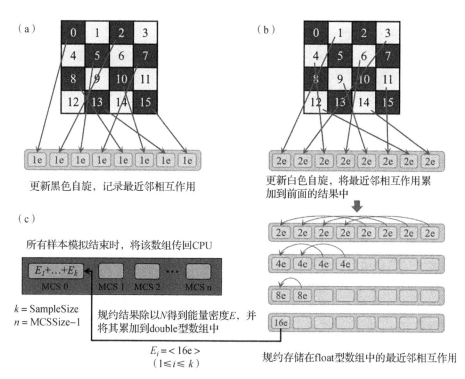

图 15-6　GPU 并行程序中更新自旋和统计物理量的执行流程

计算的 e 则是累加到数组中。

　　另外，更新完黑、白自旋的状态后，为了获取新位型的能量密度 E，还需要进一步汇总一维数组中记录的数据。步骤（c）右侧展示了通过多次规约操作来汇总数据的方法，考虑到汇总 e 的过程全是加法操作并且不会超过单精度类型的表示范围，因此，为了充分发挥 GPU 的单精度浮点计算能力，规约过程的加法操作都使用单精度浮点数据进行计算，最后再将规约汇总的结果除以自旋总数 N 即可得到新位型的能量密度 E。但这里的除法计算可能使 E 的小数位超过单精度数据的表示范围，因此为了减少数据精度的损失，应该使用双精度数据类型来存储 E，并且在所有样本模拟结束之前，要将每个样本中计算的 E 暂存在一个新的双精度数组中，并在模拟结束时将其传回 CPU，由 CPU 计算样本平均后的能量密度 $\langle E \rangle$。这里存储 E 的双精度数组长度为 MCSize，该数组的第 m 个位置汇总了所有样本第 m 个蒙特卡洛步中计算的位型能量密度 E。

　　虽然图 15-6 演示的是能量密度 E 的计算过程，但其实这也是磁化强度 M 和关联函数 G 的计算流程。另外，若考虑系统位型的初始化操作，整个 GPU 算法需要定义 3 个 CUDA 核函数，分别是：用于初始化系统自旋状态的核函数 initialKernel，用于图 15-6 步骤（a）和步骤（b）中执行自旋更新操作的核函数 reverseKernel，用于步骤（c）中统计物理量的规约核函数 reduceKernel。除此之外，并行算法启动时首先要分配 GPU 的全局内存空间，用于记录格点系统、随机数、能量密度 E，磁化强度 M 和关联函数 G 等数据。并且在 CPU 中也要分配一定的内存空间，用于接收 GPU 运行结束时传回的模拟数据。下面结合图 15-6 和之前的讨论，对 GPU 算法的异构计算流程进行梳理。

（1）CPU 启动并行程序。

（2）分配 CPU 和 GPU 的内存空间。

（3）设置线程数 tSize＝N，调用核函数 initialKernel，初始化格点系统的基态，即将数组 lattice 的所有元素设置为 1，并设置温度 T＝Start_T。

（4）调用内置核函数 curandCreateGenerator，根据随机数种子生成 N 个随机数。

（5）设置线程数 tSize＝$N/2$，调用核函数 reverseKernel，每个线程负责的工作如下：

①从全局内存中读取一个黑色自旋及其最近邻自旋；

②根据 Metropolis 算法执行黑色自旋的翻转操作；

③计算这个黑色自旋所在位置的物理量，并直接存储到 float 型数组中。

（6）设置线程数 tSize＝$N/2$，再次调用核函数 reverseKernel，每个线程负责执行的工作如下：

①从全局内存中读取一个白色自旋及其最近邻自旋；

②根据 Metropolis 算法执行白色自旋的翻转操作；

③计算这个白色自旋所在位置的物理量，并累加到 float 型数组中。

（7）设置线程数 tSize＝$N/4$，调用核函数 reduceKernel，然后进行如下操作：

①将存储在 float 型数组中的数据，通过树形规约的方法进行汇总；

②将线程数 tSize 减半，再次调用核函数 reduceKernel；

③重复步骤①和步骤②直到 tSize＝1 为止；

④当 tSize＝1 时，累加 float 型数组中的最后两个数据，并除以自旋总数 N，得到当前位型的物理量 E、M 和 G。将这些物理量累加到 double 型数组中。

（8）设置 $T'＝T+R$，重复 MCSSize 次步骤（4）～（7），完成一个样本的所有 MCS。

（9）用新的随机数种子，重复 SimpleSize 次步骤（3）～（8），完成本次模拟的所有样本。

（10）将 double 型数组中存储的模拟结果传回 CPU，由 CPU 做样本平均，得到$<E>$、$<M>$和$<G>$，并计算比热 C、磁化率 χ 和 Binder 累积量 U。

（11）将步骤（10）计算的 6 个物理量输出到外部文件中，并释放内存空间，程序结束。

以上为整个 GPU 算法的执行过程，步骤（3）～（9）的所有计算任务都由 GPU 承担，CPU 只负责主体逻辑的调控，例如启动核函数以及调整温度 T、线程数 tSize 等相关模拟参数的值，并且仅在步骤（10）中出现了一次数据传输操作。

实际上，若格点尺寸足够大，上述并行算法在 RTX 2080 Ti 设备上运行时能够稳定保持 99％的 GPU 利用率，这也说明了 FTD 算法的 GPU 并行改造程度非常高，原串行算法的绝大部分计算任务都移交给了 GPU。

2. 控制逻辑的 CPU 代码

前文已经介绍过，CUDA 将 CPU 和 GPU 分别用主机端和设备端来表示，而下面将对并行算法在主机端执行的核心程序进行介绍。主要涉及的内容是 GPU 内存空间的分配以及核函数的调度过程，并且对程序中的关键内容以及二维、三维 Ising 模型在程序实现上的区别做额外的说明。

（1）在主机端分配 GPU 内存空间

```
char * lattice_dev;  size_t pitch;
cudaMallocPitch(&lattice_dev, &pitch, L * sizeof(char), L);  //二维格点数
组 lattice
```

```
cudaMalloc((void * * )&rand_dev, N * size of(double));   //记录 N 个随机数
cudaMalloc((void * * )&e_dev, N * size of(float));   //记录自旋的物理量 e
cudaMalloc((void * * )&m_dev, N * size of(float));   //记录自旋的物理量 m
cudaMalloc((void * * )&g_dev, N * size of(float));   //记录自旋的物理量 g
```

以上代码为记录二维格点系统、随机数和物理量的数组分配了 GPU 内存空间，其中的数组名以"_dev"为后缀，用于区分主机端变量。分配 GPU 内存的函数 cudaMalloc 与 C 语言中的 malloc 函数类似，都是分配连续的内存空间。不同的是，为了满足 GPU 内存对齐的要求，CUDA 在开辟二维数组的内存时，先分配数组第一行所需的空间，并检查分配的总字节数是否为 128 的倍数，若不是，则继续分配空白的空间，直到一行的总字节数达到 128 的倍数，并依照此规则继续分配剩余行的内存空间。CUDA 将真实的数据空间加上补齐的空白空间的总字节长度定义为 pitch。因此在使用 cudaMallocPitch 函数分配二维格点数组的内存空间时，需要传入了一个类型为 size_t 的整数变量来获取 pitch 的大小，因为在核函数中需要借助 pitch 才能正确计算自旋的真实内存地址。此外，CUDA 要求 GPU 的三维数组统一定义为 cudaPitchedPtr 类型，并且使用 cudaExtent 变量来设置三维数组的尺寸，代码如下：

```
cudaPitchedPtr lattice_dev;   // GPU 的三维数组
const int height = L, width = L;   // 数组的长和宽都是 L
const int depth = L;   // 数组的深度(高)也设置为 L
cudaExtent extent = make_cudaExtent(width * size of(char), height, depth);
//数组结构
cudaMalloc3D(&lattice_dev, extent);   // 根据三维数组的结构 extent 分配内存空间
```

(2)设置随机数发生器

```
curandGenerator_t gen;   // 随机数发生器
curandCreateGenerator(&gen, CURAND_RNG_PSEUDO_MRG32K3A);   //指定算法
```

使用随机数发生器 gen 基于 CURAND_RNG_PSEUDO_MRG32K3A 算法在 GPU 中并行生成服从均匀分布的随机数序列。

(3)主机端调度核函数的运行

```
for (int s = 0; s <SimpleSize; s + +) {
    curandSetPseudoRandomGeneratorSeed(gen, s);
    initialize_lattice_kernel <<< gridSize_init, blockSize_init >>>
(……);   //初始化
    for (int mcs = 0; mcs < MCSSize; mcs + +) {
        T = (mcs + 1) * R + Start_T;
        curandGenerateUniformDouble(gen, rand_dev, N);
        for (int f = 0; f < 2; f + +)   //调用两次核函数更新黑、白自旋
的状态
            reverse_kernel<<<gridSize_reverse, blockSize_reverse >>>
```

```
(……);
            int size = N / 2;  int block, thread = 512;
            while (size ! = 1) {
                size = size / 2; block = size / thread;
                if (block = = 0) {
                        block = 1;  thread = size;
                }
                reduce_kernel <<< block, thread >>> (……);    //规约物
理量
            }
        }
    }
```

由于计算机生成的是伪随机数,相同随机数种子产生的随机数序列是一样的,因此数值模拟算法要确保每个模拟样本使用的随机数种子不能重复。通常,可以直接用 CPU 时间作为随机数种子,但为了能够精准复现模拟结果,使用样本的编号作为随机数种子,并且对于多次执行模拟程序的应用场景,可以将样本编号加上前面批次的样本总数作为当前样本的随机数种子,这样能够确保所有批次的样本所使用的随机数种子都不会出现重复。另外,上面列出的程序中共使用了 3 个自定义核函数,分别是 initialKernel、reverseKernel 和 reduceKernel。在调用核函数时要使用 3 个尖括号来声明启用的线程数量和线程的结构,即<<< Grid, Block >>>,这里的 Grid 和 Block 就是线程网格和线程块,它们都支持 3 种维度的结构。

3. 并行执行的 GPU 代码

这里将对自定义的函数 initialKernel、reverseKernel 和 reduceKernel 进行介绍。但在此之前需要说明的是,计算核函数的线程 ID 是正确分配每个线程计算任务的前提。而我们将线程网格和线程块限定为二维结构,因此前文中介绍的 z 和 b_z 始终为 0,D_z 和 gD_z 始终为 1,因此核函数中计算线程 ID 的公式为:

$$\text{thread\_id} = (\text{blockIdx.x} + \text{blockIdx.y} * \text{gridDim.x}) * (\text{blockDim.x} * \text{blockDim.y}) + (\text{threadIdx.x} + \text{threadIdx.y} * \text{blockDim.x}) \tag{15.13}$$

下面给出 3 个核函数的程序实现以及必要的说明。

(1)核函数 initialKernel:初始化格点数组 lattice

```
__global__ void initialize_lattice_kernel(char * lattice, size_t pitch)
{   // 二维格点模型
……   // 使用式 15.13 计算 thread_id
int row = thread_id/L;   int col = thread_id % L;   // 目标自旋的行索引、列索引
char * row_ptr = (char *)((char *)lattice + row * pitch);
row_ptr[col] = 1;   // 将位于[row, col]索引位置的自旋状态值设为 1
}
__global__ void initialize_lattice_kernel(cudaPitchedPtr lattice) {   // 三
```

维格点模型

```
        ……    // 使用式 15.13 计算 thread_id
        int depth = thread_id / L * L;    // 目标自旋的层索引
        int num = thread_id % (L * L);
        int row = num/L;   int col = num % L;    // 目标自旋的行索引、列索引
        char * devPtr = (char *)lattice.ptr; size_t pitch = lattice.pitch;
        size_t slicePitch = pitch * L; char * slice = devPtr + depth * slicePitch;
        char * row_ptr = (char *)(slice + row * pitch);
        row_ptr[col] = 1;    // 将位于[depth, row, col]索引位置的自旋状态值设为 1
}
```

上面分别列出了二维和三维模型的初始化核函数的代码，由于自旋初始化操作不存在数据关联问题，因此该核函数可以同时启动 N 个线程，每个线程处理一个"目标自旋"的更新操作。并且线程的唯一 ID 可以直接与自旋编号对应（此处的自旋编号参见图 15-5），只需要通过简单的计算就能将 thread_id 转换为自旋各维度的索引值，如 depth、row 和 col。

（2）核函数 reverseKernel：执行 Metropolis 更新操作

与 initialKernel 不同，每次调用核函数 reverseKernel 启动的线程数量减少了一半，因为这些线程只需要处理黑、白自旋的其中一类，但该核函数同样使用式 15.13 来计算线程的 ID，所有 ID 的取值范围是 $[0, N/2-1]$，每个线程负责一个自旋的更新任务。但由于同一类自旋是以棋盘的方式相间排列的，因此该函数的线程映射方式要复杂很多，不能简单地像 initialKernel 那样将线程 ID 按自旋编号的顺序依次定位到自旋在 lattice 数组中的行列索引值。下面先给出 reverseKernel 函数处理二维和三维模型的程序实现，然后再介绍 reverseKernel 核函数中线程映射公式的推算过程。

```
__global__ void reverse_kernel(……) {    //二维模型
        ……    // 使用式 15.13 计算 thread_id
        int row = thread_id / (L / 2);    //目标自旋的行索引
        int col = thread_id % (L/2) * 2 + (thread_id/(L/2) + isWhite) % 2;    //目
标自旋的列索引
        char s_cur = row_ptr[col];   char s_new = - s_cur;    //根据 row_ptr 获取
当前自旋 s_cur
        ……    //根据 row 和 col 获取自旋及 4 个相邻自旋，并计算能量差 e_gap
        double rand1 = rand[thread_id + isWhite * (N/2)];
        if (rand1 < expf( - e_gap / T)) {
            row_ptr[col] = s_new;   e_cur_J = e_new_J;   s_cur = s_new;
        }
        if (!isWhite) {
            e_dev[thread_id] = 0;   m_dev[thread_id] = s_cur;   g_dev[thread_id] = 0;
        }else {
            m_dev[thread_id] + = s_cur;   e_dev[thread_id] + = e_cur_J;
```

```
            g_dev[thread_id] + = s_cur * nn_sum;
        }
    }

    __global__ void reverse_kernel(……) {   //三维模型
        ……    // 使用式 15.13 计算 thread_id
        int depth = thread_id / (L * L / 2);
        int row = thread_id % (L * L / 2) / (L / 2);
        int col = thread_id % (L * L / 2) % (L / 2) * 2 + (depth + row +
    isWhite) % 2;
        ……    //获取自旋及 6 个最近邻自旋,计算能量差,更新后计算物理量
    }
```

在核函数 reverseKernel 中,若线程的 ID 为 2,那么该线程将负责处理第 3 个黑色或白色自旋,即图 15-5 中编号为 4 或编号为 5 的自旋。也就是说,thread_id=n 的线程其目标自旋是第 $n+1$ 个黑色或白色自旋。根据这个基本规则,下面给出二维和三维模型中根据 thread_id 定位目标自旋索引位置的推算过程。

二维模型:对于线程 thread_id,为了获取存储在二维数组 lattice 中的目标自旋,必须要确定该自旋在 lattice 中的行、列索引(此处定义为 row 和 col)。这里以黑色自旋为例,假定目标自旋是位于 lattice 中第 r 行的第 c 个黑色自旋,而每一行的黑色自旋共有 $L/2$ 个,那么 r 和 c 的计算方法如下:

$$r = \text{thread\_id}/(L/2) \tag{15.14}$$
$$c = \text{thread\_id}\%(L/2) \tag{15.15}$$

其中 r、c 均为整数,r 的取值范围是 $[0, L-1]$,c 的取值范围是 $[0, L/2-1]$。显然,r 就是目标自旋的行索引 row。而列索引 col 则没有这么简单,因为 c 只代表目标自旋是其所在行的第 c 个黑色自旋,但网格中每一行的同一类自旋是间隔排列的,且偶数行和奇数行的列索引位置也不同。以 8×8 的网格系统为例,列出其所有黑色自旋和白色自旋所在位置的索引值:

黑色自旋索引:[row][col]   白色自旋索引:[row][col]
[0][0, 2, 4, 6]   [0][1, 3, 5, 7]
[1][1, 3, 5, 7]   [1][0, 2, 4, 6]
   ……   ……
[7][1, 3, 5, 7]   [7][0, 2, 4, 6]

通过观察黑、白自旋的行列索引值可以发现:对于黑色自旋,当 row 为偶数时,目标自旋的列索引值 col 为 $c*2$,当 row 为奇数时,列索引值 col 为 $c*2+1$,即

$$\text{col} = c*2+0, \text{row}\%2=0 \quad (\text{偶数行}) \tag{15.16}$$
$$\text{col} = c*2+1, \text{row}\%2=1 \quad (\text{奇数行}) \tag{15.17}$$

这里合并两种情况的计算，更改黑色目标自旋列索引 col 的计算式为：

$$\text{col} = c * 2 + \text{row} \% 2 \tag{15.18}$$

对于白色自旋，其在偶数行的列索引和奇数行的列索引恰好与黑色自旋相反，即

$$\text{col} = c * 2 + 1, \quad \text{row} \% 2 = 0 \quad (\text{偶数行}) \tag{15.19}$$

$$\text{col} = c * 2 + 0, \quad \text{row} \% 2 = 1 \quad (\text{奇数行}) \tag{15.20}$$

同样，白色目标自旋的列索引 col 可以写成：

$$\text{col} = c * 2 + (\text{row} + 1) \% 2 \tag{15.21}$$

并且，为了统一黑色和白色目标自旋列索引的计算公式，可以在调用核函数时传入一个标记变量 isWhite。当 reverseKernel 执行黑色自旋的更新操作时 isWhite=0，否则 isWhite=1。

因此，对于二维系统，黑白目标自旋的列索引 col 可以统一用下面公式来计算：

$$\text{col} = c * 2 + (\text{row} + \text{isWhite}) \% 2 \tag{15.22}$$

结合式 15.14 和式 15.15，整理得到二维系统目标自旋的行、列索引计算式：

$$\text{row} = \text{thread\_id} / (L/2) \tag{15.23}$$

$$\text{col} = \text{thread\_id} \% (L/2) * 2 + (\text{row} + \text{isWhite}) \% 2 \tag{15.24}$$

三维模型：对于三维格点系统，核函数中 thread_id 的计算方式保持不变，但由于多了一个维度"层"，所以为了定位每个线程的目标自旋，需要计算该自旋所在位置的层、行、列索引（此处定义为 depth、row 和 col）。与二维系统类似，这里假定目标自旋是网格中第 d 层第 r 行的第 c 个黑色自旋，那么 d、r 和 c 的计算方法如下：

$$d = \text{thread\_id} / (L * L/2) \tag{15.25}$$

$$n = \text{thread\_id} \% (L * L/2) \tag{15.26}$$

$$r = n / (L/2) \tag{15.27}$$

$$c = n \% (L/2) \tag{15.28}$$

其中 d、r、c 均为整数，d 和 r 的取值范围都是 $[0, L-1]$，c 的取值范围是 $[0, L/2-1]$。显然，d 就是目标自旋所在的层索引 depth，r 就是目标自旋的行索引 row。而列索引 col 也需要根据具体情况来确定。这里以 $8 \times 8 \times 8$ 的三维系统为例，列出第 0 和 1 层黑色自旋和白色自旋所在位置的索引值：

黑色自旋索引：[depth][row][col]　　　　　白色自旋索引：[depth][row][col]

第 0 层：[0][0][0, 2, 4, 6]　　　　　　　第 0 层：[0][0][1, 3, 5, 7]

　　　　 [0][1][1, 3, 5, 7]　　　　　　　　　　 [0][1][0, 2, 4, 6]

　　　　 ……　　　　　　　　　　　　　　　　　 ……

第 1 层：[1][0][1, 3, 5, 7]　　　　　　　第 1 层：[1][0][0, 2, 4, 6]

　　　　 [1][1][0, 2, 4, 6]　　　　　　　　　　 [1][1][1, 3, 5, 7]

　　　　 ……　　　　　　　　　　　　　　　　　 ……

通过观察索引值可以发现规律:对于黑色自旋,当 depth+row 为偶数时,目标自旋的列索引 col 为 $c*2$,当 depth+row 为奇数时,目标自旋的列索引 col 为 $c*2+1$。而对于白色自旋,规律恰好相反。与二维系统的计算方式相似,这里同样引入标记变量 isWhite 来区分黑白自旋的情况,得到三维系统中目标自旋列索引的计算公式:

$$col = c*2+((depth+row)+isWhite)\%2 \tag{15.29}$$

结合式 15.25~式 15.29,整理得到三维网格目标自旋的层、行、列索引的计算公式:

$$depth = thread\_id/(L*L/2) \tag{15.30}$$

$$row = thread\_id\%(L*L/2)/(L/2) \tag{15.31}$$

$$col = thread\_id\%(L*L/2)\%(L/2)*2+((depth+row)+isWhite)\%2 \tag{15.32}$$

根据实际模拟的数据来看,以上推算出来的二维和三维系统的线程映射公式可以正确地将核函数 reverseKernel 的每个线程定位到其负责处理的目标自旋的位置。并且根据周期边界条件,模拟二维系统时 reverKernel 的每个线程需要计算目标自旋与 4 个最近邻自旋的相互作用,而对于三维系统,每个线程则要计算 6 个最近邻自旋的相互作用,然后根据 Metropolis 算法来决定目标自旋的状态值是否需要更新。

(3)规约核函数 reduceKernel:统计每个位型的物理量

```
__global__ void reduce_kernel(……) {
    ……  // 使用式 15.13 计算 thread_id
    int size = blockDim.x * gridDim.x;  e[thread_id] + = e[thread_id
+ size];
    m[thread_id] + = m[thread_id + size];  g[thread_id] + =
g[thread_id + size];
    if (size = = 1) {
        double ee = e[0];  double mm = m[0];  double gg = g[0];
        e1_sum[mcs] + = ee / N;  e2_sum[mcs] + = (ee / N) * (ee / N);
        m1_sum[mcs] + = mm / N;
        m2_sum[mcs] + = (mm / N) * (mm / N);
        m4_sum[mcs] + = (mm / N) * (mm / N) * (mm / N) * (mm / N);
        g1_sum[mcs] + = gg;
    }
}
```

并行规约(Parallel Reduction)是并行算法中非常重要的一种操作,通常用于处理大量数据的汇总问题。一般而言,规约函数的每个线程计算两个元素的和,经过多次迭代,最终计算出所有元素的总和。图 15-7 给出了两种比较直观的规约方法,分别是 Neighbored pair 和 Interleaved pair。在每一轮规约计算中,前者都是对相邻的两个数据进行累加,而后者则处理相隔一定偏移量的两个数据。

Neighbored pair 方法每次迭代时处理的数据都分散在整个数组空间中,而前文介绍过 CUDA 有访存对齐的要求,即 GPU 每次访问全局内存,都会读取连续的 128 个字节。因此

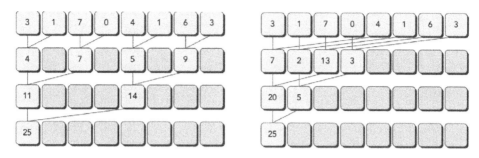

图 15-7　两种规约方法（左图为 Neighbored pair，右图为 Interleaved pair）

Neighbored pair 规约方法会使 GPU 每次的访存都包含大量的无效数据。相比之下，Interleaved pair 方法的每一次迭代，都是将后半部分的数据累加到前半部分数据中，每次的累加结果都存储在连续的内存空间，契合了 GPU 访存时的对齐要求，其执行效率明显高于 Neighbored pair 规约方案。而图 15-6 中步骤（c）展示的规约操作就是 Interleaved pair 方案，reduceKernel 核函数使用该方案来汇总存储在 float 型数组中的物理量，但规约统计时的迭代过程不是由 GPU 控制的，而是通过 CPU 循环调用 reduceKernel 来实现的，每循环一次，CPU 就将核函数启动的线程减半，直到最后一次调用时，核函数仅启动一个线程来计算最后两个元素的和，并且将这个计算结果除以自旋数 N 得到格点系统新位型的物理量。CPU 循环调用规约函数的代码已经在前文做了介绍。需要注意的是，以 N 为除数的除法运算得到的浮点数很可能超过 float 型的有效表示长度。因此，在最后一次迭代里，要先将累加的结果转存到 double 型的变量中，并且将除以 N 后的物理量保存到 double 型的数组中，这么做既能充分发挥 GPU 的单精度计算能力，也能确保数据精度不丢失。

4. 模拟结果

图 15-8 和图 15-9 给出了 GPU 并行模拟二维 Ising 模型得到的物理量演化曲线和临界点处物理量对变温速率的拟合曲线，得到了相变温度和临界指数，在误差范围内与解析解相符。这说明 GPU 方案是一个有效的优化方案，具有明显的应用价值。

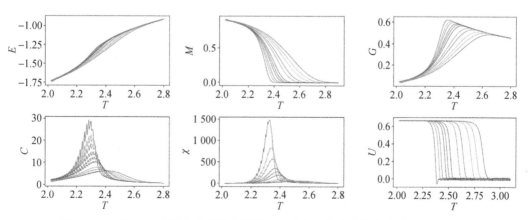

图 15-8　二维 Ising 模型各物理量在不同变温速率下的演化曲线（越靠左 R 越小）

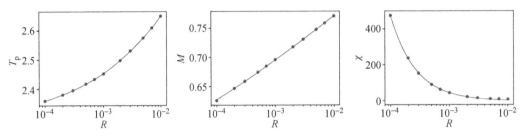

图 15-9　二维 Ising 模型相变温度 T_c 和临界指数 β、γ 的拟合曲线

小结

在并行程序设计领域,环境与工具的选择对于开发效率、程序性能和调试便利性至关重要。开发者应该根据自己的需求和目标选择最适合的编译器、运行时库、调试器和辅助工具。同时,掌握这些工具的使用方法和最佳实践也是并行程序设计中不可或缺的一部分。通过不断的学习和实践,开发者可以更加熟练地运用这些环境与工具来开发出高效、可靠和可扩展的并行应用程序。

本章实现的 GPU 并行方案除了应用于 FTD 算法之外,还能够推广到其他的蒙特卡洛模拟中。另外,GPU 并行技术的发展越来越成熟,除了专用于 NVIDIA 图形显卡的 CUDA 编程框架之外,苹果公司也发起了 OpenCL 开放运算语言规范,旨在构建一个能够兼容 NVIDIA、AMD 和 Intel 等公司的 GPU 设备的全平台并行编程框架。而作为同时拥有 CPU 和 GPU 芯片设计能力的 AMD 公司,为了融合两种处理器之间的协作能力以达到更高的计算性能,在2011 年推出了"融聚未来"理念的 APU 处理器,目的是将 CPU 和 GPU 融合成一块处理芯片,从而统一内存地址的规划,抛弃 PCI-e 转而使用内部总线来实现 CPU 和 GPU 之间的数据传输,尽可能消除两者之间的通信成本,能够最大程度地发挥处理器的性能,甚至让 GPU 也支持高级编程语言。相信随着处理器和并行软件的发展,并行技术必将如串行编程一样得到普及和应用。

1. 简述 CPU+GPU 异构编程技术。

2. CUDA 的并行机制如何?

3. 简述 GPU 并行程序中更新 Ising 模型自旋和统计物理量的执行流程。

4. 数据通信是否在并行有限时间动力学方法中影响了模拟效率?

5. 举例说明并行规约方法。

参 考 文 献

[1] 陈国良. 并行计算——结构·算法·编程[M]. 3 版. 北京:高等教育出版社,2011.

[2] 陈智勇. 计算机系统结构[M]. 2 版. 北京:电子工业出版社,2012.

[3] 刘文志. 并行算法设计与性能优化[M]. 北京:机械工业出版社,2015.

[4] Robert R,Yuliana Z. 并行计算与高性能计算[M]. 殷海英,译. 北京:清华大学出版社,2022.

[5] 迟学斌. 并行计算与实现技术[M]. 北京:科学出版社,2023.

[6] 阳曙光. 用于多核平台的并行水平集内核设计与分析[D]. 汕头:汕头大学,2009.

[7] 沈如达. 频繁项集挖掘算法的并行化研究[D]. 南京:东南大学,2017.

[8] 徐坤园. 基于 GPU 的频谱分析算法的研究[D]. 成都:电子科技大学,2018.

[9] 蒋勇男. 网络路由算法及应用研究[D]. 成都:电子科技大学,2008.

[10] 朱永华,姚洪,徐炜民. 消息传递网络中的消息传递机制和路由算法[J]. 上海大学学报(自然科学版),2007(05):611-615.

[11] 孙兴文. 并行算法设计及编程基本方法[J]. 零陵学院学报,2004(08):182-184.

[12] 王能超. 同步并行算法设计的二分技术[J]. 中国科学(A 辑 数学 物理学 天文学 技术科学),1995(02):97-101.

[13] 陈波,于泠. 多处理机体系结构的发展[J]. 微机发展,2000(01):23-26.

[14] 郝文龙. 平衡二叉树的实现原理[EB/OL]. CSDN[2020-03-28]. https://blog.csdn.net/a639735331/article/details/105159429.

[15] Dhabaleswar K P. Special Issue on workstation Clusters and Network-Based Computing [J]. Parallel and Distributed Computing,1997. 43(2):109-124.

[16] Ananth G,Anshul G,George K S, et al. Introduction to Parallel Computing [M]. 2nd Edition. America:Addison-Wesley,2003.

[17] Robert R,Yuliana Z. Parallel and High Performance Computing[M]. America:Manning,2021.

[18] Zhong F. Finite-time scaling and its applications to continuous phase transitions. in: Mordechai S. Applications of Monte Carlo method in science and engineering [M]. England:InTech, 2011.

[19] Kong Y, Huang Z,Xiong W. Parallel realization of the finite-time dynamics method based on GPU [J]. Computing, 2022,104:1721-1738.

[20] Cheng J. Professional CUDA C Programming[M]. England:Wrox Press Ltd, 2014.